建设项目工程总承包实务

安徽海量科技咨询有限责任公司
安徽鑫建联教育咨询有限公司　组编

机械工业出版社

本书依据现行的国家工程总承包管理办法和标准，以建设项目为主线，紧扣工程总承包业务主题，系统阐述工程总承包管理理论、应用方法与实际做法，在总结近几年我国工程总承包实践基础上编写而成。全书共七章，扼要介绍工程总承包模式、内涵、特点、管理体系，以及现行管理办法、标准规范等内容，全面叙述了工程总承包发承包、实施至交付使用的全过程全面业务，包括工程总承包的招标投标、专业分包管理、合同管理、造价管理、设计管理、建造管理等综合管理的理论与实践内容，并列有典型实例和案例分析。

本书可为投资人（业主）、工程总承包单位、设计单位、施工单位、全过程工程咨询单位（包括工程咨询、招标代理、造价咨询、项目管理、工程监理、BIM 中心）、专业分包单位、工程材料或设备供应等单位，以及重点项目建设中心、行业主管部门的管理人员和技术人员从事实际业务提供参考和借鉴，也可供高等院校师生研究、学习和职业培训使用。

图书在版编目（CIP）数据

建设项目工程总承包实务／安徽海量科技咨询有限责任公司，安徽鑫建联教育咨询有限公司组编. -- 北京：机械工业出版社，2024. 8. -- ISBN 978-7-111-76530-1

Ⅰ. TU71

中国国家版本馆 CIP 数据核字第 2024S86F24 号

机械工业出版社（北京市百万庄大街 22 号　邮政编码 100037）
策划编辑：闫云霞　　　　　　　责任编辑：闫云霞　刘　晨
责任校对：薄萌钰　张昕妍　　封面设计：张　静
责任印制：邓　博
北京盛通数码印刷有限公司印刷
2024 年 11 月第 1 版第 1 次印刷
184mm×260mm · 12.75 印张 · 314 千字
标准书号：ISBN 978-7-111-76530-1
定价：69. 00 元

电话服务　　　　　　　　　　网络服务
客服电话：010-88361066　　机　工　官　网：www.cmpbook.com
　　　　　010-88379833　　机　工　官　博：weibo. com/cmp1952
　　　　　010-68326294　　金　书　网：www.golden-book.com
封底无防伪标均为盗版　机工教育服务网：www.cmpedu.com

《建设项目工程总承包实务》编审人员名单

主　编　杨　博

副主编　杨　光　刘　辉　杨振雄

编著者（排名不分先后）

江小燕　杨　光　张思梅　邱　尚　张劲松

沈天清　王玉涵　杨振雄　刘　辉　杨旻紫

董逸伟　杨　璐　胡旭辉　陈世文　胡　煜

王　珏　朱志鹏　刘　靓

主　审　乔　亮（安徽中州建设工程有限公司）

严安平（安徽京审建设工程项目管理有限公司）

王　玉（安庆市公路勘察设计研究院有限公司）

前　言

　　工程总承包模式中的典型代表为设计—采购—施工（简称"EPC"）模式，是国际通行的建设项目组织实施方式。而在我国推行这种模式较晚，目前大多"一带一路"投资项目采用了这种建设模式，国内越来越多的房屋建筑和市政工程项目也开始采用工程总承包建设模式。由于工程总承包的管理理论与实践经验处在探索和总结阶段，其管理形式堂不定型、业务内容尚不系统，本书的出版，是为处在发展中的工程总承包模式提供较为全面系统的指导和帮助。

　　本书依据现行的国家工程总承包管理办法，包括《建设项目工程总承包管理规范》《标准设计施工总承包招标文件》和《建设项目工程总承包合同（示范文本）》等，在总结工程总承包实践的基础上，经过多年研究，结合总承包项目案例分析，形成全书框架和具体内容。本书共七章，系统阐述了工程总承包管理理论与方法、业务内容和流程。扼要介绍了工程总承包的内涵、特点和国内外发展历程，叙述了工程总承包的类型及几种发承包方式，组织架构以及管理体系。简要阐述了现行工程总承包管理办法、管理规范、计价规范、计量规范和合同示范文本的重点内容。详细论述了工程总承包招标投标、合同签订与管理、专业分包管理、项目清单（价格清单）编制、工程价款的确定与支付、竣工结算、项目设计管理、建造管理等综合管理的理论与实践内容，列有大量图表，并提供典型案例分析。本书内容新颖，结构合理，层次清楚，图文并茂，易读易懂，对理论学习和实际工作具有指导作用。

　　本书由安徽海量科技咨询有限责任公司、安徽鑫建联教育咨询有限公司组织编写。杨博担任主编，杨光、刘辉、杨振雄担任副主编。撰稿人的具体分工为：江小燕（合肥工业大学）编写第一章，刘辉（安徽海量科技咨询有限责任公司）、董逸伟［上海建伟（合肥）律师事务所］编写第二章，邱尚、杨光（安徽省招标集团股份有限公司）编写第三章，张思梅（安徽水利水电职业技术学院）编写第四章，杨光（安徽省招标集团有限公司）、王玉涵（徽商银行股份有限公司）、杨旻紫（安徽中技工程咨询有限公司）编写第五章，杨振雄［美国斯坦泰克股份有限公司（Stantec Lnc）］、杨璐［合肥工业大学设计院（集团）有限公司］编写第六章，张劲松、沈天清（合肥大学）编写第七章。其他参编人员为：胡旭辉、陈世文、胡煜、王珏、朱志鹏、刘靓。乔亮（安徽中州建设工程有限公司）、严安平（安徽京审建设工程项目管理有限公司）、王玉（安庆市公路勘察设计研究院有限公司）担任主审。

　　本书可为投资人（业主）、工程总承包单位、设计单位、施工单位、全过程工程咨询单位（包括工程咨询、招标代理、造价咨询、项目管理、工程监理、BIM 中心）、专业分包单位、工程材料或设备供应等单位，以及重点项目建设中心、行业主管部门的管理人员、技术人员以及作业人员从事实际业务提供参考和借鉴，也可供高等院校师生研究、学习和职业培训使用。

由于作者水平有限，加之工程总承包管理理论与方法不断发展和更新，书中难免有不妥甚至疏漏之处，恳请广大读者提出宝贵意见。

编　者

目　录

第一章

工程总承包概述

第一节　工程总承包的概念及特点

一、工程总承包的概念

工程总承包模式诞生于西方发达国家，设计施工（Design Build，DB）模式是其中的代表。在 20 世纪 80 年代初于私人投资项目中出现并得到发展，由于当时传统的设计招标施工（Design Bid Build，DBB）模式存在一定的缺陷，业主对于项目的可控能力不达标，导致项目出现严重质量等问题，促使业主希望找到一种新型的工程项目建设模式以便解决传统建设模式的不足，工程总承包模式应运而生。

工程总承包模式的概念和内涵在实践的过程中经历了由简单到逐渐完善的过程，并不断适应市场发展。从 2003 年至 2019 年，住建部等部门先后多次正式发布有关工程总承包的相关政策文件，指引我国工程总承包项目的应用与实践（表 1-1）。

表 1-1　工程总承包概念的国内政策文件界定

序号	发布年份	政策文件名称	工程总承包定义	发文单位
1	2003	《关于培育发展工程承包和工程项目管理企业的指导意见》	从事工程总承包的企业受业主委托,按照合同约定对工程项目的勘察、设计、采购、施工、试运行(竣工验收)等实行全过程或若干阶段的承包	建设部
2	2005	《建设项目工程总承包管理规范》	工程总承包企业受业主委托,按照合同约定对工程建设项目的设计、采购、施工、试运行等实行全过程或若干阶段的承包	建设部
3	2011	《建设项目工程总承包合同示范文本(试行)》	指承包人受发包人委托,按照合同约定对工程建设项目的设计、采购、施工(含竣工试验)、试运行等阶段实行全过程或若干阶段的工程承包	住建部、工商局
4	2016	《关于进一步推进工程总承包发展的若干意见》	工程总承包企业按照与建设单位签订的合同,对工程项目的设计、采购、施工等实行全过程的承包,并对工程的质量、安全、工期和造价等全面负责的承包方式	住建部

（续）

序号	发布年份	政策文件名称	工程总承包定义	发文单位
5	2017	《建设项目工程总承包管理规范》	依据合同约定对建设项目的设计、采购、施工和试运行实行全过程或若干阶段的承包	住建部
6	2019	《房屋建筑和市政基础设施项目工程总承包管理办法》	从事工程总承包的单位按照与建设单位签订的合同，对工程项目的设计、采购、施工等实行全过程或者若干阶段承包，并对工程的质量、安全、工期和造价等全面负责的工程建设组织实施方式	住建部

目前我国工程总承包（Engineering Procurement Construction，EPC 和 DB）是承包人按照与发包人订立的建设项目工程总承包合同，对约定范围内的设计、采购、施工或者设计、施工等阶段实施承包建设，并对工程的质量、安全、工期和造价等全面负责的工程建设组织实施方式。

二、工程总承包的特点

1. 工程总承包的优点

（1）对于业主而言工程总承包的优点

1）工程费用和工期固定，项目容易得到业主批准以及贷款人的投资。

2）承包商是向业主负责的唯一责任方，管理简便，缩短了沟通渠道；工程责任明确，减少了争端和索赔。

3）工程工期短。由于规划设计、采购和施工阶段部分重叠，大大缩短了工程工期。如进行有条件的边设计边施工，工程变更会相应减少，工期也会缩短，有利于实现项目投资、工期和质量的最优组合效果。

4）投标人可以在投标书中提出备选的工艺流程设计、建筑布置、设备选型等方面的方案及其相应实施费用，业主可以从中选择最为经济适用的一个投标人。

5）降低了业主的风险。工程总承包避免了由于业主方不熟悉设计和施工等方面的专业性问题而无从下手的情况，大部分工程风险也会由总承包商来承担，从而使业主面临的风险降低。

（2）对于总承包方而言工程总承包的优点

1）利润有保障。由于承包商承担了工程实施中的绝大部分管理工作和风险，合同价格中管理费率和风险费率一般很高。对于能够有效降低管理成本、减小风险损失的承包商来说，利润得到了保障。

2）压缩成本、缩短工期的空间大。因为设计、施工以及采购都由承包商自行完成，承包商可以从整体上对工程的设计、采购和施工做出最佳的计划和安排。通过采用并行工程的方式，承包商可以进一步在保证质量的前提下缩短工期，降低成本。

3）锻炼和提高了设计队伍能力。设计师通过与施工队伍的全过程密切合作，会增加对施工方法和施工中存在问题的了解，从而提高设计能力，有利于做出更具可建造性、更为经济的设计方案。

2. 工程总承包的缺点

（1）对于业主方而言工程总承包的缺点

　　1）企业工程总承包管理能力有待提高。我国多数企业没有工程总承包管理的组织机构及相应的管理经验，大多数具备总承包能力的企业是由施工企业或设计院转制形成或两者形成联合体的形式出现，这些企业在转制后虽然进行了工程总承包的工作，但与国外的通行模式难以接轨，缺少竞争力和竞争手段。

　　2）业务领域很局限。工程总承包模式在国内涉及的工程建设领域不够全面，缺少针对不同行业的工程总承包管理程序、技术手册和管理经验，因此工程总承包模式在各行业全面发展较粗放。

　　3）国内市场发育不健全。缺少相应的工程总承包资质管理手段，缺少二级分包市场的管理政策和法律条文。虽然工程总承包已推行多年，但由于认识上的不一致，缺乏工程总承包发展的保障机制，导致难以解决工程总承包运行模式中的纠纷。

　　（2）对于总承包方而言工程总承包的缺点

　　1）业主认识不到位。部分业主的错误认识是工程总承包模式发展的制约因素之一。在有些国有投资工程中，业主认为工程总承包模式大大降低了业主的工程决策权力，削弱了业主的既得利益。因此，我国部分工程建设中工程总承包模式的使用受到了一定的阻力，这也是工程总承包模式在国内发展的障碍之一。

　　2）受传统建设模式的影响，现阶段还难以将设计与施工良好地契合，不能形成统一的利益体，无法发挥工程总承包模式的优点。

　　3）专业人才缺乏。国内企业缺少相关高素质人才，尤其是熟悉各专业知识、熟悉法律、善于管理、会经营的复合型人才，而能进行国际通行项目管理模式的管理人才更是缺乏。

第二节　国内外工程总承包的发展历程

一、国外工程总承包的发展历程

　　工程总承包模式的出现是国际建筑市场经过长期的探索与发展的结果。回顾承包模式发展历史，设计和施工经历了由结合到分离再到相互协调的阶段，正在朝着逐步一体化的方向发展。工程总承包模式发展历经以下四个阶段。

1. 最初的设计和施工相结合阶段

　　从出现建筑贸易到19世纪末的漫长岁月里，项目承包方式都维持着其最原始的形态，即由建筑工匠承担所有的设计和施工工作。这是完全适应当时建筑物结构形式单一、施工技术简单的情况。

2. 设计和施工相分离阶段

　　工业革命后出现了设计和施工分离为两个独立的专业领域阶段。19世纪发生了工业革命，这期间业主对建筑物的功能要求逐步多样化，使得设计和施工技术随之复杂化、系统化，进而分裂为两个独立的专业领域。1870年在伦敦出现了第一个采用"设计招标施工"的承包模式项目。这种承包模式的做法是，在项目开始时按资格挑选设计人员进行设计，制作招标文件，并进行费用估算，然后根据设计图和招标文件进行招标，选择合适的承包商签订合同进行施工。建造过程中，业主有责任进行监督，以便确保其目标的实现。其优点是施工前已完成主要或全部设计工作，选定的承包商通常是最低价的投标者。这种传统承包方式到目前为止仍然是世界上应用最为广泛的承包方式之一。

然后，由于设计和施工的分离，随着工程项目的复杂性进一步增加，它暴露出不可弥补的以下缺点：

（1）建设时间长　设计全部完成后才进行招标，且整个招标过程通常要经过资格预审—招标—投标—评标—合同谈判—签约等步骤，建设周期较长。此外，承包商常常需要一段时间熟悉设计文件，因而使得工期延长。

（2）设计变更频繁　设计人员和承包商仅在设计阶段的末期才开始接触，设计中不能吸收施工方的经验和建议，导致设计中的许多问题不能被尽早发现，施工中发现问题时再进行设计变更，代价昂贵，容易导致索赔。

（3）责任划分不清　工程出现问题时，是设计缺陷还是施工缺陷，还是二者兼而有之，设计方和施工方往往相互推诿，使业主因争端和诉讼遭受大量损失。

3. 设计和施工相协调阶段

为了缓解设计和施工相分离带来的矛盾，20世纪70年代，国际工程承包市场出现了施工管理（CM）承包模式。在这种方式中，业主与施工管理经理签订合同，由施工管理经理负责组织和管理工程的规划、设计和施工。在项目的总体规划、布局和设计阶段，考虑到控制项目的总投资，确定主体设计方案；随着设计工作的进展，完成一部分分项工程的设计后，即组织对这一部分分项工程进行招标，发包给一家承包商，由业主直接就每个分项工程与承包商签订合同。

这种承包方式的改进在于，施工管理经理加强了设计单位与施工单位之间的沟通和协调，并与承包商签订合同，从而提高了设计的可建造性；同时通过各个分项工程分阶段招标和提前施工缩短了一定的工期。但这种方式并没有从本质上改变传统方式中设计方与施工方相分离的状态，主要是因为：

1）双方的利益纷争仍然存在，沟通交流仍存在障碍，只不过协调矛盾的责任由业主转给了施工管理经理。

2）各分项工程内部仍是"设计招标施工"的模式，工期仍有压缩的余地。

3）业主要与施工管理经理、各工程承包商、设计单位、设备供应商、安装单位、运输单位分别签订合同，管理头绪多，责任划分不清，而且多次招标增加了承包费用。

4. 设计和施工一体化阶段

20世纪90年代，建筑业迎来了设计和施工一体化的阶段。首先是业主的观念发生了改变，主要体现在以下四个方面。

1）时间观念增强。世界经济一体化增加了竞争的激烈程度。业主需要在更短的时间内拥有生产设施，从而更快地向市场提供产品，减少竞争。因而，要求尽量缩短建设工期。

2）质量和价值观念发生了变化。各行业的业主实行全面质量管理，他们希望施工期缩短。同时，业主意识到价值应该是价格、工期和质量的综合反映，是一个全面的度量标准，工程价格在价值衡量中的比重降低。

3）集成化管理意识增强。提倡各专业、各部门的人员组成项目联合工作组，对项目进行整体统筹化的管理。

4）伙伴关系意识增强。业主、承包商和工程师更多地注意为了项目的整体成功而合作，而不是仅仅追求各自的物质利益。

以此为前提，建筑业迎来了设计和施工一体化蓬勃发展的阶段，工程总承包的发育和发展的条件逐渐成熟，主要体现在以下几个方面：

1）一些实力雄厚的大型工程承包公司和设计咨询公司不满足于单纯的施工业务或设计咨询业务，经过双向联合，具备了全面的设计咨询能力、施工能力和管理能力。

2）工程项目管理理论有了很大的发展，各个阶段都有成熟的理论和丰富的实践经验。其中的很多理论和模型都可以被纳入一体化管理的体系中，这使得研究重点集中在两个阶段的衔接上，工作量大大减少。

3）自从20世纪70年代中期以来，制造业提出了一系列新思想、新概念，如并行工程、价值工程、精益生产等，为工程领域设计施工一体化的研究提供了可借鉴的经验和理论工具。

4）信息技术高速发展，软件工程理论和实践的突破为设计施工一体化提供了坚实的基础，使设计施工一体化要求的高速信息共享和交流成为可能，保障了设计施工一体化的实施效率。

在一系列的工程承包模式中，DB和EPC模式是承包商所承揽的工作内容最广、责任最大的一种。1993年，成立了由建造师、设计师、业主和其他专业成员的DB组织DBIA协会，协会致力于DB模式的研究和运用。1999年，FIDIC编制了标准的EPC合同条件，促进了EPC的推广使用，同时，AIA、ICE、JCT也相继发布目前被广泛使用的合同范本，在国际总承包市场建立起了一套成熟的EPC合同体系。

二、国内工程总承包的发展历程

中国工程总承包模式的发展可以追溯到20世纪70年代末80年代初。当时，中国国家经济改革开放，基础设施建设需求急剧增加，为工程总承包模式的引入提供了契机。

20世纪80年代，中国开始引入国际工程总承包模式，先后与日本、德国、法国等国签订了一系列合同。这些合同的签订为中国工程总承包模式的发展提供了宝贵的经验和技术支持。20世纪90年代，中国工程总承包业逐步发展，国内企业开始尝试在国外进行工程总承包业务。同时，中国政府出台了一系列政策和法规，对工程总承包业进行规范和支持。21世纪以来，中国工程总承包模式迅速发展，国内企业不断壮大，国际竞争力不断提升。中国企业在国际上承接了大量的工程总承包项目，参与了一系列国际知名的基础设施建设和工程项目。

如今，中国工程总承包企业已成为国内外市场的主要力量，涉及领域广泛，包括建筑、交通、水利、能源、环保等多个领域。中国工程总承包企业在技术水平、管理水平和服务水平上取得了长足进步，为国家的经济建设和基础设施建设做出了积极贡献。可以说，中国工程总承包企业已成为国家建设的重要支撑力量。

回顾我国的基本建设体制，工程总承包的发展历程大致分为三个阶段：第一阶段为项目管理及总承包建设模式试点与起步阶段；第二阶段为项目管理及总承包建设模式实行资质与推广阶段；第三阶段为规范与全面发展阶段。

1. 试点与起步阶段

20世纪70年代后期至80年代末，国际上通行先进的项目管理及工程项目建设总承包等模式，在我国仍属于一片空白。我国在大量引进国外先进技术和成套设备的同时，国外资金和工程承包商也进入中国市场，我国通过借鉴发达国家的经验，开始对这片空白领域进行认识和探索，将工程总承包模式在建筑领域推行，对我国的基本建设体制、项目管理、项目建设模式以及勘察设计企业等进行改革和推进。

1) 1982年6月8日，化工部印发了《关于改革现行基本建设管理体制，试行以设计为主体的工程总承包制的意见》的通知。通知明确指出，"根据中央关于调整、改革、整顿、提高的方针，我们总结了过去的经验，研究了国外以工程公司的管理体制组织工程建设的具体方法，吸取了我们同国外工程公司进行合作设计的经验，为了探索化工基本建设管理体制改革的途径，原化工部决定进行以设计为主体的工程总承包管理体制的试点。"

2) 1984年9月、10月，化工部第四设计院（现中国五环工程有限公司）、第八设计院（现中国成达工程有限公司）先后开始按工程公司模式试行工程总承包。化工系统工程实行了总承包试点，为我国勘察设计行业开展工程总承包提供了可以借鉴的经验。

3) 1984年国务院发布了《关于改革建筑业和基本建设管理体制若干问题的暂行规定》（国发［1984］123号），对我国建筑业和基本建设提出了改革的最初设想，主张建立工程承包企业类型，标志着工程总承包模式在我国正式启动。

4) 1984年11月国务院批转国家计委《关于工程设计改革的几点意见》（国发［1984］157号），指出：承包公司可以将从项目的可行性研究开始直到最终建成试运行投产的建设全过程实行总承包，也可以实行单项承包。

5) 1984年12月，国家计委、建设部联合发出《关于印发<工程承包公司暂行办法>的通知》（计设［1984］2301号）。

6) 1987年4月20日，国家计委、财政部等四部门印发《关于设计单位进行工程总承包试点有关问题的通知》（计设［1987］619号），公布了全国第一批12家工程总承包试点单位；同年，国家计委等五部联合发布了《关于批准第一批推广鲁布革工程管理经验试点企业有关问题的通知》，批准了第一批18家施工试点企业。

7) 1989年4月1日，建设部、国家计委等五部门印发了《关于设计单位进行工程总承包试点及有关问题的补充通知》，公布了第二批31家工程总承包试点单位。从此，工程总承包试点工作在21个行业的勘察设计单位展开。

8) 1989年4月，建设部、国家计委、财政部、中国建设银行、物资部联合颁布《关于扩大设计单位进行工程总承包试点及有关问题的补充通知》。随着通知的出台，开始在全国推广工程总承包的建设模式。

9) 1990年10月，建设部发布《关于进一步做好推广鲁布革工程管理经验，创建工程总承包企业进行综合改革试点的通知》，将试点企业扩大到50家。

2. 实行资质与推广阶段

通过试点企业的开拓尝试，总结了试点成功的经验和存在的问题，在20世纪90年代初期到21世纪初，我国开始对工程总承包企业的资质、承包和罚则开始进行探索，并开始探索企业的进一步发展改革的方向。

1) 1992年4月3日，建设部印发《工程总承包企业资质管理暂行规定（试行）》，指出：随着施工管理体制改革的不断深入，许多企业增强了工程设计、施工管理、材料设备采购能力，并总承包了一批建设项目，取得了较好的社会效益和经济效益；同时，以实现工程项目总承包为宗旨的企业集团也相应地发展起来，并已开拓了国内外市场。

2）1992 年 11 月，建设部颁发了《设计单位进行工程总承包资格管理有关规定》（建设［1992］805 号），明确了设计单位必须取得工程总承包的资格，并进行资格管理。取得《工程总承包资格证书》后，方可承担批准范围内的总承包任务。

3）1993 年 6 月，建设部颁布了《关于开展工程总承包企业资质就位工作的通知》。

4）1995 年 6 月，建设部颁布了《工程总承包企业资质等级标准》。此标准是工程总承包企业开展工程总承包的重要依据之一。

自 1993 年至 1996 年，建设部批准了 560 余家设计单位取得甲级工程总承包资格证书，各部门、各地区相继批准 2000 余家设计单位取得乙级工程总承包资格证书。

5）1997 年第八届全国人民代表大会常务委员会确定通过《中华人民共和国建筑法》（以下简称《建筑法》）。明确指出：承包建筑工程的单位应当持有依法取得的资质证书，并在其资质等级许可的业务范围内承揽工程。禁止建筑施工企业超越本企业资质等级许可的业务范围或者以任何形式用其他建筑施工企业的名义承揽工程。禁止建筑施工企业以任何形式允许其他单位或者个人使用本企业的资质证书、营业执照，以本企业的名义承揽工程。

6）2002 年 11 月 1 日，《国务院关于取消第一批行政审批项目的决定》，取消了"工程总承包资格核准"。

3. 规范与全面发展阶段

经过 20 多年的发展实践，工程总承包逐渐规范具体，全国相关行业开始对项目管理和总承包建设模式进行深入推广应用，特别是成功应用经验和案例的推广，加上国内外项目管理的理论和应用成果的公布，极大地促进了项目管理及总承包建设模式在我国的发展。我国工程总承包开始进入规范化、标准化、科学化新阶段。

1）2003 年 2 月 13 日，建设部印发《关于培育发展工程总承包和工程项目管理企业的指导意见》（建市［2003］30 号），鼓励深化我国工程建设项目组织实施方式，提高工程建设管理水平；鼓励勘察、设计、施工、监理企业调整经营结构，加快与国际工程承包和管理方式接轨，提高我国企业国际竞争力。第一次以部文的形式规定了工程总承包和工程项目管理的基本概念和主要方式。

2）2004 年 11 月 16 日，建设部颁布实施《建设工程项目管理试行办法》（建市［2004］200 号），促进工程项目管理行为的规范。

3）2005 年 5 月，《建设项目工程总承包管理规范》（GB/T 50358—2005）正式颁布。该规范主要适用于建设项目总承包合同签订后，工程总承包企业项目组织对项目的管理，作为规范建设项目工程总承包管理行为的基本依据。

4）2005 年 7 月 12 日，建设部等六部门制定印发了《关于加快建筑业改革和发展的若干意见》（建质［2005］119 号），提出："大力推行工程总承包建设方式。以工艺为主导的专业工程、大型公共建筑和基础设施等建设项目，要大力推行工程总承包建设方式。"

5）2011 年 9 月，住建部、国家工商行政管理总局联合印发了《建设项目工程总承包合同示范文本（试行）》（GF-2011-0216）。这是继《建设项目工程总承包管理规范》发布后，中国勘察设计协会建设项目管理和工程总承包分会完成的又一标准文件。虽然该文件填补了工程总承包没有合同示范文本的空白，但是，由于我国对设计、采购、施工实行不同的税率政策，导致工程总承包合同示范文本没有得到很好的实施。

6）2014 年 7 月 1 日，住建部发布《住房和城乡建设部关于推进建筑业发展和改革的若干意见》，指出加大工程总承包推行力度。倡导工程建设项目采用工程总承包模式，鼓励有实力的工程设计和施工企业开展工程总承包业务。

7）2016 年 2 月 22 日，中共中央、国务院发布《关于进一步加强城市规划建设管理工作的若干意见》，提出"深化建设项目组织实施方式改革，推广工程总承包制"。

8）2016 年 5 月 20 日，住建部印发了《关于进一步推进工程总承包发展的若干意见》，对工程总承包项目的发包阶段、工程总承包企业的选择、工程总承包项目的分包、工程总承包项目的监管手续等做出了相应规定。继 2014 年 8 月住建部批准浙江省为工程总承包首个试点省份后，上海、福建、广东、广西、湖南、湖北、四川、重庆、吉林 9 省市工程总承包试点工作逐步展开，各地制定了推行工程总承包的试点方案和相关配套政策。

9）2017 年 2 月 21 日，国务院办公厅印发了《关于促进建筑业持续健康发展的意见》（国办发〔2017〕19 号），提出"加快推行工程总承包"和"培育全过程工程咨询"。

10）2017 年 5 月 4 日，住建部批准《建设项目工程总承包管理规范》为国家标准，编号为 GB/T 50358—2017，自 2018 年 1 月 1 日起实施。原国家标准《建设项目工程总承包管理规范》GB/T 50358—2005 同时废止。

11）2017 年 7 月 13 日，住建部发布《住房城乡建设部办公厅关于工程总承包项目和政府采购工程建设项目办理施工许可手续有关事项的通知》（建办市〔2017〕46 号），进一步深化建筑业"放管服"改革，完善建筑工程施工许可制度，规范工程总承包和政府采购工程建设项目施工许可的申领手续。

12）2019 年 3 月 22 日，发改委、住建部发布《关于推进全过程工程咨询服务发展的指导意见》（发改投资规〔2019〕515 号）指出，"同一项目的全过程工程咨询单位与工程总承包、施工、材料设备供应单位之间不得有利害关系"。

13）2019 年 9 月 25 日，国务院发布《国务院办公厅转发住房城乡建设部关于完善质量保障体系提升建筑工程品质指导意见的通知》（国办函〔2019〕92 号）指出，"改革工程建设组织模式。推行工程总承包，落实工程总承包单位在工程质量安全、进度控制、成本管理等方面的责任。完善专业分包制度，大力发展专业承包企业"。

14）2019 年 12 月 19 日，住建部发布《住房和城乡建设部关于进一步加强房屋建筑和市政基础设施工程招标投标监管的指导意见》（建市规〔2019〕11 号），鼓励政府投资工程采用全过程工程咨询、工程总承包方式。

15）2019 年 12 月 23 日，住建部、发改委印发《房屋建筑和市政基础设施项目工程总承包管理办法》（建市规〔2019〕12 号），进一步规范房屋建筑和市政基础设施项目工程总承包活动。该办法适用于从事房屋建筑和市政基础设施项目工程总承包活动，实施对房屋建筑和市政基础设施项目工程总承包活动的监督管理。

16）2020 年 8 月 28 日，住建部等 9 个部门发布《住房和城乡建设部等部门关于加快新型建筑工业化发展的若干意见》（建标规〔2020〕8 号）指出，新型建筑工业化项目积极推行工程总承包模式，培育具有综合管理能力的工程总承包企业，落实工程总承包单位的主体责任，保障工程总承包单位的合法权益。

17）2020 年 9 月 11 日，住建部发布《住房和城乡建设部关于落实建设单位工程质量首要责任的通知》（建质规〔2020〕9 号），指出政府投资保障性安居工程应完善建设管理模式，带头推行工程总承包和全过程工程咨询。

18）2021年1月1日，住房和城乡建设部、市场监管总局印发《建设项目工程总承包合同（示范文本）》（GF-2020-0216），进一步提升工程总承包项目合同文本的规范性。原《建设项目工程总承包合同示范文本（试行）》（GF-2011-0216）同时废止。

19）2022年2月8日，《住房和城乡建设部办公厅关于加强保障性住房质量常见问题防治的通知》（建办保〔2022〕6号）指出，保障性住房建设应积极采用工程总承包模式。

第三节　工程总承包模式

一、工程总承包模式概述

在国际上，并非任意一种由同一组织承担项目建设过程中的两个以上阶段就可称为工程总承包。只有所承包环节中包含了设计和施工阶段，才可被称为工程总承包，方案设计、技术设计或者施工图设计都可以成为设计阶段的开端，单独的施工总承包或采购+施工总承包、采购+设计总承包都不在总承包范围之列。国际上公认的工程总承包模式的工作范围比较见表1-2。

表1-2　工程总承包模式的工作范围比较

工程总承包模式	合同（工作）内容					
	项目决策	方案设计	初步设计	施工图设计	施工	试运转
施工图设计-施工				——————		
初步设计-施工			——————————			
方案设计-施工		——————————————				
交钥匙	——————————————————————————					

目前工程总承包模式主要是按照过程内容和融资运营这两个方面来进行划分的，按照过程内容的不同可以将工程总承包模式划分为DB模式、EPC模式、EPCM模式、EPCS模式、EPCA模式、LSTK模式等。

二、几种模式的介绍

1. DB模式

DB是指Design Build，即设计施工模式，工程项目中由工程总承包方承担工程项目的设计和施工，并全面负责总承包工程的成本、质量、进度、安全等。DB模式下，承包方承担从设计到工程竣工验收的全部责任，业主主要负责工程项目相关的协调与督促，并根据合同对工程质量、进度、成本的要求，检查承包商在项目中的实施情况。DB模式的合同结构如图1-1所示。

（1）DB模式的优点

1）权责单一。DB模式中设计与施工

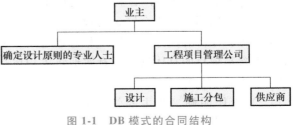

图1-1　DB模式的合同结构

由同一家单位承担，避免工程建设过程中在具体问题前的责任推诿，利于解决问题而非责任归属，即在工程建设过程中设计与施工权责范围内的矛盾，一概由 DB 模式中的承包方负责整合和处理，从而减少工程建设过程中的用于设计与施工间协调的时间和费用，同时也减轻了业主多头管理的负担。

2）利于成本控制，降低造价。DB 模式中，通过整合，把设计与施工组织成一个整体，管理人员可以通过对项目全过程、全方位的技术经济分析，采取合理的控制和管理措施，全面考虑，统筹安排，避免单纯设计对施工方案、工序等了解不深、关注不够的弊端，降低施工成本。

3）利于进度控制，缩短工期。DB 模式下，承包方通过合理安排设计、施工的整合程度，在项目前期充分考虑施工的可行性，实行动态、交叉作业，利用快速路径法（Fast Track）有效缩短项目建设工期。

4）有效提高工程质量和建设水平。DB 模式的权责单一性特征，工程质量责任明确由 DB 承包方承担，从客观上要求 DB 承包方主动增强经济意识和服务意识，对工程质量加强控制，避免由于设计和施工的不协调而对工程建设造成不利影响。

（2）DB 模式的缺点

1）投标竞争性低。DB 模式对承包方的设计施工能力和综合管理水平要求较高，与传统承包模式相比，DB 模式的投标竞争性相对较低，尤其在我国，DB 模式的普及率不高，业主及承包方对 DB 模式的认知度不高，DB 模式在业内市场上更倾向于有限竞争。

2）业主对项目的控制能力较低。工程建设招标阶段，业主通过发包人要求，提出对工程的功能、标准、工期等的宏观控制要求，招标完成后，由于在传统模式中，业主、设计单位、施工单位、分包单位之间的制衡体制在 DB 模式中不复存在，业主对工程项目具体设计和施工过程的控制相对减少。

3）DB 承包方风险较大。DB 模式的权责单一性，在要求 DB 承包方对工程项目的设计和施工同时负责的同时，也将工程项目在建设期间的不可控因素带来的风险转移到 DB 承包方身上，对 DB 承包方的技术水平、管理能力等提出了更高的要求。

2. EPC 总承包模式

EPC 总承包模式包含了设计（Engineering）、采购（Procurement）和施工（Construction）阶段，在此模式下，工程总承包商依照合同约定，承担建筑项目的设计、采购、施工、试运行等一系列工作，并在各个环节中对项目的质量、安全、工期、造价等方面进行全权负责。EPC 模式是我国现行的最主要的工程总承包模式之一。EPC 总承包模式的合同结构如图 1-2 所示。

（1）EPC 总承包模式的优点

1）固定总价合同，有利于控制成本。该模式下，一般采用固定总价合同，将设计、采购、施工及试车等工作作为整体发包给工程总承包商，业主本身不参与项目的具体管理，有效地将工程风险转移给工程总承包商。

2）责任明确，业主的管理简单。该模式下，工程总承包商是工程的第一责任人，在项目实施过

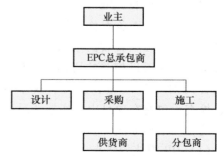

图 1-2　EPC 总承包模式的合同结构

程中，减少了业主与设计方、施工方协调沟通的工作，同时也有效地避免了相互扯皮和争端。

3）有利于设计优化，缩短工期。该模式下，设计、采购、施工一体化，设计阶段设计、采购、施工人员均应参与，可对施工可行性、工程成本综合衡量考虑。实施阶段也可实现设计、采购、施工的深度交叉，有效地提高工作效率，缩短工期。

（2）EPC 总承包模式的缺点

1）该模式对总承包商的综合素质要求较高，可供选择的工程总承包企业较少。

2）该模式下，业主对项目前期工作涉及较浅，很难对工程范围进行准确定义，双方容易因此产生争端。

3）该模式下的合同范围较广，对于合同中约定的比较笼统的地方，容易出现合同争端。

4）该模式下，由于业主本身不参与管理，对工程的质量、进度、安全等环节的管理控制力降低。

3. EPCM 模式

EPCM 总承包模式包含设计（Engineering）、采购（Procurement）、施工管理（Construction Management）的内容，是指设计采购与施工管理总承包，该模式是国际建筑市场中较为普遍的项目支付和管理模式，同时也是我国目前较为推行的一种项目工程总承包模式。该模式中，承包商经由业主委托或者招标投标来确定，选定的承包商可以直接与业主签订承包合同，但是要接受设计、采购、施工管理承包商的管理。设计、采购、施工管理承包商对工程进度和质量全面负责，其合同结构如图 1-3 所示。

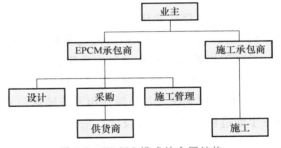

图 1-3　EPCM 模式的合同结构

（1）EPCM 模式的优点

1）单独承包。EPCM 模式下，业主将设计、采购和施工等环节分别委托给独立的专业公司进行承包，可以选择更加专业和符合业主需求的合作伙伴，提高项目执行质量和效率。

2）明确责任。EPCM 模式下，每一个环节的责任和义务都明确划分给相应的承包商，可以降低各参与方之间的利益冲突，便于合同管理和风险控制。

3）灵活性。EPCM 模式下，业主可以根据项目需要，灵活选择合作伙伴，通过组合不同的专业公司，形成更加强大的项目管理和执行团队。

4）业主控制权。EPCM 模式下，业主可以更好地掌握项目的进展情况和决策权，保证项目可以按时交付并达到预期效果。

（2）EPCM 模式的缺点

1）投资风险。由于 EPCM 模式下项目的设计、采购和施工等环节由不同的承包商负责，可能增加项目管理和沟通协调的难度，增加项目投资风险。

2）质量和安全风险。EPCM 模式下，由于设计、采购和施工等环节由不同的承包商完成，可能存在各方之间的合作问题和责任推诿，导致质量和安全风险的增加。

3）项目管理。EPCM 模式下，项目管理的责任由业主承担，若业主项目管理能力不足，可能导致项目进展不顺利和成本控制困难

4）合同管理。EPCM 模式下，由于涉及多方合同和责任划分，可能增加项目合同管理的难度和纠纷处理的复杂性。

4. EPCS 模式

EPCS 总承包模式包含设计（Engineering）、采购（Procurement）、施工监理（Construction Superintendence）的内容。总承包商负责工程项目中的设计和采购环节，并依照监理流程监督施工方按照设计标准、操作规范等要求进行施工，对进度控制负责，同时兼顾物资管理和试运行服务。该模式下，施工监理费单列于承包总价之外，按实际工时计价。业主方与承包方签订承包合同，并进行施工管理。EPCS 承包合同结构如图 1-4 所示。

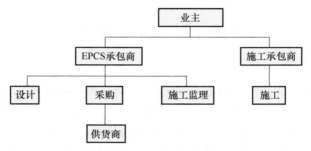

图 1-4　EPCS 模式的合同结构

（1）EPCS 模式的优点

1）明确责任分工。EPCS 模式明确了各参与方的责任和职责。设计阶段由设计团队完成，采购阶段涉及材料和设备的采购，施工阶段由施工单位实施，监理阶段由独立的监理单位负责。这有助于降低沟通和协作的复杂性。

2）专业化操作。各个阶段由专业团队负责，可以充分发挥各方的专业优势。设计人员专注于创造性和技术性的设计，采购团队专注于获得合适的材料和设备，而施工团队负责实际的施工工作。监理单位作为独立的第三方，有助于确保工程的合理性和质量。

3）竞争性价格。通过设计、采购、施工的分阶段进行招标，可以促使各个环节的竞争，有助于获得竞争性的价格。各个阶段的合同可以分别进行招标，增加了选择最具成本效益的供应商和承包商的机会。

4）监理独立性。独立的监理单位有助于确保项目的中立性和公正性。监理单位可以独立于设计和施工单位，对工程进行全面监管，提高了项目的透明度和合理性。

（2）EPCS 模式的缺点

1）沟通挑战。在不同阶段涉及不同的团队和参与方，可能存在沟通和协调的挑战。信息传递可能会在各个阶段之间出现断层，需要仔细的沟通机制。

2）时间延迟。每个阶段的完成都依赖于前一阶段的顺利进行。如果在设计、采购或施工阶段出现问题，可能会导致整个项目的延迟。

3）责任转移。不同阶段的责任划分可能导致一些问题在后续阶段才能被发现。例如，在设计阶段可能无法考虑到施工阶段的实际问题，导致需要在施工时进行修改，增加了额外的成本和工程变更。

4) 不适用于紧急项目。EPCS 模式可能不太适用于对项目时间要求非常紧迫的情况，因为各阶段的分工可能需要一定的时间。

5. EPCA 模式

EPCA 总承包模式包含设计（Engineering）、采购承包（Procurement）、施工咨询（Construction Advisory）的内容。承包商负责建设项目中的设计和采购，并为业主提供施工阶段的咨询服务。该模式下，施工监理费单列于承包总价之外，按实际工时计价。EPCA 承包合同结构如图 1-5 所示。

图 1-5 EPCA 模式的合同结构

（1）EPCA 模式的优点

1）一体化项目管理。EPCA 将设计、采购、施工和咨询融合为一个整体，由同一家承包商或团队负责。这有助于提高项目管理的一体性，减少信息断层，加强协同作业，有助于确保项目各阶段的顺利推进。

2）快速项目交付。由于设计、采购和施工是在同一团队的协同努力下进行的，可以更迅速地进行项目交付。这有助于缩短整个项目周期，提高项目的响应速度，尤其适用于时间紧迫性的项目。

3）减少合同纠纷。EPCA 模式中，设计、采购、施工和咨询的要素都由同一承包商或团队负责，减少了不同承包商之间的协作问题，降低了合同纠纷的可能性。

4）整体成本控制。由于同一团队负责整个项目，更容易进行整体成本控制。在整个项目的不同阶段，团队可以更好地协调和优化资源的使用，有助于控制总体成本。

（2）EPCA 模式的缺点

1）有限的外部视角。EPCA 模式中，同一团队负责设计、采购、施工和咨询，可能导致对外部创新和不同观点的忽视。这可能限制了项目受到外部专业意见的机会。

2）可能导致垄断。如果只有少数几个大型承包商或团队能够实施 EPCA 模式，可能导致市场上的竞争减少，从而增加了垄断的风险。

3）不适用于所有项目类型。EPCA 模式可能不适用于所有类型的项目。一些项目可能更适合分阶段、分包的方式，特别是在需要更多创新和外部专业意见的情况下。

4）项目成功依赖于团队质量。在 EPCA 模式下，项目的成功高度依赖于承包商或团队的质量。如果承包商或团队不具备足够的专业经验和管理能力，项目可能面临风险。

6. 交钥匙模式（LSTK 模式）

交钥匙总承包模式（Lump Sum Turn Key）中，承包商负责工程项目中的设计、采购、施工安装和试运行全过程，最终向业主交付可以投入使用的工程。LSTK 总承包可分为两个类型：一是由总承包商向分承包商发包；二是总承包商自行承担所有承包的工作。一般情况下，除少数必须要分包的项目外，承包商并不会进行分包。交钥匙总承包的合同结构与EPC工程总承包的合同结构是相同的。

LSTK模式提供了一站式的服务，包括项目的设计、施工和设备采购。业主只需提供项目需求和资金，承包商将全面负责项目的实施。该模式下，设计、施工和设备采购等各个环节被有机地整合在一起，由同一承包商或团队负责管理，有助于提高项目的一体化管理水平。同时，业主无须参与项目的日常管理和协调，由承包商全权负责。这样可以减轻业主的负担，使其更专注于自身的核心业务。

LSTK模式通常会在合同中明确交付的时间和成本，这有助于业主更好地计划和控制项目进程。由于整个项目由承包商全权负责，业主在设计、施工和设备采购等方面的风险相对较低，因为这些责任都转移到了承包商身上。

（1）LSTK模式的优点

1）简化项目管理。业主无须分别与设计师、施工单位、设备供应商等多个方面进行协调，可以更轻松地管理整个项目。

2）确保一致性。设计、施工和设备采购由同一团队负责，有助于确保项目各个方面的一致性，减少因信息传递不畅导致的问题。

3）提高项目交付速度。由于各个阶段可以同时进行，交钥匙总承包模式通常能够提高项目的交付速度，有助于快速实现投资回报。

4）明确的成本和时间控制。在合同中明确的成本和时间目标有助于降低不确定性，使业主更容易掌控项目的整体情况。

（2）LSTK模式的缺点

1）可能导致创新不足。由于所有责任都由同一承包商承担，可能导致项目中的创新性和多元化受到限制，无法充分发挥不同专业领域的专长。

2）对承包商信赖度要求高。业主对承包商的选择非常关键，需要对其经验、能力和信誉有高度的信任，否则可能导致项目的风险增加。

3）项目变更成本高昂。由于一旦项目开始，变更可能涉及整个项目的重新计划，因此可能导致变更成本较高。

7. 公共部门与私人企业合作（PPP）模式

PPP民间参与公共基础设施建设和公共事务管理的模式统称为公私（民）伙伴关系（Public Private Partnership，PPP）。具体是指政府、私人企业基于某个项目而形成的相互间合作关系的一种特许经营项目融资模式。由该项目公司负责筹资、建设与经营，政府通常与提供贷款的金融机构达成一个直接协议，该协议不是对项目进行担保，而是政府向借贷机构做出的承诺，将按照政府与项目公司签订的合同支付有关费用。这个协议使项目公司能比较顺利地获得金融机构的贷款。而项目的预期收益、资产以及政府的扶持力度将直接影响贷款的数量和形式。采取这种融资形式的实质是，政府通过给予民营企业长期的特许经营权和收益权来换取基础设施加快建设及有效运营。PPP模式的结构如图1-6所示。

（1）PPP模式的优点

1）公共部门和私人企业在初始阶段就共同参与论证，有利于尽早确定项目融资可行性，缩短前期工作周期，节省政府投资。

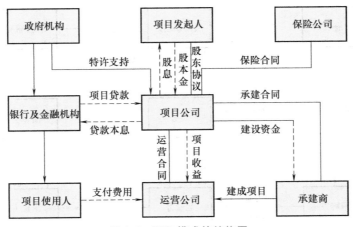

图 1-6 PPP 模式的结构图

2）可以在项目初期实现风险分配，同时由于政府分担一部分风险，使风险分配更合理，减少了承建商与投资商风险，从而降低了融资难度。

3）参与项目融资的私人企业在项目前期就参与进来，有利于私人企业一开始就引入先进技术和管理经验。

4）公共部门和私人企业共同参与建设和运营，双方可以形成互利的长期目标，更好地为社会和公众提供服务。

5）使项目参与各方整合组成战略联盟，对协调各方不同的利益目标起关键作用。

（2）PPP 模式的缺点

1）对于政府来说，如何确定合作公司给政府工作增加了难度，而且在合作中要负有一定的责任，增加了政府的风险负担。

2）组织形式比较复杂，增加了管理上协调的难度。如何设定项目的回报率可能成为一个颇有争议的问题。

8. BOT 模式

BOT（Build Operation Transfer）即建设经营移交，我国一般称为特许权。该模式中，由民间企业建立项目公司并依照与政府签订的特许协议投资、开发、建设、运营和管理项目，以运营期间所得覆盖项目债务、回收投资并赚取利润，在特许期限届满时将项目无偿移交给政府。BOT 模式常见于国家专属的基础设施建设、公共事业或工业项目中。BOT 模式的最大特点是由于获得政府许可和支持，有时可得到优惠政策，拓宽了融资渠道。该模式主要用于机场、隧道、发电厂、港口、收费公路、电信、供水和污水处理等一些投资较大、建设周期长和可以运营获利的基础设施项目。BOT 模式关系图如图 1-7 所示。

（1）BOT 模式的优点

1）可以减少政府主权借债和还本付息的责任。

2）可以将公营机构的风险转移到私营承包商，避免公营机构承担项目的全部风险。

3）可以吸引国外投资，以支持国内基础设施的建设，解决了发展中国家缺少建设资金的问题。

4）BOT 项目通常都由外国的公司来承包，这会给项目所在国带来先进的技术和管理经

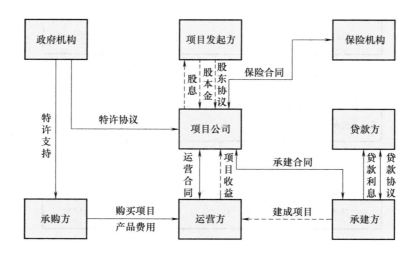

图 1-7　BOT 模式关系图

验，既给本国的承包商带来较多的发展机会，也促进了国际经济的融合。

（2）BOT 模式的缺点

1）在特许权期限内，政府将失去对项目所有权和经营权的控制。

2）参与方多，结构复杂，项目前期过长且融资成本高。

3）可能导致大量的税收流失。

4）可能造成设施的掠夺性经营。

5）在项目完成后，会有大量的外汇流出。

6）风险分摊不对称等。政府虽然转移了建设、融资等风险，却承担了更多的其他责任与风险，如利率、汇率风险等。

9. BT 模式

BT（Build Transfer）即建设移交，是 BOT 模式的一种演变形式，由政府或开发商利用承包商资金来进行融资、建设项目的一种模式。BT 模式是指一个项目的运作通过项目公司总承包，融资、建设、验收合格后移交给业主，业主向投资方支付项目总投资加上合理回报。采用 BT 模式筹集建设资金成了项目融资的一种新模式。BT 模式关系图如图 1-8 所示。

（1）BT 模式的特点

1）BT 模式仅仅是政府用于非经营性的设施建设项目。

2）政府利用的资金是通过投资方融资的资金而非政府资金，这种融资的资金来源范围非常广泛。

3）BT 模式仅是投资融资的一种全新模式，其重点在于建设。

4）增强投资方履行合同的能力，避免其在移交时存在幕后经营。政府依据合同约定总价，对投资方按比例分期支付。

（2）BT 模式存在的风险

1）潜在风险较高，应建立风险监督机制，增强风险管理的能力，以有效地防御政治、经济、自然、技术等带来的风险，最重要的是防范政府债务偿还的风险。

2）追求安全且合理的利润以及双方谈判约定总价的难度较大。

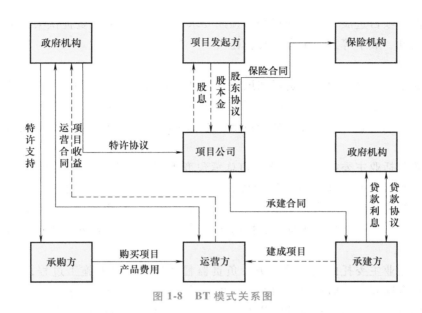

图 1-8　BT 模式关系图

第四节　工程总承包管理体系

一、管理总体目标与思路

1. 总承包管理的总体目标

由于建设工程项目总承包方是受业主方的委托而承担工程建设任务，建设项目工程总承包方必须树立服务观念，为项目建设服务。另外，合同也规定了建设项目工程总承包方的任务和义务，因此，建设项目工程总承包方作为项目建设的一个重要参与方，其项目管理主要服务于项目的整体利益和建设项目工程总承包方本身的利益，其项目管理的目标应符合合同的要求，包括工程建设的安全管理目标、项目的总投资目标和建设项目工程总承包方的成本目标（前者是业主方的总投资目标，后者是建设项目工程总承包方本身的成本目标）、建设项目工程总承包方的进度目标、建设项目工程总承包方的质量目标。

2. 总承包管理的思路

工程总承包项目管理的总体思路是通过系统性的规划、协同和监控，以确保项目的成本控制目标、进度控制目标、质量控制目标的达成。总承包项目管理包含了明确项目目标、制定项目总进度计划及阶段计划、协调各单位关系、全面风险管理、合同控制和管理、质量控制、安全管理以及利益相关者管理等。这一整体思路使得承包方能够最大限度地优化资源利用，提高项目的经济性、质量和可持续性，并满足业主要求，实现项目成功。

二、管理主体及各方关系

工程总承包管理主体通常涉及多个相关方，其中主要包括业主、总承包商、设计团队、监理单位和施工单位（分包商）。

1. 业主（建设单位）

业主是项目的发起者和最终受益者，负责确定项目目标、需求和预算。业主与总承包商签订合同，监督项目进展，确保项目按照预期要求完成。业主还负责提供项目资金，并对项目的质量、进度、成本等方面负有监督责任。

2. 总承包商

总承包商是承担整个项目的责任和风险的主体，负责项目的设计、采购、施工和交付。总承包商通常与业主签订总承包合同，要求按照合同约定完成项目，并在预定时间和预算内交付高质量的成果。总承包商可能会分包给其他承包商，但总体上对项目的成功负有责任。

3. 设计团队

设计团队包括业主委托的设计单位和总承包商下属设计部门，前者负责项目可行性研究、方案设计和（或）初步设计，后者代表总承包负责前者以外的设计工作和设计配合工作。该团队包括建筑师、结构工程师、电气工程师等。设计团队与总承包商紧密合作，确保设计符合业主的需求、遵循法规标准，同时也要满足工程的可行性和施工可实施性。

4. 监理单位

监理单位是业主委托的独立第三方，负责监督和检查项目的施工过程，以确保工程质量、合规性和合同履行。监理单位向业主提供有关项目进展和问题的报告，并在必要时提出建议。监理单位与总承包商和设计团队保持独立性，以保障项目的公正性和合规性。

5. 施工单位（分包商）

施工单位是总承包商可能委托的分包商，负责实际的建设工作。施工单位可能包括土木工程承包商、电气承包商、机械承包商等。他们按照总承包商的指示和计划进行工作，确保按照设计和合同规定完成工程。一般情况下，除少数必须要分包的项目外，承包商并不会进行分包。

这些各方之间的关系是相互依存的，需要有效的沟通、协作和协调。业主作为项目的决策者和投资者，与总承包商、设计团队、监理单位和施工单位之间的合作关系至关重要，以确保项目的成功实施和达到预期目标。合同约定了各方的权责，但在实际执行过程中需要及时沟通、解决问题，共同推动项目向前发展。

三、管理组织架构

1. 基本要求

1）工程总承包企业应建立与工程总承包项目相适应的项目管理组织，并行使项目管理职能，实行项目经理负责制。

2）工程总承包企业承担建设项目工程总承包，宜采用矩阵式管理。项目经理部应由项目经理领导，并接受工程总承包企业职能部门指导、监督、检查和考核。

3）项目经理部在项目经理的领导下开展工程承包建设工作。项目组织机构主要由项目经理、总工程师、设计经理、商务经理、机电经理、施工经理、质量总监、安全总监等职位（部门）构成。

2. 工程项目组织结构模式

常见的组织结构模式包括职能组织结构、线性组织结构和矩阵组织结构等。其中，矩阵组织结构在工程总承包模式中应用面最为广泛。

矩阵组织结构的特点是将按照职能划分的纵向部门与按照项目划分的横向部门结合起来，以构成类似矩阵的管理系统。图1-9是一种典型的矩阵组织形式。

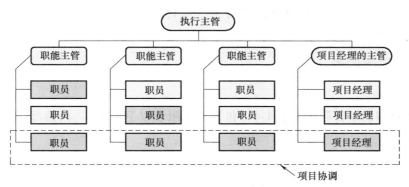

图 1-9 矩阵组织结构示意图

当很多项目对有限资源的竞争引起对职能部门的资源的广泛需求时，矩阵管理就是一个有效的组织形式，传统的职能组织在这种情况下无法适应的主要原因是：职能组织无力对职能之间相互影响的工作任务提供集中、持续和综合的关注与协调。因为在职能组织中，组织结构的基本设计是职能专业化和按职能分工的，不可能期望一个职能部门的主管人会不顾他在自己的职能部门中的利益和责任，或者完全打消职能中心主义的念头，使自己能够把项目作为一个整体，对职能之外的项目各方面也加以专心致志的关注。

在矩阵组织中，项目经理在项目活动的内容和时间方面对职能部门行使权力，而各职能部门负责人决定"如何"支持。每个项目经理要直接向最高管理层负责，并由最高管理层授权。而职能部门则从另一方面来控制，对各种资源做出合理的分配和有效的控制调度。职能部门负责人既要对他们的直线上司负责，也要对项目经理负责。

组织结构模式反映了一个组织系统中各子系统之间或各元素（各工作部门）之间的指令关系。组织分工反映了一个组织系统中各子系统或各元素的工作任务分工和管理职能分工。组织结构模式和组织分工都是一种相对静态的组织关系。而工作流程组织则可反映一个组织系统中各项工作之间的逻辑关系，是一种动态的关系。建设工程项目管理工作的流程、信息处理的流程，以及设计工作、物资采购和施工的流程组织均属于工作流程组织的范畴。

由于工程总承包项目特点，一般常采用矩阵式进行管理。

3. 工程总承包管理组织形式

工程总承包项目经理部的组织形式根据施工项目的规模、合同范围、专业特点、人员素质和地域范围确定。工程项目规模分类见表 1-3。

表 1-3 工程项目规模分类

规模分类		特大型	大型	中型	小型
建筑面积/万 m²		≥30	≥10 且<30	≥4 且<10	<4
工程造价/亿元	房建工程	≥5	≥2 且<6	≥0.8 且<4	<0.8
	机电安装、装饰、园林、古建工程	≥1.5	≥0.6 且<1.5	≥0.3 且<0.6	<0.3
	钢结构、市政道路工程	≥3	≥1 且<3	≥0.6 且<1	<0.6

大型、中型工程总承包项目组织机构按三个层次设置，即企业保障层、总承包项目管理层和分包作业层（含指定分包）。

特大型工程总承包项目组织机构按四个层次设置，即企业保障层、总承包管理层、项目管理层、分包作业层。

四、各方管理职责

1. 企业层级职责

企业层级承担的项目职责见表1-4（包括但不限于以下工作），其他部门应配合牵头部门做好相关工作。

表1-4　企业层级职责及相关责任部门

序号	工作职能	必要工作事项	时间期限	责任牵头部门
1	投标	项目启动	企业决定项目投标后	市场商务部门
		项目管理授权	项目启动时	市场商务部门
		项目营销策划	项目启动时	市场商务部门
		项目情况调查	工程投标前	市场商务部门
		项目现金流分析	工程投标前	财务资金部门
		项目风险评估	工程投标前	市场商务部门
		投标总结	工程投标后	市场商务部门
2	合同	合同谈判及签署	工程开工前	市场商务部门
		履约保函或保证金	合同规定时间	财务资金部门
		合同评审	合同签订前及签订后	市场商务部门
		项目目标成本估算	合同签订后	市场商务部门
		合同交底	项目部组建后	市场商务部门
		客户关系管理	项目部组建后	市场商务部门
		项目管理责任书	与项目策划书同步	市场商务部门
3	组织	任命项目经理	启动时定人选，中标后任命	人力资源部门
		建立项目部	工程合同签约后	人力资源部门
		按规定建立党群组织	项目部建立时	党群部门
		制定项目人员职务说明书	工程开工前	人力资源部门
		确定项目薪酬制度	工程开工前	人力资源部门
4	服务	材料招标及采购	配合施工进度要求	物资管理部门
		分包招标及进场备案	配合施工进度要求	商务管理部门
		机械设备租赁或调配	配合施工进度要求	物资管理部门
		资金调配	配合项目资金收支情况	财务资金部门
		项目备用金及财务设账	工程开工前	财务资金部门
		项目技术标准及方案论证	工程开工前	技术管理部门
		项目法律事务	工程开工前	法律部门
5	控制	项目策划书	项目启动后	各责任管理部门
		成本管理目标控制及预警	配合工程进度	市场商务部门
		进度管理目标控制及预警	配合工程进度	生产管理部门

（续）

序号	工作职能	必要工作事项	时间期限	责任牵头部门
5	控制	职业健康安全目标控制及预警	配合工程进度	安全管理部门
		环境管理目标控制及预警	配合工程进度	环境管理部门
		质量管理目标控制及预警	配合工程进度	质量管理部门
		资金管理目标控制及预警	配合工程进度	资金管理部门
		项目履约控制	按合同约定	生产管理部门
		项目经理月度报告	月度	生产管理部门
		项目商务经理月度报告	月度	市场商务部门
		项目每日施工情况报告	每个工作日历天	生产管理部门
6	监督	日常考核	月、季、年	生产管理部门
		项目最终考核	工程竣工交付后	审计监察部门
		项目审计与监察	施工过程中及完工后	审计监察部门
7	项目制度建设	建立标准化表格及格式文本	工程开工前	有关部门
		建立项目管理数据库	工程开工前及完工后	相关部门
		建立项目管理信息系统	工程开工前	信息管理部门
8	项目保修	工程保修支持	保修期内	质量管理部门
		工程技术服务	工程设计使用年限内	质量管理部门

2. 总承包项目经理部职责

总承包项目经理应承担的管理职责见表1-5（包括但不限于以下工作）。

表1-5　总承包项目经理部管理职责分配表

序号	工作职能	必要工作事项	时间期限	责任牵头部门
1	合同管理	合同责任分解	工程开工前	商务经理
		项目索赔与反索赔	工程开工前及过程中	商务经理
		项目计划成本及盈亏测算	工程开工前及季度	商务经理
		项目商务月度报告	每月5日前	商务经理
		工程进度报量及付款申请	按合同规定期限	商务经理
2	计划	项目管理实施计划	工程开工前	项目经理
		项目经理月度报告	每月5日前	项目经理
3	组织	项目组织机构及职责	工程开工前	项目经理
		项目人员岗位职务说明书	人员到岗前	项目经理
4	资金管理	项目收款	按合同规定	商务经理
		项目收款	按合同及工程进度	项目经理
5	设计管理	项目设计	按合同规定	总工程师
6	技术管理	施工组织设计及技术方案	工程开工前	总工程师
		设计变更、技术复核	根据工程进度	总工程师
		工程技术资料	按工程进度	总工程师

（续）

序号	工作职能	必要工作事项	时间期限	责任牵头部门
6	技术管理	检验与试验	按工程进度	总工程师
		工程测量	按工程进度	总工程师
7	物资管理	物资招标及订货	按项目实施计划	生产经理
		材料进场验收及使用控制	按工程进度计划	生产经理
8	设备及料具管理	设备进出场控制	按项目实施计划	生产经理
		设备使用管理	按现场实际情况	生产经理
9	分包管理	分包招标、履约保证	按项目实施计划	商务经理
		分包现场管理	项目实施全过程	生产经理
		分包结算	按分包合同	商务经理
10	生产及进度管理	生产及进度管理计划	项目开工前	生产经理
		作业计划及每日情况报告	按工程施工进度	生产经理
		项目部每日情况报告	每一个工作日	生产经理
		施工照片管理	按工程施工进度	生产经理
11	成本管理	项目盈亏测算	开工前及每季度	商务经理
12	质量管理	质量计划、实施与控制	项目实施全过程	质量总监
13	安全及职业健康管理	安全及职业健康管理计划、实施与控制	项目实施全过程	安全总监
14	环保管理	环保计划及实施与控制	项目实施全过程	安全总监
15	收尾管理	工程收尾计划	工程竣工前	生产经理
		工程交付	按合同规定	项目经理
		档案及资料移交	工程交付后	项目经理
		工程总结	工程交付后	项目经理
16	保修	保修服务	合同保修期	项目经理
17	信息与沟通管理	信息与沟通识别	工程开工前	项目经理
		信息管理计划	工程开工前	项目经理
18	综合事务管理	综合事务管理计划	项目开工前	项目经理
		重要活动管理	按项目具体情况	项目经理

3. 总承包项目各阶段工作内容及岗位职责

总承包项目各阶段工作内容及岗位职责见表 1-6。

表 1-6　总承包项目各阶段工作内容及岗位职责

项目实施阶段	工作分项	工作内容	岗位职责
项目启动	组建项目部	任命项目管理人员、签订项目责任书、制定项目经理部管理制度	项目经理
		落实现场办公、生活场所	项目副经理
	项目策划	项目管理计划	项目经理、项目副经理
		项目实施计划	项目经理、项目副经理

（续）

项目实施阶段	工作分项	工作内容	岗位职责
设计阶段	方案设计	组织方案设计	设计经理
		获得方案设计批复	设计经理
	初步设计	初步设计	设计经理
	施工图设计	组织进行施工图设计	设计经理
		组织设计院内部进行校审	设计经理
		设计院专家跟踪指导、论证	设计经理
	施工图审查	送第三方设计审查,包括施工图审查、消防审查、节能审查等	设计经理
		根据审查意见反馈进行设计修改	设计经理
		获得审查报告	设计经理
	设计图交底	组织交底会议、形成会议纪要、多方签字盖章形成正式文件	设计经理、施工经理
	设计变更	联系、组织相关人员解决设计上的问题,确定变更内容,形成变更文件,多方签字盖章确认生效,交付实施	设计经理、施工经理
	编制设备清单	根据施工图编制设备清单	设计经理、采购经理
		提供材料设备采购技术参数	设计经理、采购经理
项目审批	报建审批	协助建设单位进行项目报建、审批	项目经理、设计经理
采购管理	采购计划	编制施工招标、材料设备采购计划	设计、采购主管
	土建施工招标	施工区块划分	项目经理、采购经理
		协调采购管理部门编制招标限价并审计、编制资格预审文件、资格预审编制招标文件、评标、定标	项目经理、项目副经理、采购经理
		签订施工合同	项目经理、商务经理
	设备采购	提供材料设备采购清单和技术参数	采购经理
		内部招标询价、编制招标限制价并审计、供货商资格预审、编制招标文件、确定供货商	项目副经理、采购经理
		签订采购合同	项目经理、商务经理
		货款支付、设备催交	采购经理
		现场验货、交付保管	采购经理
施工管理	施工准备	总承包合同备案	商务经理
		协助建设单位解决高压线迁移问题	项目副经理
		施工用电、用水开户	项目副经理、商务经理
		办理施工许可证	项目副经理
		签订材料试验测试合同	项目副经理
		签订桩基础检测合同、边坡处理和基坑围护检测合同	项目副经理
		管理分包单位进行场地平整	项目副经理
		编制总体施工进度计划、总体施工方案、应急预案等	项目副经理
		协助施工总平面布置、施工道路、施工围墙、文明施工措施等	项目副经理

（续）

项目实施阶段	工作分项		工作内容	岗位职责
施工管理	施工准备		审核施工组织合计	项目总工程师
			组织专项施工方案的专家评审（高大支模架等危险性较大工程）	项目总工程师
			了解地下管线、市政管网的情况并向施工单位交底、制定保护措施	项目副经理
			进行质量、技术、安全交底	项目总工程师、质量总监、安全总监
			监察施工准备、安全文明施工措施落实情况	项目副经理、安全总监
			组织规划部门定位放线并复核	项目副经理
	施工过程		协调各施工区间的施工界面、配合作业	项目副经理
			协调设计、监理、施工、检测等单位的相互配合、监督管理	项目副经理
		进度管理	编制总体进度计划	项目副经理
			审查分包单位的施工进度计划	
			检查分包单位周计划、月计划的执行计划	
			对比总体进度计划，监督分包单位采取纠偏措施，并做好协调工作	
			必要时修正进度计划	
		质量管理	督促和检查分包单位建立质量管理体系	项目总工程师、质量总监
			督促监理单位加强对分包单位施工过程中的质量管理	
			定期或不定期进行质量检查	
			协调设计、采购、施工接口关系，避免设计、采购对施工质量的影响	
			质量事故的处理、检查和验收	
			定期向质安环部和建设单位汇报质量控制情况	
		费用管理	制订项目费用计划	商务经理
			每月统计汇总分包单位完成的工作量，编制工程进度款申请支付报表，报送建设单位并督促支付工程进度款	
			按照分包合同给各分包单位支付工程进度款	
			进行费用分析，若出现偏差，采取纠偏措施并向企业总部汇报	
			项目费用变更	
		HSE管理	制订项目 HSE 管理目标，建立 HSE 管理体系	安全总监、项目副经理
			监督、检查分包单位 HSE 管理体系	
			督促监理单位对分包单位进行 HSE 监督管理	
			定期或不定期进行 HSE 专项检查	
			督促分包单位进行不合格项整改	
			HSE 事故处理	

（续）

项目实施阶段	工作分项	工作内容	岗位职责
施工管理	施工过程	协调组织施工变更	项目副经理
		施工资料管理	项目总工程师、质量总监
		定期与建设单位沟通、汇报施工安全、进度、质量、费用等问题	项目副经理、安全总监
		协调解决施工过程中出现的不可预见的其他问题	项目副经理、安全总监
	施工过程验收	组织分部分项验收；基础工程验收、主体结构验收	项目总工程师、质量总监
项目验收移交	项目验收、试运行	制订验收计划	项目总工程师、质量总监
		组织专项检测（节能保温、消防、防水、防雷、环保、电力、自来水、煤气、建筑面积等）	项目总工程师、质量总监
		组织专项验收（消防、环保、水保、交通、市政、园林、白蚁等）	项目总工程师、质量总监
		进行验收前的自检	项目总工程师、质量总监
		进行缺陷修补	项目总工程师、质量总监
		项目试运行	项目总工程师、项目经理
		协助建设单位组织工程综合验收	项目总工程师、质量总监
	项目收尾、移交	工程收尾	项目副经理
		收集竣工资料、向建设单位提交完整的竣工验收资料及竣工验收报告	项目总工程师、质量总监
		工程费用结算	商务经理
		建筑物实体移交	项目经理、项目副经理
		竣工资料移交	项目总工程师、质量总监
	保修及服务	协助施工大内做好质保期内的保修与服务	项目副经理

注：HSE 管理是指健康（Health）、安全（Safety）、环境（Environment）三位一体的管理的简称。

五、管理方法

工程总承包项目管理的总体程序应依次为：选定项目经理→项目经理接受企业法定代表人的委托组建项目经理部→编制项目管理规划大纲→企业法定代表人与项目经理签订"项目管理目标责任书"→项目经理部编制"项目管理实施计划"→进行项目开工前的前期施工准备→项目实施期间按"项目管理实施计划"进行管理→在项目竣工验收阶段进行竣工结算、清理各种债权债务、移交资料和工程→进行经济分析→做出项目管理总结报告并送承包商企业管理层对项目管理工作进行考核评价并兑现"项目管理目标责任书"中的奖惩承诺→项目经理部解体。

根据工程总承包项目管理的特点，项目实施总体大致可分为 4 个阶段。

1. 项目启动阶段

本阶段通过组织项目管理策划组建项目部，任命项目经理。

2. 项目初始阶段

本阶段主要任务是进行项目实施策划及各项管理计划，具体确定项目各业务工作目标；进行总承包合同交底，公司对项目业务管理目标（指标）提出意见或要求，项目部据此进行项目策划；建立建设场地等临时设施（如需要），编写项目整体预算书、设计管理计划、资金使用计划；选择确定设计、施工合作单位/分包商，与业主明确竣工资料实施细则及计量支付工作方案，编制项目施工组织设计方案报公司及业主审批。

3. 项目设计、采购及施工阶段

本阶段落实项目管理目标及初始阶段制订的各项策划和计划，对项目管理各业务要素进行控制。项目部紧密结合设计、采购及施工等工作开展工期、质量及成本控制，紧密跟踪业务计划及项目目标的实现。公司通过对工程（商务）月报、工程季报及现场巡查进行监督和过程考核，定期监控风险管理状况。

4. 项目试运行、验收及收尾阶段

项目试运行与验收阶段：进行试运行及培训等，开展竣工验收并移交工程资料，办理项目移交。

项目收尾阶段：进行现场清理、竣工结算，缺陷通知期限满后取得履约证书；办理项目资料归档，进行项目总结，对项目部人员进行考核评价，人员物资撤离，解散项目部。

第二章

工程总承包管理制度与规范

工程总承包管理制度与规范目前在我国尚处于建立健全中，专门的工程总承包方面的法律未出台，但其规范性文件、标准和规范已先后发布，相关的管理办法和标准规范也正在修订或制定中。本章重点介绍已出台的工程总承包管理办法、管理规范以及相关的标准规范等。

第一节　建设项目工程总承包管理办法解读

工程总承包管理办法一般包括房屋建筑工程、市政基础设施工程、水利建设工程、交通运输工程等工程的管理办法。本节主要介绍《房屋建筑和市政基础设施项目工程总承包管理办法》（以下简称《管理办法》）。该办法由住房和城乡建设部、国家发展改革委员会于2019年12月23日联合印发，自2020年3月1日起实施。

一、《管理办法》总况

（一）《管理办法》起草背景

1. 政策背景

1）2016年2月6日，中共中央、国务院印发《关于进一步加强城市规划建设管理工作的若干意见》。要求深化建设项目组织实施方式改革，推广工程总承包制。

2）2016年5月20日，住房和城乡建设部颁发《关于进一步推进工程总承包发展的若干意见》（建市〔2016〕93号）。大力推进工程总承包，完善工程总承包管理制度，提升企业工程总承包能力和水平，加强推进工程总承包发展的组织和实施。

3）2017年2月21日，国务院办公厅印发《关于促进建筑业持续健康发展的意见》（国办发〔2017〕19号）。要求完善工程建设组织模式，加快推行工程总承包。装配式建筑原则上应采用工程总承包模式。政府投资工程应完善建设管理模式，带头推行工程总承包。

2. 建筑企业自身改革发展的需要

传统的施工总承包模式，在建设发展中已存在这样那样的弊端，随着建设品质和建设投资效益的提高，以及建筑市场发展的要求，促使建筑施工企业需转型升级，调整管理模式，向新的工程总承包模式转变。

3. "一带一路" 发展战略的根本需求

我国推行"一带一路"战略，与国际企业和建设方合作，必须与国际通用做法相接轨，工程总承包模式是国际通用的建设方式，为此，我国企业要选择工程总承包模式。

4. 工程总承包现有立法滞后，且各地政策相互冲突

我国工程总承包立法相对滞后，各地制度建立情况也不相同，甚至存在政策上相互冲突，表现在：一是工程总承包发包阶段的相关规定冲突；二是工程总承包单位的资质要求相关规定冲突；三是工程总承包联合体投标的相关规定冲突；四是前期设计服务企业能否参加工程总承包的投标的相关规定冲突；五是工程总承包项目计价方式相关规定冲突等。

（二）《管理办法》总体组成

《管理办法》共四章二十八条，总体组成见表2-1。

表2-1 《管理办法》总体组成

章名	条款及内容
第一章 总则	第一条 制定目的,依据 第二条 适用范围 第三条 工程总承包的定义 第四条 基本原则 第五条 监督管理部门
第二章 工程总承包项目的发包和承包	第六条 工程总承包方式的适用项目 第七条 发包阶段和条件 第八条 发包方式 第九条 招标文件编制 第十条 工程总承包单位条件一 第十一条 工程总承包单位条件二 第十二条 鼓励取得相应类别施工、设计资质 第十三条 投标文件编制期限 第十四条 评标委员会组成 第十五条 发包方的风险分担 第十六条 合同价格形式
第三章 工程总承包项目实施	第十七条 建设单位的项目管理 第十八条 工程总承包单位的组织机构 第十九条 工程总承包单位的管理 第二十条 工程总承包项目经理条件 第二十一条 工程总承包单位的分包方式 第二十二条 质量责任 第二十三条 安全责任 第二十四条 工期责任 第二十五条 保修责任 第二十六条 按要求实施项目建设 第二十七条 法律责任
第四章 附则	第二十八条 实施日期

（三）《管理办法》的性质及适用范围

《管理办法》是由住房城乡建设部和国家发展改革委员会联合颁布的规范性文件，根据《最高人民法院关于裁判文书引用法律、法规等规范性法律文件的规定》第四条和第六条的规定，法院在裁判文书中不能直接引用该总承包办法进行裁判，但是可以在"法院认为"部分作为裁判说理的依据。

根据《管理办法》第二条，该办法的直接适用范围为房屋建筑和市政基础设施项目。其他领域例如水利、铁路、电力、石油化工等项目并不直接适用该办法，但不排除可以参照适用。

二、《管理办法》的主要内容及条款解读

（一）工程总承包的定义

总承包办法的核心理念是设计、施工深度融合。根据《管理办法》第三条工程总承包"是指承包单位与建设单位签订的合同，对工程设计、采购、施工或者设计、施工等阶段实行总承包"，而《建筑法》第二十四条中的"工程总承包"则将范围定义为"把建筑工程的勘察、设计、施工、设备采购的一项、多项或全部一并发包给一个工程总承包单位"。二者最大的区别是《管理办法》中的工程总承包不包括"勘察"。理由是在建设工程实务中，勘察工作过于复杂且成本过高，而地质条件的变化对于整个工程成本影响较大，如果把勘察纳入工程总承包范围内，会过分加重承包人的义务和风险，严重影响总承包方的积极性。

《管理办法》中规定的工程总承包的范围包括设计采购施工（EPC）交钥匙总承包，以及设计施工总承包（DB）。这两种总承包模式是我国目前主要采用的，也是最基本的模式。另外，其他形式的承包，例如设计采购总承包（EP），采购施工总承包（PC）等，不符合设计、施工深度融合的精神，《管理办法》不提倡。

此外，第三条还规定了承包人对"工程的质量、安全、工期和造价等全面负责"，该规定可以看出，在任何工程建设组织实施方式中，如果不能体现总承包单位对工程项目负全责的立法目的，都不是《管理办法》项下规定的工程总承包。相反，应当适用传统模式下的施工总承包的相关法律法规的规定。

（二）工程总承包的基本原则

《管理办法》第四条明确了工程总承包活动应当遵循的五大基本原则，其中核心亮点是"合理分担风险"原则。工程总承包活动五大基本原则见表2-2。

表2-2　工程总承包活动五大基本原则

序号	内　容
原则一	合理分担风险
原则二	合法、公平、诚实、守信
原则三	保证工程质量和安全
原则四	节约能源，保护生态环境
原则五	不得损害社会公共利益和他人的合法权益

1. "合理分担风险"原则

（1）遵从"合理分担风险"原则的现实意义　一种先进、优良和发承包模式培育、推广、发展，应是建立在市场主体各方利益均衡、风险共担的基础上。而在国内整个建筑领域

总体上处于发包人市场，发包人的谈判和议价能力优于承包人的情况下，工程总承包模式的培育和发展就更需要引导和规范发承包双方利益的平衡。否则在总体固定总价的模式下，风险分配如果不能与固定价款形成平衡，必然导致一方利益受损、双方权益失衡，不仅不利于合同的履行，更不利于行业的发展。加之工程总承包模式在国内的运用不仅缺少与之配套的成熟的立法规定，在实践中也是处于探索、培育阶段。特别在我国"一带一路"战略发展的背景下，建筑业如何更好地融入世界，适应国际上较为成熟的发承包模式，产业的升级、行业的发展，均依赖于国家的引导和规范。而这种引导和规范，必然要从宏观上平衡发承包双方利益。

（2）《管理办法》中体现了"合理分担风险"原则的条款

1）该办法第七条关于发包阶段的规定体现了"合理分担风险"原则。第七条规定："采用工程总承包方式的企业投资项目，应当在核准或者备案后进行工程总承包项目发包。采用工程总承包方式的政府投资项目，原则上应当在初步设计审批完成后进行工程总承包项目发包。"

在该办法出台前，由于缺少统一规定，各省、市根据各自实际情况出台了规范性文件，而这些文件规定中涉及发包阶段的规定又不尽相同，甚至存在相互矛盾的地方。以国有投资建设项目为例，如果允许建设单位在可行性研究报告出来后就进行发包，而此时的项目具体要求、功能、技术要求等都尚未明确，承包人中标的固定总价不确定的因素非常多，实际上也是难以固定的。而且发包人还受《政府投资条例》的相关规定约束，履行投资估算——投资概算的超额调整报批程序，极容易给双方合同履行埋下隐患。

而现在该办法做出同一规定，应在初步设计完成后进行发包，相应工程的规模、技术参数、性能要求等较为透明，承包人在投标时所获得的信息较为完整，在此基础上所做的投标报价，更有信赖的依据和基础，合同履行过程中所产生的不确定风险相对就会降低。

2）该办法第六条项目适用范围的规定体现了"合理分担风险"原则。第六条规定：建设单位应当根据项目情况和自身管理能力等，合理选择工程建设组织实施方式。建设内容明确、技术方案成熟的项目，适宜采用工程总承包方式。此条规定主要目的是避免地方政府片面追求成果，一窝蜂地上EPC项目，而应理应回归建设内容的明确度和技术的成熟度本身，从而避免模式的先天性选择错误，而导致发承包双方利益的失衡。

3）该办法的第十六条价格形式的规定体现了"合理分担风险"原则。第十六条规定：企业投资项目的工程总承包宜采用总价合同，政府投资项目的工程总承包应当合理确定合同价格形式。此条规定区分企业投资项目和政府投资项目，选择不同的合同价格形式，其目的是严控政府投资的资金利用、严防资产流失，要根据项目具体情况，合理确定价格形式，不能一刀切，否则双方利益必然失衡。

（3）发承包双方风险如何合理进行分担 《管理办法》第十五条对发包人应承担的风险进行了列举性的规定，使得对于发包人应承担哪些风险有了依据。这些应由发包人承担的风险主要内容见表2-3。

2. 第四条所规定的其他四大基本原则

第四条所规定的其他四大基本原则，在其他法律、法规中均已规定。作为特殊领域的特殊规定，本着"下位法遵从上位法"的立法原则，本条加以援用重申。四个基本原则在其他上位法中的体现内容详见表2-4。

表 2-3　发包人（建设单位）承担的风险内容

序号	风险类别	具体内容
1	人、材、机价格波动	主要工程材料、设备、人工价格与招标时基期相比,波动幅度超过合同约定幅度的部分
2	政策性价差调整	因国家法律法规政策变化引起的合同价格的变化
3	地质条件变化	不可预见的地质条件造成的工程费用和工期的变化
4	发包人原因产生的变化	因建设单位(发包人)原因产生的工程费用和工期的变化
5	不可抗力	不可抗力造成的工程费用和工期的变化

表 2-4　四个基本原则在其他上位法中的体现内容

序号	原则名称	法律法规名称	条款	内容
原则一	"合法、公平、诚实、守信"的原则	民法总则	第六条	民事主体从事民事活动,应当遵循的公平原则,合理确定各方的权利和义务
			第七条	民事主体从事民事活动,应当遵循诚信原则
			第八条	民事主体从事民事活动,不得违反法律,不得违背公序良俗
		民法典	第五条	民事主体从事民事活动,应当遵循诚信原则
			第六条	当事人行使权利、履行义务应当遵循诚实信用原则
			第七条	当事人订立、履行合同,应当遵守法律、行政法规
原则二	"保证工程质量和安全"的原则	建筑法	第三条	建筑活动应当确保建筑工程质量和安全,符合国家的建筑工程安全标准
		安全生产管理条例	第四条	建设单位、施工单位、工程监理单位及其他有关的单位,必须遵守安全生产法律、法规的规定,保证建设工程安全生产,依法承担建设工程安全生产责任
		质量管理条例	第三条	建设单位、勘察单位、设计单位、施工单位、工程监理单位依法对建设工程质量负责
原则三	"节约能源,保护生态环境"的原则	民法总则	第九条	民事主体人事民事活动,应当有利于节约资源、保护生态环境
		建筑法	第四条	国家扶持建筑业的发展,鼓励节约能源和保护环境
		中华人民共和国节约能源法	第三十五条	建筑工程的建设、施工应当遵守建筑节能标准。不符合建筑节能标准的建筑工程,建设主管部门不得批准开工建设;已经开工建设的,应当责令停止施工,限期改正;已经建成的,不得销售或者使用
原则四	"不得损害社会公共利益和他人的合法权益"的原则	民法总则	第三条	民事主体的人身权利、财产权利以及其他合法权益受法律保护,任何组织或者个人不得侵犯
		建筑法	第五条	从事建筑活动应当遵守法律、法规,不得损害社会公共利益和他人的合法权益

（三）工程总承包的监督管理

《管理办法》第五条规定：国务院住房和城乡建设主管部门对全国房屋建筑和市政基础

设施项目工程总承包活动实施监督管理。国务院发展改革部门依据固定资产投资建设管理的相关法律法规履行相应的管理职责。县级以上地方人民政府住房和城乡建设主管部门负责本行政区域内房屋建筑和市政基础设施项目工程总承包活动的监督管理。县级以上地方人民政府发展改革部门依据固定资产投资建设管理的相关法律法规在本行政区域内履行相应的管理职责。

该条规定了工程总承包项目的行政监管部门为住房城乡建设部门和发展改革部门，住房城乡建设部门负责监督管理房屋建筑和市政基础设施项目工程总承包，发展改革部门负责与房屋建筑和市政基础设施项目工程固定资产投资建设管理。在实践中应特别注意审查工程总承包项目是否按规定履行了相关的备案或核准或审批的手续，判断项目是否合规，否则，可能导致所签订的总承包合同无效，尤其是对于政府投资建设项目，则可能导致合同无法继续履行。需注意的是：企业投资项目应当履行备案或核准；政府投资项目应当履行审批。

（四）工程总承包方式适用的项目类型

《管理办法》第六条规定并未限定必须或原则上应采用总承包方式的项目，该办法赋予了建设单位更大自主选择权。这条规定也与《国务院办公厅关于促进建筑业持续健康发展的意见》（国办发〔2017〕19 号）中关于深化建筑业简政放权改革的规定相适应。

工程总承包模式的优势在于，建设单位（发包人）可以通过工程总承包模式，采用固定总价的计价方式，达到控制工程造价的目的；而工程总承包单位（承包人）可以依据自己的技术、经验、管理等优势，在满足建设单位功能需求的前提下，合理降低成本，从而获取超额利润。但从另一方面看，工程总承包模式由于其复杂性、专业性，同样也会带来更多的风险和挑战。如发承包双方缺乏对工程总承包模式的理解以及风险防控能力，往往会导致合同最终陷入僵局而无法履行。

（五）工程总承包项目的发包和条件

《管理办法》第七条规定对工程总承包项目的发包和条件做出明确。在《管理办法》颁布之前，从住房城乡建设部及各地的政策文件来看，通常在项目立项可行性研究报告批复阶段、方案设计或初步设计完成后均可允许采用工程总承包方式发包。由于工程总承包模式的特殊性，发包人在发包时尤其是方案设计或初步设计未批复的，发包人对项目的要求、规模、标准、功能等尚未清晰确定，且在各地均推广工程总承包项目采用固定总价计价方式的情况下，发承包双方均对该种情况下固定总价的风险范围难以进行明确的界定。因此，在项目建设过程中，双方容易就合同履行的价款调整或风险分担产生争议。

关于工程总承包项目的发包，《管理办法》区分了企业投资项目和政府投资项目。所谓企业投资项目，即《企业投资项目核准和备案管理条例》第二条规定的"企业在中国境内投资建设的固定资产投资项目"，对于企业投资项目分情况采取核准制和备案制。在此基础上，《管理办法》对企业投资项目的发包尊重市场主体的选择和投资自主权，未过于约束。所谓政府投资项目，即《政府投资条例》第九条规定的"政府采取直接投资方式、资本金注入方式投资的项目"，对于政府投资项目采取审批制，因为涉及财政预算资金的使用，关系国家利益，所以对财政投资项目采取严格的立项制度，要对项目建议书、可行性研究报告和初步设计等前期文件进行审批。因此，采用工程总承包方式的政府投资项目，原则上应当在初步设计审批完成后进行工程总承包项目发包。

（六）工程总承包项目的发包方式

《管理办法》第八条规定工程总承包项目发包方式，与施工总承包相同，建设单位选定工程总承包单位的方式也包括招标和直接发包两种，是否必须选用招标方式，需要根据2018年6月开始施行的《必须招标的工程项目规定》（国家发展改革委令第16号）、《必须招标的基础设施和公用事业项目范围规定》（国家发展改革委发改法规规〔2018〕843号）等相关规定予以确定。

必须招标的项目：

1）全部或者部分使用国有资金投资或者国家融资的项目（控股或主导地位），在200万元以上，且占比在10%以上的。

2）使用国际组织或者外国政府贷款、援助资金的项目。

不属于上述1）~2）所列情形的下列项目：

① 煤炭、石油、天然气、电力、新能源等能源基础设施项目。

② 铁路、公路、管道、水运，以及公共航空和A1级通用机场等交通运输基础设施项目。

③ 电信枢纽、通信信息网络等通信基础设施项目。

④ 防洪、灌溉、排涝、引（供）水等水利基础设施项目。

⑤ 城市轨道交通等城建项目。

上述项目中：施工单项400万元以上，重要设备、材料采购200万元以上，勘察、设计、监理服务100万元以上，即必须招标。

另外，由于工程总承包模式下可能同时包括设计、采购和施工，故本条第2款明确，工程总承包范围内的设计、采购或者施工中，有任一项属于依法必须进行招标的项目范围且达到国家规定规模标准的，应当采用招标的方式选择工程总承包单位。

（七）工程总承包项目招标、投标、评标

1. 工程总承包项目招标要求

《管理办法》第九条规定建设单位（发包人）应当根据招标项目的特点和需要编制工程总承包项目招标文件，推荐使用由住房和城乡建设部会同有关部门制定的工程总承包合同的示范文本。

1）本条明确了工程总承包项目招标文件应包括如下内容：

① 投标人须知。

② 评标办法和标准。

③ 拟签订合同的主要条款。

④ 发包人要求，列明项目的目标、范围、设计和其他技术标准，包括对项目的内容、范围、规模、标准、功能、质量、安全、节约能源、生态环境保护、工期、验收等的明确要求。

⑤ 建设单位提供的资料和条件，包括发包前完成的水文地质、工程地质、地形等勘察资料，以及可行性研究报告、方案设计文件或者初步设计文件等。

⑥ 投标文件格式。

⑦ 要求投标人提交的其他资料。

2）本条明确建设单位可以在招标文件中提出对履约担保的要求。工程履约担保，即保证担保人为工程承包人向招标人出具履约保函，保证工程承包人在工程合同规定的日期内按照约定的质量标准完成该项目。一旦承包人在施工过程中违约或因故无法完成合同，则担保人负责代为履约或赔偿。为维护工程承包人的合法权益，提供履约担保的工程承包人可要求建设单位（发包人）提供相应的工程款支付担保，即担保人受建设单位的委托向工程承包人提供的工程款支付保函，如建设单位没有按照与承包人签订的合同履行支付工程款的义务，则由担保人按保函约定承担保证责任。

3）本条规定依法要求投标文件载明拟分包的内容。其要求一是分包的内容必须合法合规，符合工程分包的要求；二是分包的内容应当征得建设单位同意；三是分包的对象必须符合资质资格、业绩、信誉等方面的要求。

4）本条对建设单位（发包人）还规定，在招标时设有最高投标限价的，应当明确最高投标限价或者最高投标限价的计算方法。

2. 工程总承包项目投标要求

工程总承包项目的投标除《管理办法》第九条对投标文件格式、投标文件应载明拟分包的内容外，还有投标资格、业绩、能力等要求，将另行介绍。此处介绍工程总承包项目投标期限要求。

《管理办法》第十三条规定"建设单位应当依法确定投标人编制工程总承包项目投标文件所需要的合理时间"。依法必须招标的工程项目，自招标文件发出之日起至投标人提交投标文件截止之日止不得少于 20 日，其中技术复杂、功能要求特殊的大型工程总承包项目，招标人应当结合项目规模和技术复杂程度、发包人要求及投标文件编制要求等因素合理延长投标文件编制时间，一般不少于 30 日。

3. 工程总承包项目评标要求

《管理办法》第十四条规定"评标委员会应当依照法律规定和项目特点，由建设单位代表，具有工程总承包项目管理经验的专家，以及从事设计、施工、造价等方面的专家组成"。本条对评标委员会组成的要求，评标专家个人条件和要求依照招标投标法及其实施条例，以及有关法律法规执行，评标委员会的专家人数也应依照法律法规和项目实际情况确定。

工程总承包项目评标办法和评审要求，按工程所在地招标投标（或公共资源交易）主管部门的规定执行。

（八）工程总承包单位的条件

1. 双资质制度

《管理办法》第十条规定"工程总承包单位应当同时具有与工程规模相适应的工程设计资质和施工资质"。这也明确了，只拥有设计或施工资质的企业无权单独承接工程总承包项目，该条款的规定再次体现了《管理办法》关于设计施工深度融合的立法精神。"双资质"制度，对于变革我国工程设计和施工相分离的传统做法及由此造成的种种弊端具有重要的现实意义。工程总承包不是简单的设计+采购+施工，而是三者同为一个利益体。只有利益的高度统一，才能形成内部集成、统一管理，才能促进工程设计、采购、施工等各阶段的深度融合，提高工程建设效率。

2. 联合体制度

《管理办法》第十条规定"工程总承包单位应当同时具有与工程规模相适应的工程设计

资质和施工资质，或者由具有相应资质的设计单位和施工单位组成联合体"。由此可看出，《管理办法》鼓励设计单位和施工单位组成联合体，以解决目前不同时具备工程设计资质和施工资质的企业发展问题。

关于联合体的责任划分，《管理办法》第十条规定"设计单位和施工单位组成联合体的，应当根据项目的特点和复杂程度，合理确定牵头单位，并在联合体协议中明确联合体成员单位的责任和权利。联合体各方应当共同与建设单位签订工程总承包合同，就工程总承包项目承担连带责任"。

3. 工程总承包单位能力和业绩要求

《管理办法》第十条规定"工程总承包单位应当具有相应的项目管理体系和项目管理能力、财务和风险承担能力，以及与发包工程相类似的设计、施工或者工程总承包业绩"。本条要求的能力和业绩都是对工程总承包单位实施项目建设的基本条件，否则达不到条件将难以完成建设任务。

4. 工程总承包单位的限制条件

《管理办法》第十一条规定"工程总承包单位不得是工程总承包项目的代建单位、项目管理单位、监理单位、造价咨询单位、招标代理单位"。本条明确限制了这些单位不得作为工程总承包单位。

《管理办法》第十一条第 2 款的规定，实际上是区分企业投资项目和政府投资项目适用的回避原则。企业投资项目本条未明确要求，但政府投资项目做了明确规定。由于工程前期咨询单位自工程立项决策阶段就已介入工程项目，掌握了大量基础资料，对发包人需求、当前方案的优劣、项目风险、项目可得利润等重要信息的掌握，都具有其他投标单位所不具有的优势。因此，如果允许前期咨询单位投标，则其中标概率将明显高于一般投标人，违背了招标投标公平公正的原则；同时，也不利于发包人对投资或造价的控制；特别是政府投资项目，极易造成损害。但是在招标人公开前期咨询服务成果的特定条件下，可以投标作为例外，因为如果公开了前期文件，那么在一定程度上消除了信息不对称的问题，所有投标人又处于同一起跑线，招标投标市场的公平就可以得到保证；而且即使前期咨询单位虚增造价，在其他投标单位掌握足够信息的前提下，也可以通过技术分析和市场合理竞争，使虚高的造价回到正常水平，所以《管理办法》规定在公开前期文件的前提下，允许前期咨询单位参与工程总承包活动。

5. 设计、施工"高级别"资质互认

《管理办法》第十二条规定"鼓励设计单位申请取得施工资质，已取得工程设计综合资质、行业甲级资质、建筑工程专业甲级资质的单位，可以直接申请相应类别施工总承包一级资质。鼓励施工单位申请取得工程设计资质，具有一级及以上施工总承包资质的单位可以直接申请相应类别的工程设计甲级资质。完成的相应规模工程总承包业绩可以作为设计、施工业绩申报"。

需要指出的是，这里所说的互认并非简单的互认，而是需要设计单位和施工单位首先取得自身领域的高级资质，同时也达到获取对方领域"高级别"资质的条件，达到条件则不需要从最基层的资质开始申报，有权直接向有关部门申报对方领域的"高级别"资质。另外，完成了对相关资质企业收购的单位，只要被收购的企业仍是独立法人，则不能认为已经符合《管理办法》的"双资质"规定，仍不属于承接工程总承包项目应当具有的资质条件，

还必须继续完成合二为一，通过兼并或重组方式合成一个具有"双资质"的独立法人。当然，按照《管理办法》第十条的规定，即使暂时缺乏条件实现"双资质"的有关设计施工单位，也可以通过联合体模式涉足工程总承包，在联合经营过程中逐步实现设计施工"双资质"。

6. 施工总承包项目经理条件

《管理办法》第二十条规定"工程总承包项目经理应当具备下列条件：（一）取得相应工程建设类注册执业资格，包括注册建筑师、勘察设计注册工程师、注册建造师或者注册监理工程师等；未实施注册执业资格的，取得高级专业技术职称；（二）担任过与拟建项目相类似的工程总承包项目经理、设计项目负责人、施工项目负责人或者项目总监理工程师；（三）熟悉工程技术和工程总承包项目管理知识以及相关法律法规、标准规范；（四）具有较强的组织协调能力和良好的职业道德。工程总承包项目经理不得同时在两个或者两个以上工程项目担任工程总承包项目经理、施工项目负责人。"对该条款的理解需要注意三点：一是上述四项要求属于强制性标准，不满足上述要求的人员不能担任工程总承包项目经理；二是工程总承包项目经理仅能在一个项目上任职；三是上述要求导致短期内工程总承包项目经理将成为稀缺资源。

《管理办法》设置的关键岗位人员条件，既符合当前我国工程建设行业实际，又体现设计与施工高度融合的立法精神。满足"双资质"条件的企业，本身就有数量不少的项目经理，他们在设计或施工领域都具有现成的管理经验，《管理办法》的规定是项目经理的最低要求。这些项目经理一旦担任工程总承包项目经理，也就要求他们同时具有"双资质"前提下的设计和施工的相应管理、控制能力，要求做到既懂设计又懂施工，这对当下绝大部分转岗担任工程总承包的项目经理而言，无疑是一个跨界、跨行业的新挑战、新考验和新要求。因此，今后企业尽快培养一批切实具有管理工程总承包项目能力的项目经理，将成为抢占工程总承包市场的关键点之一，对推动建筑业健康发展有着重要意义。

（九）工程总承包的风险

《管理办法》第十五条规定"建设单位和工程总承包单位应当加强风险管理，合理分担风险""具体风险分担内容由双方在合同中约定。鼓励建设单位和工程总承包单位运用保险手段增强防范风险能力"。详细内容解读见本节工程总承包基本原则中"合理分担风险"原则。

（十）工程总承包合同价格形式

《管理办法》第十六条规定"企业投资项目的工程总承包宜采用总价合同，政府投资项目的工程总承包应当合理确定合同价格形式。采用总价合同的，除合同约定可以调整的情形外，合同总价一般不予调整"。本条明确了工程总承包合同价格形式原则上为总价合同。原因在于工程总承包模式中，承包人掌握了设计权，这实质上相当于发包人将工程规模的控制权过渡给了承包人，如果不对承包人的设计权加以限制，极易导致工程造价的全面失控，因此原则上工程总承包模式需要采用总价合同，以限制承包人的设计权。另一方面，发包人期望项目成本和最终价格有更大的确定性，往往愿意支付更多、有时相当多的费用，只要能确保商定的最终价格不被超过，故愿意工程总承包项目采用固定总价合同形式。

对于政府投资项目，还在于投资效益问题。一方面追求合理工程造价，降低投资风险，严格控制工程造价。另一方面，政府投资项目，一般通过招标确定工程总承包人，其价格已通过市场充分竞争形成，在此基础上，价格相对合理。因此，结合工程实际情况和建设市场行情合理确定合同价格形式。

关于合同约定可调整情形一般包括三类：风险条件的发生，不可抗力发生，发包人要求的变化。

1）在合同约定的由发包人承担的风险发生或不可抗力发生时，由此引起的费用和工期的增加，双方当事人可以按照合同约定的价格调整的方式自行调整合同价格。

2）应当对设计变更进行进一步区分，仅有涉及发包人要求变化的变更可以调整合同价格；反之，则不予调整。需注意的是，在工程总承包模式下，承包人的义务是实现合同中的发包人要求，如果发包人提出的变更仅仅是认为承包人的设计不符合合同中发包人要求应当调整，则此类型的变更并未变更合同义务，合同价款不应调整；反之，如果发包人提出的变更已经实质上改变了合同中的发包人要求，那么合同义务已经发生变化，应当调整合同价款。

（十一）工程总承包单位可采用的分包方式

《管理办法》第二十一条规定"工程总承包单位可以采用直接发包的方式进行分包。但以暂估价形式包括在总承包范围内的工程、货物、服务分包时，属于依法必须进行招标的项目范围且达到国家规定规模标准的，应当依法招标"。本条明确了工程总承包项目分包人的选定依然存在招标和直接分包两种方式，即一般情形下，工程总承包人可以采用直接发包的方式进行分包。但由于工程总承包合同中暂估价所对应的工程、货物（包括材料）、服务等，在确定工程总承包单位时并未履行招标投标程序，故该部分内容如属于依法必须招标范围的，工程总承包人在进行分包时，仍然需要采用招标方式选定分包人。

（十二）工程总承包责任制度

根据《建筑法》等法律法规之规定，建设单位、工程勘察单位、工程总承包单位、工程监理单位属于建设主体，承担建设主体责任。其中建筑工程总承包单位按照总承包合同的约定对建设单位负责；分包单位按照分包合同的约定对总承包单位负责。总承包单位和分包单位就分包工程对建设单位承担连带责任。

《管理办法》第三条规定总承包单位"对工程的质量、安全、工期和造价等全面负责"，就是落实前述法律法规规定的"总承包负总责"的制度。结合上位法的规定和实践中工程总承包所体现的问题，《管理办法》还通过以下条款进一步落实该制度。

1. 质量方面

《管理办法》第二十二条规定"建设单位不得迫使工程总承包单位以低于成本的价格竞标，不得明示或者暗示工程总承包单位违反工程建设强制性标准，降低建设工程质量，不得明示或暗示工程总承包单位使用不合格的建筑材料、建筑构配件和设备。工程总承包单位应当对其承包的全部建设工程质量负责，分包单位对其分包工程的质量负责，分包不免除工程总承包单位对其承包的全部建设工程所负的质量责任。工程总承包单位、工程总承包项目经理依法承担质量终身责任。"

2. 安全方面

《管理办法》第二十二条规定："建设单位不得对工程总承包单位提出不符合建设工程安全生产法律、法规和强制性标准规定的要求，不得明示或者暗示工程总承包单位购买、租赁、使用不符合安全施工要求的安全防护用具、机械设备、施工机具及配件、消防设施和器材。工程总承包单位对承包范围内工程的安全生产负总责。分包单位应当服从工程总承包单位的安全生产管理，分包单位不服从管理导致安全生产事故的，由分包单位承担责任，分包不免除工程总承包单位的安全责任。"

3. 工期方面

《管理办法》第二十四条规定："建设单位不得设置不合理工期，不得任意压缩合理工期。工程总承包单位应当依据合同对工期全面负责，对项目进度和各阶段的进度进行控制管理，确保工程按期竣工。"

4. 造价方面

《管理办法》第十六条规定了工程总承包合同原则上采用固定总价合同，除合同约定可以调整的情形外，合同总价一般不予调整。

第二节 《建设项目工程总承包管理规范》
（GB/T 50358—2017）解析

一、《建设项目工程总承包管理规范》概述

《建设项目工程总承包管理规范》（GB/T 50358—2005）发布实施以来，有效指导了建设项目工程总承包管理工作，促进建设项目工程总承包管理的科学化、规范化和法制化，提高了建设项目工程总承包的管理水平。但随着建设项目工程总承包活动的不断推进，工程总承包模式的多样化，该标准已不能完全适应现阶段建设项目工程总承包管理工作的需要。

为此，住房和城乡建设部于2017年5月4日发布第1535号公告，批准《建设项目工程总承包管理规范》（修订版）作为新的国家标准，编号为GB/T 50358—2017，自2018年1月1日起实施。原国家标准《建设项目工程总承包管理规范》（GB/T 50358—2005）同时废止。

《建设项目工程总承包管理规范》（GB/T 50358—2017）（以下简称《管理规范》）是在GB/T 50358—2005规范结构的基础上进行了优化，删除了原规范"工程总承包管理内容与程序"一章，其内容并入相关章节条文说明中，增加了"项目风险管理"和"项目收尾"两章，将原规范相关章节的"变更管理"统一归集到"项目合同管理"一章。对其他章节部分条款按照相关规定做了适当修改。使《管理规范》在结构上更加完善，用词与定义更加一致，"变更管理"与"项目合同管理"更加协调。

二、《管理规范》的主要内容

《管理规范》共有17章，主要内容包括：总则，术语，工程总承包管理的组织，项目策划，项目设计管理，项目采购管理，项目施工管理，项目试运行管理，项目风险管理，项目进度管理，项目质量管理，项目费用管理，项目安全、职业健康与环境管理，项目资源管理，项目沟通与信息管理，项目合同管理和项目收尾。

三、《管理规范》要点解析

（一）总则

总则一章叙述了《管理规范》的目标是提高建设项目工程总承包管理水平，促进建设项目工程总承包管理的规范化，推进建设项目工程总承包管理与国际接轨。明确了规范作为建设项目工程总承包活动管理的基本依据。规定了建设项目工程总承包管理除应符合本规范外，尚应符合国家现行有关标准的规定。定义了工程总承包项目过程管理是产品实现过程和项目管理过程的管理。其中产品实现过程的管理包括设计、采购、施工和试运行的管理；项目管理过程的管理包括项目启动、项目策划、项目实施、项目控制和项目收尾的管理。对于项目部在实施项目过程中，每一管理过程需体现策划、实施、检查、处置这四个环节，即PDCA循环。

（二）术语

术语共33条，该章对工程总承包、项目部、项目管理、项目管理体系、赢得值、项目实施、项目控制、项目风险、项目风险管理、缺陷责任期、保修期等做了术语标准定义以及英文注释。

1. 项目管理（project management）

在项目实施过程中对项目的各方面进行策划、组织、监测和控制，并把项目管理知识、技能、工具和技术应用于项目活动中，以达到项目目标的全部活动。

《管理规范》中项目管理是指工程总承包企业对工程总承包项目进行的项目管理，包括设计、采购、施工和试运行全过程的质量、安全、费用和进度等全方位的策划、组织实施、控制和收尾等。

2. 项目管理体系（project management system）

为实现项目目标，保证项目管理质量而建立的，由项目管理各要素组成的有机整体。通常包括组织机构、职责、资源、过程、程序和方法。项目管理体系应形成文件。

项目管理体系需与企业的其他管理体系如质量管理体系、环境管理体系和职业健康安全管理体系等相容或互为补充。

3. 赢得值（earned value）

已完工作的预算费用，用于度量项目进展完成状态的尺度。赢得值具有反映进度和费用的双重特性。

用赢得值管理技术进行费用、进度综合控制，基本参数有三项：

1）计划工作的预算费用（Budgeted Cost for Work Scheduled，BCWS）。

2）已完工作的预算费用（Budgeted Cost for Work Performed，BCWP）。

3）已完工作的实际费用（Actual Cost for Work Performed，ACWP）。

其中BCWP即所谓赢得值。

采用赢得值管理技术对项目的费用、进度综合控制，可以克服过去费用、进度分开控制的缺点：即当费用超支时，很难判断是由于费用超出预算，还是由于进度提前；当费用低于预算时，很难判断是由于费用节省，还是由于进度拖延。引入赢得值管理技术即可定量地判断进度、费用的执行效果。

在项目实施过程中，以上三个参数可以形成三条曲线，即BCWS、BCWP、ACWP曲线，如图 2-1 所示。

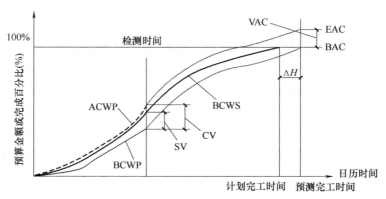

图 2-1　赢得值曲线

图 2-1 中，CV＝BCWP－ACWP，由于两项参数均以已完工作为计算基准，所以两项参数之差，反映项目进展的费用偏差：

CV＝0，表示实际消耗费用与预算费用相符。

CV＞0，表示实际消耗费用低于预算费用。

CV＜0，表示实际消耗费用高于预算费用，即超预算。

SV＝BCWP－BCWS，由于两项参数均以预算值作为计算基准，所以两者之差，反映项目进展的进度偏差：

SV＝0，表示实际进度符合计划进度。

SV＞0，表示实际进度比计划进度提前。

SV＜0，表示实际进度比计划进度拖后。

采用赢得值管理技术进行费用、进度综合控制，还可以根据当前的进度、费用偏差情况，通过原因分析，对趋势进行预测，预测项目结束时的进度、费用情况。

$$VAC＝BAC－EAC \qquad (2-1)$$

式中　BAC（Budget At Completion）——项目完工预算；

　　EAC（Estimate At Completion）——预测的项目完工估算；

　　VAC（Variance At Completion）——预测项目完工时的费用偏差。

4. 项目风险（project risk）

由于项目所处的环境和条件的不确定性以及受项目干系人主观上不能准确预见或控制等因素的影响，使项目的最终结果与项目干系人的期望产生偏离，并给项目干系人带来损失的可能性。

项目风险存续于项目的整个生命期，除了具有一般意义的风险特征外，由于项目的一次性、独特性、组织的临时性和开放性等特征，对于不同项目，其风险特征各有不同。项目风险管理需强调对项目组织、项目风险、风险管理的动态性以及各阶段过程的有效管理。

5. 缺陷责任期（defects notification period）

从合同约定的交工日期算起，项目发包人有权通知项目承包人修复工程存在缺陷的期限。

缺陷责任期一般应为 12 个月，最长不超过 24 个月。缺陷责任期满项目发包人需按合同约定向项目承包人返还质保金或保函等。

（三）工程总承包管理的组织

该章要求工程总承包企业应建立与工程总承包项目相适应的项目管理组织，工程总承包管理的组织是在工程总承包企业法定代表人授权和支持下，为实现项目目标，由项目经理组建并领导的项目管理组织。

项目组织的建立应结合项目特点，确定组织形式。如项目部可成立设计组、采购组、施工组和试运行组进行项目管理。《管理规范》对项目部的职能、岗位设置以及负责人的素养、权责都做了明确阐述。

《管理规范》明确了项目部应具有工程总承包项目组织实施和控制职能以及内外部沟通协调管理职能，对项目的质量、安全、费用、进度、职业健康和环境保护目标负责。同时明确了项目经理在管理过程中的职能和权责。

（四）项目策划

该章指出项目策划是由项目经理组织编制的项目管理计划和项目实施计划。

项目管理计划需体现企业对项目实施的要求和项目经理对项目的总体规划和实施方案，由工程总承包企业相关负责人审批，该计划属于企业内部文件，一般不对外发放。

项目实施计划是实现项目合同目标、项目策划目标和企业目标的具体措施和手段，也是反映项目经理和项目部落实工程总承包企业对项目管理的要求。项目经理组织项目部人员进行编制，并经项目发包人认可后实施，应当具有可操作性。

（五）项目设计管理

该章强调工程总承包项目的设计应由具备相应设计资质和能力的企业承担。

项目设计管理内容包括设计执行计划的编制、设计实施、设计控制和设计收尾等。

《管理规范》将采购纳入设计程序是工程总承包项目设计的重要特点之一。项目设计在设备、材料、设计过程中一般包括下列工作：

1）提出设备、材料采购的请购单及询价技术文件。

2）负责对制造厂商的报价提出评价意见。

3）参加厂商协调会，参与技术澄清和协商。

4）审查确认制造厂商返回的先期确认图纸及最终确认图纸。

5）在设备制造过程中，协助采购处理有关设计、技术问题。

6）参与关键设备和材料的检验工作。

需注意的是：设计选用的设备、材料，除特殊要求外，不得限定或指定特定的专利、商标、品牌、原产地或供应商。

（六）项目采购管理

该章明确了项目采购管理应由采购经理负责，接受项目经理和工程总承包企业采购管理部门的管理。

项目采购管理过程包括：编制采购执行计划，采购计划实施，催交与验收，运输与交付，仓储管理，现场服务管理，采购收尾。

（七）项目施工管理

该章强调工程总承包项目的施工应由具备相应施工资质和能力的企业承担。

项目施工管理应由施工经理负责，接受项目经理和工程总承包企业施工管理部门的管理。

项目施工管理包括施工执行计划编制、施工费用控制、施工质量控制、施工进度控制、施工安全控制、施工现场管理、施工变更管理。

（八）项目试运行管理

该章明确项目试运行管理和服务要根据合同约定进行，由试运行经理负责。项目试运行管理包括试运行执行计划的编制、试运行准备、人员培训、试运行过程指导与服务等。

（九）项目风险管理

该章要求工程总承包企业应加强项目风险管理，制订项目风险管理规定，明确风险管理职责与要求。项目风险管理的内容包括风险识别、风险评估、风险控制。

1. 风险识别

风险识别是依据合同约定，对设计、采购、施工和试运行阶段的风险进行识别，形成项目风险识别清单，输出项目风险识别结果。项目风险识别一般采用专家调查法、初始清单法、风险调查法、经验数据法和图解法等方法。

（1）专家调查法　根据经过调查得到的情况，凭借专家的知识和经验，直接或经过简单的推算，对研究对象进行综合分析研究，寻求其特性和发展规律，并进行预测的一种方法。

（2）初始清单法　有关人员利用所掌握的丰富知识设计而成的初始风险清单表，尽可能详细地列举建设项目所有的风险类别，按照系统化、规范化的要求去识别风险的方法。

（3）风险调查法　一方面对通过其他方法已识别出的风险（如初始清单所列出的风险）进行鉴别和确认；另一方面，通过风险调查有可能发现此前尚未识别出的重要风险。

（4）经验数据法　根据已建各类建设工程与风险有关的统计资料来识别拟建项目风险的方法。

（5）图解法　利用图形来解决数学运算的方法，将复杂的数字之间的关系用图形形象地表示出来，能够更快更准地解决问题。

2. 风险评估

项目风险评估应在风险识别的基础上进行，并输出评估结果。项目风险评估的方法很多，有调查和专家打分法、统计和概率法、层次分析法、模糊数学法、故障树分析法等。其中，调查和专家打分法、层次分析法较为常用。

（1）调查和专家打分法　将识别出的建设项目风险列成风险表，将风险表交给有关专家，利用专家经验，对风险因素的等级和重要性进行评价，确定出项目的主要风险因素又称综合评估法或主观评分法。

（2）层次分析法　将与决策总是有关的元素分解成目标、准则、方案等层次，在此基础上进行定性和定量分析的决策方法。

3. 风险控制

项目风险控制是根据项目风险识别和评估结果，制定项目风险应对措施或专项方案。对项目重大风险应制定应急预案。

项目风险控制一般采用审核检查法、费用偏差分析法等。

（1）审核检查法　对风险识别和评估结果进行系统的审核，确保其管理体系的适宜性、充分性和有效性，再针对某个环节或过程进行检查，及时采取纠正措施，使项目风险得以控制。

（2）费用偏差分析法　通过某项工作的估算费用与此项工作的实际费用的差值，来判断工作的效果或措施的结果。与前面介绍的赢得值法相类似。

费用偏差（CV）（Cost Variance）＝已完成工作预算费用（BCWP）－已完成工作实际费用（ACWP）。当 CV<0 时，表示项目运行超出预算费用；当 CV>0 时，表示项目运行节支，实际费用没有超出预算费用。

（十）项目进度管理

该章要求项目部应建立项目进度管理体系，按合理交叉、相互协调、资源优化的原则，对项目进度进行控制管理。项目进度管理内容包括进度计划编制、进度控制。

项目进度计划分总进度计划和分进度计划。项目总进度计划应依据合同约定的工作范围和进度目标进行编制。项目分进度计划在总进度计划的约束条件下，根据细分的活动内容、活动逻辑关系和资源条件进行编制。

项目进度控制宜采用赢得值管理、网络计划和信息技术。通过运用赢得值法管理技术，主要是控制进度偏差和时间偏差。网络计划技术在进度管理中的运用主要是关键线路法。用控制关键活动，分析总时差和自由时差来控制进度。用控制基本活动的进度来达到控制整个项目的进度。

（十一）项目质量管理

该章要求工程总承包企业应按质量管理体系要求，规范工程总承包项目的质量管理。项目质量管理应包括质量计划、质量控制和质量改进，应贯穿项目管理的全过程，按策划、实施、检查、处置循环的工作方法进行全过程的质量控制。

（十二）项目费用管理

该章要求工程总承包企业应建立项目费用管理系统，以满足工程总承包管理的需要。项目费用管理包括编制不同深度的项目费用估算、项目费用计划和费用控制。

费用估算应根据不同阶段的设计文件和技术资料，采用相应的估算方法编制。费用计划应由控制经理组织编制，并经项目经理批准后实施。费用控制应根据项目费用计划、进度报告、工程变更，采用检查、比较、分析、纠偏等方法和措施，实现动态控制。

（十三）项目安全、职业健康与环境管理

该章要求工程总承包企业应按职业健康安全管理和环境管理体系要求，规范工程总承包项目的职业健康安全和环境管理，项目经理应为项目安全生产主要负责人，并负安全全面责任。

1. 安全管理

项目部应根据项目的安全管理目标，制定项目安全管理计划，并按规定程序批准实施。项目安全管理计划包括以下内容：

1）项目安全管理目标。

2）项目安全管理组织机构和职责。

3）项目危险源辨识、风险评价与控制措施。

4）对从事危险和特种作业人员的培训教育计划。

5）对危险源及其风险规避的宣传与警示方式。

6）项目安全管理的主要措施与要求。

7）项目安全事故应急救援预案的演练计划。

2. 职业健康管理

项目部应按工程总承包企业的职业健康方针，制定项目职业健康管理计划，并按规定程序批准实施。

3. 环境管理

项目部应根据批准的建设项目环境影响评价文件，编制用于指导项目实施过程的项目环境保护计划，并按规定程序批准实施。

（十四）项目资源管理

该章要求工程总承包企业应建立并完善项目资源管理机制，使项目人力、设备、材料、机具、技术和资金等资源适应工程总承包项目管理的需要。项目资源管理的全过程应包括项目资源的计划、配置、控制和调整。

（十五）项目沟通与信息管理

该章要求工程总承包企业应建立项目沟通与信息管理系统，制定沟通与信息管理程序与制度。项目沟通管理应贯穿工程总承包项目管理的全过程。项目沟通的内容包括项目建设有关的所有信息，项目部需要做好与政府相关主管部门的沟通协调工作，按照相关主管部门的管理要求，提供项目信息，办理与设计、采购、施工和试运行相关的法定手续，获得审批或许可。做好与设计、采购、施工和试运行有直接关系的社会公用性单位的沟通协调工作，获取和提交相关的资料，办理相关的手续及审批。信息管理包括文件管理、信息安全及保密等。

（十六）项目合同管理

该章要求工程总承包企业应建立项目工程总承包合同管理制度。项目合同管理是指对合同订立并生效后所进行的履行、变更、违约、索赔、争议处理、终止或结束的全部活动的管理。项目合同管理应包括工程总承包合同和分包合同管理。其中分包合同管理，主要是指对分包项目的招标采购、合同订立及生效后的履行、变更、违约、索赔、争议处理、终止或结束的全部活动的管理。

（十七）项目收尾

该章明确项目收尾工作一般包括竣工验收、项目结算、项目总结、考核和审计。项目收尾应由项目经理负责，项目竣工验收应由项目发包人负责。项目部应依据合同约定，编制项目结算报告。项目经理应组织有关人员进行项目总结并编制项目总结报告。工程总承包企业应依据项目管理目标对项目部进行考核。项目部应依据工程总承包企业对项目分包人及供应商的管理规定对其进行后评价，并依据有关规定配合项目审计。

第三节 《建设项目工程总承包计价规范》（T/CCEAS 001—2022）解析

一、《建设项目工程总承包计价规范》概述

（一）发布《建设项目工程总承包计价规范》的必要性

早在 20 世纪 80 年代，我国相关部门就下发文件，要求在设计、施工企业开展工程总承

包的试点。2003 年，国家颁发《关于培育发展工程总承包和工程项目管理企业的指导意见》，明确了工程总承包和工程项目管理的基本概念及主要方式。2016 年，住房和城乡建设部颁发《关于进一步推进工程总承包发展的若干意见》，明确表示建设单位在选择建设项目组织实施方式时，本着质量可靠、效率优先的原则，优先采用工程总承包模式。2017 年，国务院办公厅印发《关于促进建筑业持续健康发展的意见》，要求完善工程建设组织模式，加快推行工程总承包。同年，住房和城乡建设部发布《建设项目工程总承包管理规范》（GB/T 50358—2017）。2019 年，住房和城乡建设部、国家发展改革委联合印发《房屋建筑和市政基础设施项目工程总承包管理办法》。这一系列的政策文件和标准，表明了国家对推行工程总承包建设模式的决心和力度。

《建设项目工程总承包计价规范》发布前，已实施和正在实施的多数工程总承包项目采取的是模拟清单、费率下浮的方式进行招标发包，以施工图计价的规则开展工程总承包的概算、预算、结算等工作。这样一来，发包人不满意，因总承包设计、施工是"一家人"，设计容易进行过度变更，结算时根据变更后的图纸重新算量、计价，容易产生"暴利"，造价得不到控制，损害了发包人利益。换个角度说，承包人也不满，如果承包人完成项目投标后，通过优化设计和施工措施，则降低了成本，但结算时重新算量、计价，使得承包人对项目优化的成果得不到回报，损害了承包人的利益。

综上，"双方都不满"将导致工程总承包模式的推行受到制约，背离了工程总承包模式提高建设品质、便于造价控制、提高全面履约能力的初衷。因此，发布《建设项目工程总承包计价规范》对规范工程总承包计量、计价活动，促进建筑业发展十分必要。

（二）《建设项目工程总承包计价规范》发布单位和时间

2022 年 12 月 26 日，中国建设工程造价管理协会发布《关于发布<建设项目工程总承包计价规范>的公告》（中价协 [2022] 53 号），《建设项目工程总承包计价规范》（T/CCEAS 001—2022）（以下简称《总承包计价规范》）作为团体标准，自 2023 年 3 月 1 日起实施。

（三）《总承包计价规范》与《建设工程工程量清单计价规范》的区别

《建设工程工程量清单计价规范》（GB 50500—2013）由住房和城乡建设部发布，作为国家标准。适用于建设项目施工招标投标阶段，招标人自行或委托相关机构编制工程量清单、招标控制价，投标人根据工程量清单进行投标报价和竣工后结算，其计量计价主要在施工阶段。

而《总承包计价规范》是工程建设标准化改革成果的一种体现，可应用于可行性研究、方案设计、初步设计等不同阶段。既实现了发包人投资控制目标前移，有效控制了管理和投资，又加强了承包人总体策划、宏观管理能力，保证了承包人对建设工程全面部署、统筹规划后得到合理的利益。

二、《总承包计价规范》主要内容

《总承包计价规范》共有 10 章 4 个附录，主要内容包括：总则，术语，基本规定，工程总承包费用项目，工程价款与工期约定，合同价款与工期调整，工程结算与支付，合同解除的结算与支付，合同价款与工期争议的解决，工程总承包计价表式等。

三、《总承包计价规范》要点解析

(一) 总则

总则共5条，明确了"总承包计价规范"适用于建设项目采用工程总承包模式的计价活动

(二) 术语

共37个术语，主要包括：工程总承包、施工总承包、工程费用、工程总承包其他费、勘察费、设计费、系统集成费、其他专项费、代办服务费、预备费、项目清单、价格清单、发包人要求、工期、里程碑、签约合同价、进度款、竣工结算价（合同价格）等。

(1) 工程费用（contract prices） 发包人按照合同约定支付给承包人，用于完成建设项目发生的建筑工程、安装工程和设备购置所需的费用。

(2) 工程总承包其他费（other expenses） 发包人按照合同约定支付给承包人除工程费用外，分摊计入相关项目的各项费用。属于建设项目总投资中的工程建设其他费用，一般包括勘察费、设计费、研究试验费、临时用地及占道使用补偿费、工程总承包管理费、场地准备及临时设施费、检验检测及试运转费、系统集成费、工程保险费和其他专项费以及代办服务费等。

(3) 系统集成费（expenses of system integration） 发包人按照合同约定支付给承包人用于建设项目通过结构化的综合布线系统，采用集成技术，将各个分离的设备、功能和信息数据等集成到相互关联、统一协调、实际可用的系统中的费用。

(4) 其他专项费（other special expenses） 发包人按照合同约定支付给承包人在项目建设期内，用于本工程的专利及专有技术使用、引进技术和引进设备其他费、工程技术经济等咨询费、苗木迁移、测绘等发生的费用。

(5) 代办服务费（agency service fees） 发包人按照合同约定支付给承包人，在项目建设期内用于代办工程报建报批以及与建设、供电、规划、消防、水务、城管等部门相关的技术与审批工作等而发生的费用。

(6) 预备费（contingency sums） 发包人为工程总承包项目预备并包含在签约合同中，用于项目建设期内不可预见的情形以及市场价格变化的调整，发生时按照合同约定支付给承包人的费用。包括基本预备费和价差预备费。

(7) 项目清单（schedule of items） 发包人提供的载明工程总承包项目工程费用、工程总承包其他费和预备费的名称和其他要求承包人填报内容的项目明细。

(8) 价格清单（pricing schedules） 构成合同文件组成部分的，由承包人按发包人要求或发包人提供的项目清单格式填写并标明价格的项目报价明细。

(9) 发包人要求（employer's requirements） 说明发包人对建设项目建造目标的文件。文件中列明工程总承包项目承包内的目标、范围、功能需求、设计与其他技术标准。包括对项目的内容、范围、规模、标准、功能、质量、安全、节约能源、生态环境保护、工期、验收等明确要求的文件。

(10) 里程碑（milestone） 泛指进度计划设立的重要的时间节点。在发包人要求中提出，发承包双方在合同中约定的，承包人按照合同约定完成合同工程进度计划，以及发包人支付相应合同价款的时间节点。

（11）签约合同价（contract sum）　发承包双方在工程合同中按照承包范围约定的价格，一般包括工程费用、工程总承包其他费和预备费的合同总金额。

（12）进度款（progress payment）　合同工程实施过程中，发包人按照合同价款支付分解表，对承包人完成工程进度计划的里程碑节点给予支付的款项，也是合同价款在合同履行过程中的期中结算与支付的款项。

（13）竣工结算价（合同价格）［completion settlement price（final contract sum）］　发包人根据合同约定支付给承包人完成全部（包括缺陷修复）工作的合同总金额，包括履行合同过程中按合同约定进行的合同价款的调整及索赔的金额。

（三）基本规定

1. 工程总承包模式条件

发包人宜根据建设项目的特点、自身管理能力和实际需要、风险控制能力，选择工程总承包模式。工程总承包包括（但不限于）下列模式：

1）设计采购施工总承包（EPC）。

2）设计施工总承包（DB）。

以上两种模式是我国目前主要采用的模式。根据工程项目规模、类型的不同，工程总承包还可采用设计—采购总承包（EP）和采购—施工总承包（PC）。

《总承包计价规范》在此章列举了不宜采用工程总承包模式的三种情形，同时明确了在可行性研究报告后，选择 EPC 模式；在方案设计批准后，可以选择 EPC 或 DB 模式；在初步设计批准后，选择 DB 模式。强调发包人没有编制"发包人要求"，或编制的"发包人要求"不能实现工程建设的目标的，不宜采用工程总承包模式。

2. 工程总承包计价方式

建设项目工程总承包应采用总价合同，除工程变更外，工程量不予调整。此处更全面地说，总价合同计价方式也存在两种：一是固定总价合同；二是可调总价合同。一般来说，专用合同条款未约定，均视为固定总价合同。

（1）明确了工程总承包投资控制的基础

1）在可行性研究报告批准或方案设计后，按照投资估算中与发包人要求对应的总金额作为投资控制目标。

2）在初步设计批准后，按照设计概算中与发包人要求对应的总金额作为投资控制目标。

工程总承包对发包人来讲，最大的优势是使投资控制比施工总承包更容易实现，因为部分勘察设计的风险转移到了承包人。而承包人勘察设计施工的一体化，可以有效地改进设计的可施工性，从而带来生产率的提高，实现建设成本的节省。

对政府投资项目来讲，工程总承包控制投资的目标前移，无须再进行施工图预算评审，与我国基本建设投资管理中的投资估算、设计概算制度做到无缝衔接，便于从源头上使建设项目投资得到有效的管理和控制。

（2）界定了不同工程总承包模式下勘察、设计的范围　根据我国《岩土工程勘察规范》的规定，对不同工程发承包阶段的发承包人负责勘察、设计的范围做了指引。

采用工程总承包，除发包人将全部勘察工作单独委托勘察人实施或合同另有约定外，发承包双方对勘察设计工作可做如下分工：

1）可行性研究报告批准或方案设计后发包，由发包人负责可行性研究勘察和初步勘察；承包人负责详细勘察、施工勘察以及初步设计和施工图设计、专项设计工作，并按规定取得相关部门的批准。

2）初步设计后发包的，由发包人负责详细勘察；承包人负责施工勘察和施工图设计、专项设计工作，并按规定取得相关部门的批准。

（3）厘清了工程总承包适用的合同方式　《总承包计价规范》明确了工程总承包宜采用总价合同，同时又规定在总价合同条件下，对施工条件易变的项目可采用工程量×单价的方式。

（4）明确了"营改增"后工程总承包合同中的税金处理　《总承包计价规范》通过"营改增"后工程计价实践的调查研究，根据税法对税金定义为进入工程造价的是应纳增值税，而非销项税。提出了税金的两种处理方法，即税金计入合同价格或税金单列。

《总承包计价规范》第3.2.4条规定："工程总承包中价格清单项目的价格应包括成本、利润。成本中的应纳税金由发包人按照下列规定在发包人要求中明确，并在合同中约定：①由承包人结合具体工程测算，将应纳税金计入价格清单项目汇入合同总价；②由承包人将应纳税金单列计算"。

结合本条规定，此处将详细介绍一下当前"营改增后"工程计税方法。

1）营改增后的计税方法。

① 一般计税方法：在计算应纳增值税额的时候，先分别计算当期销项税额和进项税额，再以销项税额抵扣进项税额后的余额为实际应纳增值税额。当期销项税额小于当期进项税额不足抵扣时，其不足部分可以结转下期继续抵扣。

a. 应纳增值税税额是指当期销项税额抵扣当期进项税额后的金额。计算公式为

$$应纳增值税税额 = 当期销项税额 - 当期进项税额 \tag{2-2}$$

b. 销项税额是指纳税人发生应税行为按照销售额和增值税税率计算并收取的增值税额。一般计税方法的销售额不包括销项税额，纳税人采用销售额和销项税额合并定价方法的，计算公式为

$$销售额 = 含税销售额/(1+税率) \tag{2-3}$$

$$销项税额 = 销售额 \times 税率 = 含税销售额/(1+税率) \times 税率 \tag{2-4}$$

c. 进项税额是指纳税人购进货物、加工修理修配劳务、服务、无形资产或者不动产、支付或者负担的增值税额。

d. 附加税额：

$$附加税额 = 应纳增值税税额 \times 附加税率 \tag{2-5}$$

② 简易计税方法：应纳税额是指按照销售额和增值税征收率计算的增值税额，不得抵扣进项税额。简易计税方法的销售额不包括其应纳税额，纳税人采用销售额和应纳税额合并定价方法的，计算公式为

$$销售额 = 含税销售额/(1+征收率) \tag{2-6}$$

$$\begin{aligned} 应纳税额 &= 销售额 \times 征收率 \\ &= 含税销售额/(1+征收率) \times 征收率 \end{aligned} \tag{2-7}$$

按照规定，现行建筑服务适用简易计税的增值税征收率为3%，主要指清包工、甲供工程、老项目等。

2）目前工程计价中的计税方式。

① 除去进项税方式：按照有关文件规定，工程造价＝税前工程造价×（1+9%）。税前工程造价为人工费、材料费、施工机具使用费、企业管理费、利润和规费之和，各费用项目均以不包含增值税可抵扣进项税额的价格计算，相应计价依据按上述方式调整。

a. 将税前造价规定为"不包含增值税可抵扣进项税额的价格计算"与财政部《营业税改征增值税试点实施办法》（财税〔2016〕36号）规定的"一般计税方法的销售额不包括销项税额"不符。在工程计价中，工程造价等于含税销售额，税前造价等于销售额〔见式（2-3）〕，销项税额＝销售额×税率〔见式（2-4）〕。例如工程价款1000万元，价格为917.43万元，增值税为82.57万元，这些就是按照式（2-3）、式（2-4）计算得出，而非按照计价过程中除去进项税得出的。

b. 该方式漏计附加税，虽在一个通知中明确"附加税费纳入企业管理费项下"，但存在税、费不分，与税务部门征收应纳增值税同时增加附加税的规定不符。

注意：该方式在工程估算、概算、预算、结算中除去材料、设备、管理费等项目的进项税额，与实际工作中缴纳增值税程序脱节，无形中加大了工程计价的难度，也是当前工程计价的痛点。

② 将增值税税率替代营业税税率方式：营改增后，一些工程直接将增值税税率取代原营业税税率，如某工程概算编制办法规定："税金指国家税法规定应计入建筑安装工程造价的增值税销项税额。"税金＝（直接费+设备购置费+措施费+企业管理费+规费+利润）×9%。将增值税税率混同于增值税实际税负率，销项税额远大于营业税额，将销项税额替代应纳增值税额进入工程造价，与营业税相比，意味着项目投资的税负提高了两倍。

用营业税的思路处理增值税，当建筑服务增值税税率由11%降为10%、9%时，有的发包人认为：增值税税率降了2个百分点，工程造价也降了2个百分点。这种观点忽略了影响进项税抵扣的其他增值税税率也相应降低了，如采购钢材就从17%降为13%。销项税额和进项税额均有降低，增值税实际税负是否降低，需要区分不同结构类型的工程项目进行测算。

③ 采用增值税税负率取代营业税税率方式：在我国深圳市制定的建设工程计价费率标准，是在营改增后以增值税综合应纳税率替代原营业税率，2019年给出的参考范围为0.59%~6.28%，推荐费率为3.02%，并规定应纳税费＝增值税应纳税+附加税，附加税＝增值税应纳税额×税务部门公布的税（费）率。这一方法贴近原营业税的计算实际，与增值税简易计税方法一致。

3）营改增后工程计价最适宜采取的计税方式。

$$工程造价＝税前造价+应纳增值税+附加税额 \qquad (2-8)$$

再由式（2-2）~式（2-5）得出：

$$工程造价＝税前造价+（税前造价×9\%-进项税额）+（税前造价×9\%-进项税额）×附加税率 \qquad (2-9)$$

$$工程造价＝税前造价×（1+增值税、附加税综合税负率） \qquad (2-10)$$

再由式（2-5）、式（2-9）得出。

式中，税前造价为人工费、材料费、施工机具使用费、企业管理费、利润及各费用包含进项税之和的价格。

税前造价和销项税额合并定价的，税前造价＝工程造价/（1+9%）。

进项税额按《增值税暂行条例》第八条规定："从销售方取得的增值税专用发票上注明的增值税额"。进项税额在编制投资估算、设计概算、施工图预算、招标控制价、投标报价时是无法取得的，只能按理论计算，因而是计价中的难点。故此，按照简易计税方法计算税金的思路，将增值税与附加税合并计算，可以采用综合税负率计算公式。

该方式计算程序与营业税下工程计价方法相同，计算原理与简易计税方法相同。营改增后在工程计价中的实质是税负多少问题，采用税负率在工程建设不同阶段，不同发承包模式下计价均适用。

[案例 2-1]　某房屋建筑工程项目建在市区，工程造价为 1000 万元，取得专用发票进项税额 52 万元，税率为 9%，附加税税率为 12%。采用一般计税方法，该工程造价内的增值税税额（即销项税额）为多少？应缴纳增值税税额为多少？附加税税额为多少？增值税税负率为多少？综合税负率为多少？

[解]　根据式（2-6），

税前造价（销售额）＝工程造价（含税销售额）/（1+征收率）
　　　　　　　　　　＝1000/（1+9%）＝917.43（万元）。

　　　　　　进项税额＝52（万元）。

根据式（2-4），

销项税额＝销售额×税率＝税前造价×税率
　　　　　＝工程造价（含税销售额）/（1+税率）×税率
　　　　　＝1000/（1+9%）×9%＝82.57（万元）。

根据式（2-2），

应缴纳增值税税额＝当期销项税额－当期进项税额
　　　　　　　　　＝82.57－52＝30.57（万元）。

根据式（2-5），

附加税税额＝应缴纳增值税税额×附加税率
　　　　　　＝30.57×12%＝3.67（万元）。

增值税税负率＝应缴纳增值税税额/税前造价
　　　　　　　＝30.57/917.43＝3.33%

根据式（2-9）、式（2-10），

综合税负率＝（应缴纳增值税额+附加税额）/税前造价
　　　　　　＝（30.57+3.67）/917.43＝3.73%

或　　　　　＝增值税税负率×（1+附加税率）
　　　　　　＝3.33%×（1+12%）＝3.73%

（5）明确了工程总承包的材料、设备的采购方式　《总承包计价规范》第3.2.5、第3.2.6条规定承包人负责材料和设备的采购、运输和保管。

（6）强调价格清单列出的建筑安装工程量仅为估算的数量　不得将其视为要求承包人实施工程的实际或准确的数量；列出的建筑安装工程的任何工程量及其价格，除按《总承包计价规范》第3.2.3条第2款规定在专用合同条件中约定的单价项目外（可调合同），应仅限于作为合同约定的变更和支付的参考，也不作为结算依据。

（7）明确了工程总承包合同期中结算与支付的方法　按照合同价款支付分解表，并应依据进度计划完成的里程碑节点进行支付（见《总承包计价规范》第 3.2.9 条）。

（8）规定了预备费的使用　对于可调总价合同，已签约合同价中的预备费应由发包人掌握使用，发包人按照合同约定支付后，预备费如有余额应归发包人所有；对于固定总价合同，预备费可作为风险包干费用，在合同专用条件中约定，预备费归承包人所有。

3. 工程总承包计价风险

《总承包计价规范》根据工程总承包模式不同（EPC 与 DB 的不同），明确了发承包双方合理分担各自的责任和风险。根据《房屋建筑和市政基础设施项目工程总承包管理办法》（建市规〔2019〕12 号）第十五条规定和工程总承包的内在逻辑，对发承包双方的风险分担做了划分，并规定具体风险分担的内容由双方在合同中约定。

设计施工总承包（DB）是在发包人和承包人之间相对均衡地分担风险，把风险分配给有能力控制风险的一方，一般承包人承担设计、施工以及设计与施工之间协调以及工程量变化的风险，但对于一个承包商所不能合理预见的风险一般不予承担。而设计采购施工总承包（EPC）强调风险的不平衡分配，承包商除了承担 DB 模式下的风险外，还要承担许多一般承包商所不能合理预见的风险，合同价格中包括相应的风险费，同时合同工期和价格相对更加固定，承包人的索赔空间变小。

（1）发包人要求的准确性风险　EPC 合同下，涉及项目预期使用目的、性能标准、不可变的以及承包人无法核实的数据等，由发包人承担责任，此外发包人要求的准确性风险全部由承包人承担无过错责任。

DB 合同下，承包人承担过错责任。一个有经验的承包商履行了尽责和谨慎义务仍没能发现发包人要求中存在的错误，则该风险由发包人承担。

（2）现场数据的准确性风险　EPC 合同下，发包人对其提供的所有现场数据，承包人严格承担责任，发包人不承担责任。

DB 合同下，承包人对现场数据承担过错责任，应以一个有经验的承包人应当发现的错误为限。

（3）物价波动的风险　EPC 合同下，物价的波动一般不得调整合同价格；DB 合同下，物价波动一般调整合同价格。

（四）工程总承包费用项目

《总承包计价规范》根据我国目前建设项目总投资的费用项目组成，结合财政部《基本建设项目建设成本管理规定》（财建〔2016〕504 号）文件规定，明确了工程总承包费用项目（表 2-5），并对工程总承包费用项目清单的编制提出了要求。

（五）工程价款与工期约定

《总承包计价规范》明确了发承包双方应当按照招标文件和中标人的投标文件或谈判的结果，在合同中约定工程总承包价款和工期。

1. 招标标底、最高投标限价及工期要求

发包人采用工程总承包模式招标发包时，可自行决定是否选择设置标底或最高投标限价进行招标。同样，设置标底的，一个项目只能有一个标底，并做到保密。设置最高投标限价的，应在招标文件中明确最高投标限价。

表 2-5　工程总承包费用项目

费用组成		费用分类	备注
工程费用	(1)建筑工程费 (2)设备购置费 (3)安装工程费	必然发生,全部计入	全部计入总承包费用中
工程总承包其他费	(4)勘察费:详细勘察费、施工勘察费 (5)设计费:初步设计费、施工图设计费、专项设计费 (6)工程总承包管理费	必然发生,部分计入	根据发承包范围确定其费用,且费用多少是变化的
	(7)研究试验费 (8)临时用地及占道使用补偿费 (9)场地准备及临时设施费 (10)检验检测及试运转费 (11)系统集成费 (12)工程保险费 (13)其他专项费	可能发生,也可能不发生	根据发承包范围判断是否计入总承包费用中; 代办服务费如合同有约定,可纳入工程总承包其他费

同时发包人应根据相关规定或已完同类工程或类似工程的建设工期合理确定工期,并在招标文件中明确。

2. 投标报价与工期要求

投标人应根据招标文件、发包人要求、项目清单、补充通知、招标答疑、可行性研究、方案设计或初步设计文件、本企业积累的同类或类似工程的价格自主确定工程费用和工程总承包其他费,进行投标报价,但不得低于成本。

投标人应依据招标文件和发包人要求,根据本企业专业技术水平和经营管理能力自主决定建设工期,并在投标函中做出承诺。

3. 报价与工期的评定

工程总承包项目评标时,应对投标报价和工期进行认真评审,发现有疑问的,应书面通知投标人予以书面澄清,澄清不得超出投标文件的范围或改变投标文件的实质性内容。

对于选择投标报价超过标底的中标候选人,评标委员会应向发包人详细说明理由。对于投标人的投标报价高于招标文件设定的最高投标限价的,应否决其投标。

4. 价款与工期的约定

《总承包计价规范》第5.5.1条规定:"发承包双方应在合同中约定下列内容:工程费用和工程总承包其他费的总额,结算与支付方式;预付款的支付比例或金额、支付时间及抵扣方式;期中结算与支付的里程碑节点,进度款的支付比例;合同价款的调整因素、方法、程序及支付时间;竣工结算编制与核对、价款支付及时间;提前竣工的奖励及误期赔偿的计算与支付;质量保证金的比例或数额、采用方式及缺陷责任期;违约责任以及争议解决方法;与合同履行有关的其他事项"。

该章还要发承包双方根据价格清单的价格构成、费用性质、工程进度计划和相应工作量等因素,形成合同价款支付分解表。

（六）合同价款与工期调整

《总承包计价规范》第6章明确了合同价款与工期的调整事项。工程总承包合同虽然是总价合同，除发承包双方将其签订为固定总价合同外，引起合同约定条件变化的因素出现时，仍可调整合同价款（包括工期）。

合同价款与工期调整的流程如图 2-2 所示。

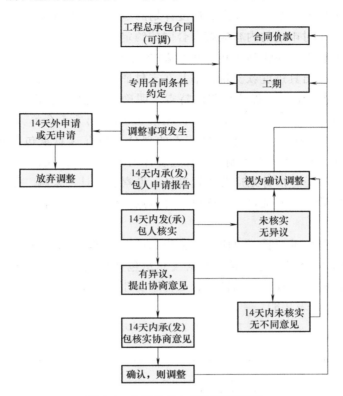

图 2-2　合同价款与工期调整流程

《总承包计价规范》明确了法律变化、工程变更、市场价格变化、不可抗力、工程签证、索赔、工期提前或延误等方面引起合同价款与工期的调整方法和要求。

（七）工程结算与支付

该章明确了工程总承包合同的预付款、期中结算、竣工结算、质量保证金、工期和最终结清的方法、程序和要求等。

1. 预付款

预付款的比例：按签约合同价（扣除预备费）或年度资金计划计算不得低于 10%。

预付款的扣回：按合同约定从应支付给承包人的进度款中扣回，直到扣回的金额达到发包人支付的预付款金额为止。

2. 期中结算

《总承包计价规范》第 7.2.1 条，发承包双方应按照合同约定的时间、程序和方法，在合同履行过程中，根据完成进度计划的里程碑节点办理期中价款结算，并按照合同价款支付分解表支付进度款，进度款支付比例不应低于 80%。

发承包双方可在确保承包人提供质量保证金的前提下，在合同中约定进度款支付比例。

里程碑相邻节点之间超过一个月的，发包人应按照下一里程碑节点的工程价款，按月按约定比例预支付人工费。

对于工程总承包合同中，采用工程量清单计价的项目，应按合同约定对完成的里程碑节点应予计算的工程量及单价进行结算，支付进度款，如已支付人工费的予以扣减。

第7.2.2条：承包人应根据实际完成进度计划的里程碑节点到期后的7天内向发包人提出进度款支付申请，支付申请的内容应符合合同的约定。

第7.2.3条：发包人应在收到承包人进度款支付申请后的7天内，对申请内容予以核实，确认后应向承包人出具进度款支付证书并在支付证书签发后7天内支付进度款。

《总承包计价规范》根据工程总承包的特点，明确了工程总进度与里程碑节点的划分，作为控制工程进度和工程款支付分解的依据，见第5.5.3~第5.5.6条。

（1）明确了工程总进度计划与里程碑节点的划分　根据《总承包计价规范》第5.5.3条，承包人在合同生效后14天内编制工程总进度计划等报送发包人，发包人在14天内予以确认或提出修改。工程总进度计划应分工程准备、勘察、设计、采购、施工、初步验收、竣工验收、缺陷修复等阶段编制细目，明确里程碑节点，作为控制工程进度和工程款支付分解的依据。

采用工程量清单计价的项目，也应列入工程总进度计划，明确里程碑节点。

（2）合同价款支付分解表的形成　根据《总承包计价规范》第5.5.4条规定，发承包双方根据价格清单的价格构成、费用性质、工程进度计划和相应工作量等因素，形成合同价款支付分解表（表2-6~表2-8）。

表2-6　建筑工程费支付分解表

工程名称：

序号	项目名称	支付					
		里程碑节点	金额占比（%）	里程碑节点	金额占比（%）	里程碑节点	金额占比（%）
	合计						

注：金额占比（%）是指里程碑节点应支付金额占建筑工程费合同金额的比例。

表2-7　设备购置费及安装工程费支付分解表

工程名称：

序号	项目名称	支付					
		里程碑节点	金额占比（%）	里程碑节点	金额占比（%）	里程碑节点	金额占比（%）
	合计						

注：金额占比（%）是指里程碑节点应支付金额占设备购置费、安装工程费合同金额的比例。

表 2-8　工程总承包其他费支付分解表

工程名称：

序号	项目名称	支付					
		里程碑节点	金额占比（%）	里程碑节点	金额占比（%）	里程碑节点	金额占比（%）
	合计						

注：金额占比（%）是指里程碑节点应支付金额占工程总承包其他费对应合同金额的比例。

1）工程费用：建筑工程费应按照合同约定的工程进度计划划分的里程碑节点及对应的价款比例计算金额占比，进度支付分解；设备购置费和安装工程费应按订立采购合同、进场验收、安装就位等阶段约定的比例计算金额占比，进行支付分解。

2）工程总承包其他费应按照约定的费用，结合工程进度计划拟完成的工作量或者比例计算金额占比，进行支付分解。其中：勘察费按照提供阶段性成果文件的时间、对应的工作量进行支付分解；设计费按照提供设计阶段性成果文件的时间、对应的工作量进行支付分解；除勘察设计费的其他专项费用按照其工作完成的时间顺序及其与相关工作的关系进行支付分解。

承包人应在收到经发包人批复的工程总进度计划后 7 天内，将合同价款支付分解资料报送发包人，发包人应在收到承包人报送的支付分解资料后 7 天内给予批复或提出修改意见。

根据《总承包计价规范》第 10.0.5 条，合同价款支付分解表可在两种方式中选用：一是由投标人在投标文件中根据工程进度计划设置的里程碑节点，并计算里程碑节点对应的"金额占比"，由发承包双方在合同签订阶段确认；二是由发包人在招标文件中提供里程碑节点及对应的"金额占比"。投标人应在投标报价中考虑里程碑节点"金额占比"与实际"金额占比"的差异，并向发包人提出，以便合理调整"金额占比"。

3. 工期确定

《总承包计价规范》明确了工程总承包项目工期的计算，即实际工期应为实际竣工时间减去实际开工时间的天数。

4. 竣工结算

《总承包计价规范》明确了工程总承包工程竣工结算的时间，竣工结算文件的内容、竣工结算价款确定方法、竣工结算办理程序以及竣工结算审核要求。

（1）竣工结算文件提交时间　合同工程完工后，承包人可在提交工程竣工验收申请时向发包人提交竣工结算文件。

（2）竣工结算文件包含的内容

1）截至工程完工，按照合同约定完成的所有工作、工程的合同价款。

2）按照合同约定的工期，确认工期提前或延后的天数和增加或减少的金额。

3）按照合同约定，调整合同价款应增加或减少的金额。

4）按照合同约定，确认工程变更、工程鉴证、索赔等应增加或减少的金额。

5）实际已收到金额以及发包人还应支付的金额。

6）其他主张及说明。

需注意的是，合同工程实施过程中已经办理并确认的期中结算的价款应直接进入竣工结算。

（3）竣工结算价款的计算

可调总价合同的竣工结算价款＝签约合同总价－预备费±合同约定的调整和索赔的金额

固定总价合同的竣工结算价款＝签约合同总价±索赔的金额

竣工结算尾款＝竣工结算价款－已支付的期中结算价款合计

（4）竣工结算程序　国际上"FIDIC"合同条件的竣工报告是按照期中付款程序，而《总承包计价规范》仍然按照我国做法，单独规定了竣工结算程序。第7.4.3条、第7.4.4条明确，发包人应在收到承包人提交的完整的竣工结算文件后的28天内审核完毕；如果28天内不审核的，应视为竣工结算文件被发包人认可，竣工结算办理完毕；如果在28天内，发包人经核实，认为承包人需进一步补充资料和修改结算文件的，承包人在收到核实意见后的14天内做出修改或补充，并再次提交给发包人复核后批准。发包人应在收到承包人再次提交的竣工结算文件后的28天内予以复核，并应将复核结果通知承包人。

第7.4.6条明确，发承包双方对竣工结算不能达成一致时，发包人先付无异议部分，有异议的则按争议解决办法处理。

根据第7.4.7条，发包人应在收到承包人提交竣工结算款支付申请后7天内予以核实，并向承包人支付结算款。

5. 质量保证金

承包人应按照合同约定提供质量保证金，缺陷责任期内，承包人未按照合同约定履行属于自身责任的工程缺陷的修复义务的，发包人有权从质量保证金中扣除用于缺陷修复的各项支出。在合同约定的缺陷责任期终止后，发包人按照合同约定，将剩余的质量保证金返还给承包人。

6. 最终结清

缺陷责任期终止后，承包人应按照合同约定的期限向发包人提交最终结清支付申请。发包人在收到最终结清支付申请后的14天内予以核实，并向承包人支付最终结清款。

（八）合同解除的结算与支付

该章明确了工程总承包合同解除的工程价款结算与支付。

1. 规定了工程合同解除后的清点工作

1）工程总承包合同解除后，发承包双方应保护现场，及时采取措施，做好清点与结算工作。

2）发承包双方不能一致做好清点工作的，任一方均应做好单方清点工作，留取证据材料。

2. 明确了工程合同解除后的费用划分

《总承包计价规范》区分合同的协议解除、违约解除、不可抗力下的解除等情形，规定了价款结算的内容。

（九）合同价款与工期争议的解决

《总承包计价规范》明确了工程总承包合同价款与工期争议解决的方式与程序以及相关要求。

1. 暂定

工程总承包合同出现价款或工期争议，首先交由合同约定职责范围内的工程师解决，工程师在14天内将暂定结果通知发承包人，然后由发承包双方对暂定结果进行处理。

2. 协商和解

合同争议发生后，发承包双方首先选择协商和解，协商一致则签订书面和解协议，此协议对双方均有约束力。

3. 调解

合同争议发生后，和解不成的，则选择仲裁或诉讼前进行调解。

4. 仲裁、诉讼

发承包双方在履行合同时发生争议，双方不愿和解、调解或者和解、调解不成，可由其中一方根据合同约定申请仲裁或向人民法院提起诉讼。

（十）工程总承包计价表式

为满足工程总承包计价的需要，方便使用，《总承包计价规范》编列了22种计价表格，供选择。

第四节 《房屋工程总承包工程量计算规范》（T/CCEAS 002—2022）解析

为了加快推行工程总承包，有助于规范工程总承包计价活动，中国建设工程造价管理协会于2022年12月26日编制并发布了《房屋工程总承包工程量计算规范》（T/CCEAS 002—2022）（以下简称《总承包计量规范》），自2023年3月1日起施行。

一、《总承包计量规范》概述

（一）主要内容

《总承包计量规范》共4章2个附录。第一章为总则，第二章为术语，第三章为工程量计算，第四章为项目清单编制。附录A为可行性研究或方案设计后项目清单，附录B为初步设计后项目清单。

（二）主要作用

《总承包计量规范》主要用于房屋工程总承包计价活动中工程量计算和项目清单编制。

（三）《总承包计量规范》的性质

《总承包计量规范》为中国建设工程造价管理协会团体标准。

二、《总承包计量规范》要点解析

（一）总则

1）《总承包计量规范》第1.0.2条所指房屋工程包含建筑、装饰、机电安装、室外总图等全部工程内容。

2）《总承包计量规范》第1.0.4条规定的内容是依据《房屋建筑和市政基础设施项目工程总承包管理办法》（建市〔2019〕12号）第七条而定，项目清单分为可行性研究或方案设计后项目清单、初步设计项目清单。

（二）工程量计算

1）《总承包计量规范》第 3.0.1 条明确工程量计算除应符合《总承包计量规范》的规定外，还应依据可行性研究文件、方案设计文件、初步设计文件及其他有关技术经济文件进行。

2）关于计量单位的选择，根据《总承包计量规范》第 3.0.2 条的规定，附录中有两个或两个以上计量单位的，应结合拟建项目的实际情况，同一项目宜选择其中一个计量单位。

3）《总承包计量规范》中项目清单，其工程内容应为完成该项目清单的全部工程内容。

（三）项目清单编制

1. 一般规定

1）《总承包计量规范》第 4.1.1 条，明确编制项目清单时，如果附录中列出的项目在实际编制时缺项，编制人可以自行补充。

2）《总承包计量规范》第 4.1.2 条规定，同一招标工程的项目清单编码不得重码。

2. 项目清单编制

（1）《总承包计量规范》第 4.2.1 条规定项目清单的编制

1）可行性研究或方案设计后项目清单，应根据《总承包计量规范》附录 A 规定的项目编码、项目名称、计量单位和工程量计算规则进行编制。

[案例 2-2] 某市高新区科技园拟建科技馆（建筑总面积为 5000m^2），项目实行工程总承包（EPC）模式发包，发包时点在方案设计后，请编制该科技馆的钢网架工程项目清单。

[解] 第一步：选择《总承包计量规范》附录 A，根据附录 A 中表 A.0.1，确定该工程的房屋类型为文化建筑（科技馆），项目分类码为 A32。

第二步：根据《总承包计量规范》附录 A 表 A.0.2，确定钢网架工程属于钢结构工程，其单位工程分类码为 23（不带基础）。

第三步：根据拟建项目实际情况，钢结构部分有钢柱、钢梁、钢楼梯等，其钢网架自编码为 07。

第四步：根据表 A.0.2，确定计量单位为建筑面积（m^2）。

第五步：完成该项目清单编制。

项目清单：A322307　科技馆钢网架工程　5000m^2。

2）初步设计后项目清单，应根据《总承包计量规范》附录 B 规定的项目编码、项目名称、计量单位和工程量计算规则进行编制。

（2）可行性研究或方案设计后项目清单编码规则　《总承包计量规范》第 4.2.2 条做出明确规定，采用四级编码组合而成，如图 2-3 所示。

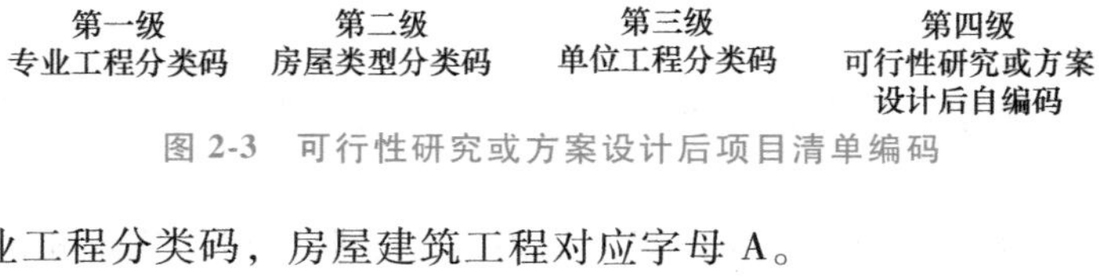

图 2-3　可行性研究或方案设计后项目清单编码

第一级为专业工程分类码，房屋建筑工程对应字母 A。

第二级为房屋类型分类码，由两位阿拉伯数字组成，编码详见《总承包计量规范》附录 A 表 A.0.1。

第三级为单位工程分类码，由两位阿拉伯数字组成，编码详见《总承包计量规范》附录 A 表 A.0.2，其中表 A.0.2 中以"××"表示的为第二级房屋类型的相应分类码。

第四级为可行性研究或方案设计后自编码，由两位阿拉伯数字组成，在同一个建设项目存在多个同类单项工程时使用，如不存在多个同类单项工程时，自编码为 00。

（3）初步设计后项目清单编码规则 《总承包计量规范》第 4.2.3 条做出明确规定，采用七级编码组合而成。前四级在可行性研究或方案设计后项目清单编码的基础上进行，仍按《总承包计量规范》附录 A 表 A.0.1 和表 A.0.2 确定，后三级（第五级、第六级、第七级）依据《总承包计量规范》附录 B 和拟建项目情况确定，如图 2-4 所示。

图 2-4　初步设计后项目清单编码

第五级为扩大分部分类码，第六级为扩大分项分类码，分别由两位阿拉伯数字组成，编码详见《总承包计量规范》附录 B。

第七级为初步设计后自编码，由两位阿拉伯数字组成，在同一扩大分项存在多种情况时使用。

［案例 2-3］　某市高新区科技园，拟建一座科技馆，建筑面积为 5000m^2，三层钢结构，在工程初步设计后，实行工程总承包（EPC）模式发包，该科技馆钢网架按设计图示尺寸计算共 150t。请编制该工程项目清单。

［解］　依据《总承包计量规范》有关要求，项目清单编制步骤如下。

第一步：选择《总承包计量规范》附录 A，根据附录 A 中表 A.0.1，确定该工程的专业工程分类码为 A，房屋类型为文化建筑（科技馆）32，即项目分类码为 A32。

第二步：根据《总承包计量规范》附录 A 中表 A.0.2，确定该工程的单位工程分类码，钢网架属于钢结构工程，其单位工程分类码为 23（不带基础）。

第三步：根据拟建项目实际情况，该工程钢结构部分有多个项目，如钢柱、钢梁等，故钢网架自编码为 07。

注意：前三步已确定该工程项目四级编码为 A322307，同案例 2-2，相当于方案设计后的项目清单编码。

第四步：根据《总承包计量规范》附录 B 中表 B.0.9，确定扩大分部分类码，该工程为钢结构（A××2×××09），其编码为 09。再确定扩大分项分类码，该工程为钢网架（A××2×××0901），其编码为 01。

第五步：根据拟建项目实际情况，确定工程扩大分项多种情况自编码，该工程无扩大分项情况，可以不编码，也可以自编码为 00。

第六步：形成项目清单（确定项目名称、计量单位、计算数量）。

项目清单：A3223070901　科技馆钢网架工程　150t。

（4）项目清单的名称　根据《总承包计量规范》第 4.2.4 条规定，项目清单中的名称应按《总承包计量规范》规定的项目名称，并结合拟建工程项目的实际情况予以确定。

（5）项目清单的计量单位和规则　依据《总承包计量规范》第4.2.5条的规定，按该规范附录 A 和附录 B 的规定确定，并据此计算项目工程量。

第五节　工程总承包相关示范文本介绍

一、《标准设计施工总承包招标文件》（2012 年版）介绍

（一）总况

2011 年 12 月 20 日，国家发展改革委、工业和信息化部、财政部、住房和城乡建设部、交通运输部、铁道部、水利部、广电总局、中国民用航空局等九部委联合印发《标准设计施工总承包招标文件》（以下简称《标准文件》），自 2012 年 5 月 1 日起实施。

1.《标准文件》出台的目的

印发《标准文件》的目的是为落实中共中央关于建立工程建设领域突出问题专项治理长效机制的要求，进一步完善招标文件编制规则，提高招标文件编制质量，促进招标投标活动的公开、公平和公正。同时《标准文件》的出台也是促进工程总承包模式的推行，规范工程总承包招标投标活动。

2.《标准文件》适用范围

设计施工一体化的总承包项目，应当根据《标准文件》编制。

3.《标准文件》使用要求

1）应当不加修改地引用《标准文件》中的"投标人须知"（投标人须知前附表和其他附表除外）、"评标办法"（评标办法前附表除外）、"通用合同条款"。

2）行业主管部门可以做出的补充规定：国务院有关行业主管部门可根据本行业招标特点和管理需要，对《标准文件》中的"专用合同条款""发包人要求""发包人提供的资料和条件"做出具体规定。

3）招标人可以补充、细化和修改的内容：

①"投标人须知前附表"用于进一步明确"投标人须知"正文中的未尽事宜，招标人应结合招标项目具体特点和实际需要编制和填写，但不得与"投标人须知"正文内容相抵触，否则抵触内容无效。

②"评标办法前附表"用于明确评标的方法、因素、标准和程序。招标人应根据招标项目具体特点和实际需要，详细列明全部审查或评审因素、标准，没有列明的因素和标准不得作为资格审查或者评标的依据。

③招标人可根据招标项目的具体特点和实际需要，在"专用合同条款"中对"标准文件"中的"通用合同条款"进行补充、细化和修改，但不得违反法律、法规的强制性规定，以及平等、自愿、公平和诚实信用原则，否则相关内容无效。

（二）《标准文件》组成

《标准文件》共 3 卷 7 章。第一卷：包括第一章 招标公告（未进行资格预审）或第一章 投标邀请书（适用于邀请招标或代资格预审通过通知书），第二章 投标人须知，第三章 评标办法（综合评估法或经评审的最低投标价法），第四章 合同条款及格式。第二卷：包括第五章 发包人要求，第六章 发包人提供的资料。第三卷：包括第七章　投标文件格式。

（三）主要内容介绍

1. 第一章　招标公告或投标邀请书

1）招标公告主要包括招标条件、项目概况与招标范围、投标人资格要求、招标文件的获取、投标文件的递交、发布公告的媒介、联系方式等。

2）投标邀请书主要包括招标条件、项目概况与招标范围、投标人资格要求、招标文件的获取、投标文件的递交、确认、联系方式等。

2. 第二章　投标人须知

投标人须知主要包括投标人须知前附表、总则、招标文件、投标文件、投标、开标、评标、合同授予、纪律和监督、需要补充的其他内容、电子招标投标。

3. 第三章　评标办法

评标办法主要包括评标办法前附表、评标方法、评审标准、评标程序等。注意：招标人选择适用综合评估法的，各评审因素的评审标准、分值和权重等由招标人自主确定。"评标办法"前附表应列明全部评审因素和评审标准，并在前附表中标明投标人不满足要求即否决其投标的全部条款。

4. 第四章　合同条款及格式

合同条款及格式主要包括通用合同条款、专用合同条款和合同附件格式。

5. 第五章　发包人要求

发包人要求由招标人根据行业标准设计施工总承包招标文件、招标项目具体特点和实际需要编制，并与"投标人须知""通用合同条款""专用合同条款"相衔接。

6. 第六章　发包人提供的资料

根据项目具体情况和招标范围，确定发包人应提供的资料，主要包括项目清单、工程项目资料（地质、水文、勘察和项目前期决策有关资料）和行业政策等资料。

7. 第七章　投标文件格式

投标文件格式主要包括投标函及投标函附录、法定代表人身份证明、授权委托书、联合体协议书、投标保证金、价格清单、承包人建议书、承包人实施计划、资格审查资料及其他资料的格式及要求。

二、《建设项目工程总承包合同（示范文本）》（2020版）解读

2020年12月9日，住房和城乡建设部、市场监督管理总局正式印发《建设项目工程总承包合同（示范文本）》（GF-2020-0216）（以下简称"2020版《示范文本》"），自2021年1月1日起执行。届时，"服务"了近十年的《建设项目工程总承包合同示范文本（试行）》（GF-2011-0216）（以下简称"2011版《示范文本》"）同时废止。2020版《示范文本》在前一版本的基础上，就体例和内容进行了大量更新调整，在借鉴、吸收国际先进经验的同时，体现了我国最新的法规政策要求和工程总承包市场实践。

（一）2020版《示范文本》的出台和编写背景

工程总承包模式集设计、采购、施工于一体，有利于落实承包责任，提高工程建设质量和效率，提升投资效益，这种模式在我国近年来发展迅速。国家和各地也陆续出台了一系列政策，包括2019年12月31日住房和城乡建设部、国家发改委联合发布的《房屋建筑和市政基础设施项目工程总承包管理办法》（建市规〔2019〕12号）（以下简称"《工程总承包管理办法》"），以鼓励和推行工程总承包模式，规范和促进相关市场交易行为。

在 2020 版《示范文本》出台之前，住房和城乡建设部、国家发改委等部委联合编制发布的 2011 版《示范文本》、2012 版《标准设计施工总承包招标文件》（发改法规〔2011〕3018 号）等工程总承包合同示范文本和标准文件等，得到了市场的广泛使用。然而随着我国相关市场的发展和法律法规的更新，以往的示范文本已不能完全反映我国工程总承包的最新实践，对其进行更新换代确有需要。新发布的 2020 版《示范文本》正是在这个背景下编制出台的。

2020 版《示范文本》由合同协议书、通用合同条件和专用合同条件（含附件）三部分组成。该示范文本在 2011 版《示范文本》基础上编写，同时参考了国内《标准设计施工总承包招标文件》（2012 年版）、《建设工程施工合同（示范文本）》（GF-2017-0201）等示范文本，以及国际上 FIDIC 合同条件（2017 版），充分吸收并借鉴 FIDIC 黄皮书关于发包人和承包人的权利义务的划分，因此说，该《示范文本》是总结国内工程总承包工程实践与示范文本的使用经验以及国际工程实践的丰富经验综合编制而成的。

除此之外，2020 版《示范文本》作为 2011 版《示范文本》的更新版本，从内容上充分反映了我国最新的法律法规和政策，以及市场实际情况。一是 2020 版《示范文本》的内容围绕着《建筑法》《工程总承包管理办法》等基本法规政策的规定的工程总承包模式展开，并在此基础上根据新出台的《政府投资条例》《保障农民工工资支付条例》等法规政策，调整增加了对建筑工人进行管理、职业健康保护、工资支付的内容，从制度上保障了建筑工人的合法权益；二是 2020 版《示范文本》增加了项目采用建筑信息模型（BIM）技术的相关内容，并在专用合同条件中就建筑信息模型的开发、使用、存储、传输、交付及费用等相关内容预留了双方可自行约定的空间。

（二）2020 版《示范文本》核心亮点内容解读

1. 贯彻落实设计采购施工相融合的理念，同时考虑各阶段工作的特点

《工程总承包管理办法》第 3 条规定，工程总承包是指总承包人对工程设计、采购、施工或者设计、施工等阶段实行总承包，并对工程的质量、安全、工期和造价等全面负责的工程建设组织实施方式。从上述规定可以看到，工程总承包模式的核心在于设计、采购、施工各阶段的深度融合，并由总承包人以"总承包负总责"的一体化组织方式实施，而非各阶段工作的简单拼接。

2011 版《示范文本》在体例设置上，采取了将设计、施工、采购、试验等工程建设实施阶段相关工作内容分别作为独立条款的方式，比如分别规定了设计和施工的质量标准、进度计划、变更范围等。这种方式便于发包人根据项目实施阶段的具体内容和要求，对相关阶段的条款内容进行取舍，但也导致了各阶段内容割裂分散和重复规定，体系逻辑缺乏整体性的问题。

2020 版《示范文本》则采用了更为一体化的体例，体现了工程总承包项目中设计、采购、施工各阶段的整体融合。一是在质量标准、开工日期、进度计划、项目经验、变更调价、价款支付等主要内容上，2020 版《示范文本》均以整体工程为基础进行了规定，以明确总承包人对工程的整体责任，便于其对各阶段工作进行统筹安排；二是 2020 版《示范文本》考虑到各阶段工作的特点，对设计、采购、施工、试验、竣工、保修等各阶段条款的顺序和内容进行了梳理调整，使得其更加符合项目实施流程，并明确了各阶段的工作内容和发承包双方权利义务。

2. 明确了发包人要求的定义、内容和相关责任承担

"发包人要求"是描述工程目的、范围、功能、技术要求等内容的核心文件，也是确定工程总承包范围和合同履行要求的重要依据。发包人要求是否完整、准确、合理，直接影响发包人能否获得满足其合同目的的工程成果。同时，由于发包人要求内容较多且地位重要，一般会作为独立的合同组成文件明确列出。

2011 版《示范文本》并未将发包人要求作为单独的合同文件组成部分，而是分散在合同协议书、合同专用条款、合同通用条款、招标投标文件、资料和图纸等各类合同文件之中。另外，2011 版《示范文本》对于发包人要求出现错误该如何处理和责任承担等也未明确约定。

2020 版《示范文本》一是将发包人要求定义为"列明工程的目的、范围、设计与其他技术标准和要求"的名为"发包人要求"的文件，以区别于合同签订和履行过程中发包人提出的其他要求；二是 2020 版《示范文本》将"发包人要求"列为合同文件组成部分"专用合同条件"的附件 1，其效力优先于"通用合同条件"和"承包人建议书"，并就其内容和编制要求提出了指导性意见；三是 2020 版《示范文本》就"发包人要求"存在错误的归类进行了规定，要求发包人承担因此导致的承包人费用损失、工期延长、利润减少，但承包人有义务就发现的错误及时书面通知发包人。

3. 对联合体和分包的相关条款进行完善和细化

鉴于我国工程总承包市场仍在发展之中，很多企业仅持有设计或施工的单一资质，目前以联合体或分包形式开展工程总承包的情况较为普遍。《工程总承包管理办法》要求总承包人需具有设计和施工"双资质"的规定出台后，市场上组成联合体承接工程的情形有进一步增加。

2011 版《示范文本》中对联合体进行了定义，并规定联合体各方对发包人承担连带责任，但并未就联合体的具体权利义务设定条款。分包条款则规定承包人和分包人应就分包工作对发包人承担连带责任，但承包人只能对专用条款约定的工作事项进行分包，否则需要经发包人同意；同时未经承包人同意发包人不得对分包人支付价款。

2020 版《示范文本》专门设置了"联合体"条款，并进一步规定总承包人应在专用合同条件中明确联合体各成员的分工、费用收取、发票开具等事项，同时联合体协议经发包人确认后应作为合同附件。在履行合同过程中，未经发包人同意，不得变更联合体成员和其负责的工作范围，也不得修改联合体协议中与合同履行相关的内容。而在分包方面，则进一步考虑到在"双资质"要求下，总承包人不得将主体部分对外分包，因此规定分包应按照专用合同条件的约定或经发包人同意后方可进行，但发包人逾期未提出意见的，承包人有权自行对外分包。同时，承包人应当对分包人进行必要的协调与管理，包括进行现场实名制管理等。

4. 引入"工程师"概念，并明确其管理职权

工程总承包模式中发包人在专业知识、项目经验、项目控制程度上通常与总承包人存在较大差距，往往需要聘请专业的咨询机构协助其进行发包和管理。同时，目前国家正在推行全过程工程咨询模式，并鼓励在政府投资等项目中采用工程总承包和全过程工程咨询。因此实践中，发包人聘请咨询机构包括全过程工程咨询单位代表其对工程总承包项目进行管理的情形越来越普遍。

2011版《示范文本》中仅提到了监理人的概念，且其职权和工作范围较为有限，主要为传统施工监理所涉及的质量检查验收、现场安全管理、进度管理、下达变更指令等，在较为核心的合同管理、变更管理、价款管理、索赔管理中都几乎没有涉及监理人，而是主要由总承包人与发包人直接进行沟通。

2020版《示范文本》结合国家推行的全过程工程咨询政策，借鉴国际上FIDIC黄皮书引入了"工程师"的概念取代"监理人"，并在内容上进行了调整，以更为贴合我国的工程管理实践。2020版《示范文本》中的"工程师"泛指发包人负责管理合同工程的代表，或其委托工程咨询单位的监理工程师、造价工程师、招标代理专业人员等。同时，该范本在第3.3款［工程师］、第3.5款［指示］、第3.6款［商定或确定］等规定了工程师的配套制度，赋予了工程师进行合同管理、设计管理、造价管理、质量管理、商定确定等职权，使其在合同管理中发挥更大的作用。考虑到国内项目中发包人往往更为深入地参与项目管理，规定了对于发包人未委托工程师管理的特定事项，其职责自动由发包人行使。

5. 双方风险和责任分担更为平衡对等

目前我国的建设市场属于"买方市场"，发包人处于强势地位，通常会要求承包人承担工程实施的大部分风险和责任，而在工程总承包项目中承包人承担的风险和责任将进一步增加。风险和责任分担的不平衡，一方面损害了承包人的利益，不利于市场的健康可持续发展；另一方面也可能导致项目争议和安全事故的频发，发包人的合同目的难以实现。

我国之前发布的工程总承包合同示范文本在条款设置上总体较为平衡对等，但在某些方面仍约定不够具体，或对承包人合法保护不够。例如《标准设计施工总承包招标文件》参照FIDIC黄皮书和银皮书，按照风险划分的不同设置了AB条款，供当事人根据自己工程项目的特点进行选择；但实践中，发包人作为招标人往往选择对己方风险更小的B条款，较为平衡的A条款则得不到使用。

2020版《示范文本》在起草之初也考虑了设置两个范本，对应不同的发承包模式以及风险和责任分配，但最终仅保留了较为平衡对等的范本。一是范本借鉴了FIDIC黄皮书，在保密、保障、索赔、合同解除、提前预警、知识产权、设计责任等方面都设置了双方对等的条款，并在安全生产责任、工程管理责任等方面增加了双方存在混合责任时的处理原则，尽可能平衡分配双方之间的风险和责任；二是范本根据《工程总承包管理办法》第十五条关于风险分担的规定，明确了发包人应承担的价格波动、法律变化、不可预见的地质条件、不可抗力等主要风险，以及承包人有权进行合同价格调整的情形；三是范本在第1.13款［责任限制］首次引入了责任限制条款，规定承包人对发包人的赔偿责任，原则上不应超过签约的合同价，进一步合理平衡双方可预见的风险范围。

6. 完善多级争议解决机制，鼓励双方友好高效解决争议

工程总承包项目体量大、时间长、地质情况和施工环境复杂，投资较大，人力物力投入较多，工程发包时点一般较早，在工程细节尚未十分确定的情况下，合同签约风险较大，实施中出现争议也会较多。如果双方在争议初期就进入对立形成对抗局面，势必对项目实施产生较大影响，甚至导致项目停工，造成不利局面，损失必然很大。为此，在合同中合理设置多级争议解决机制，鼓励双方友好高效地解决争议，减少上升为诉讼或仲裁的可能，对项目的顺利实施具有重要作用。

2011版《示范文本》中的争议解决方式包括双方友好协商、提请有关单位调解、仲裁

或诉讼。尽管其中设置了多级争议解决机制，但内容非常简短，并且前置的协商和调解程序本质上还是取决于双方能否达成一致，在缺乏第三方有力介入的情况下，仍然较难高效解决争议。

2020 版《示范文本》借鉴 2017 版 FIDIC 合同等国际工程最新实践经验，就多级争议解决机制进行了完善和补充。一是范本在第 3.7 款［会议］和第 8.6 款［提前预警］中规定，任何一方可请求就工程的实施安排召开会议，并应将可能产生不利影响的情形尽快通知对方，以确保双方及时得知和着手解决潜在争议；二是范本在第 3.6 款［商定或确定］详细规定了工程师的商定或确定程序，使得双方就特定事项出现潜在争议时，工程师可以及时介入协调双方达成一致或就争议事项暂时做出确定；三是范本在第 20.3 款［争议评审］中设置了将争议提交专家进行争议评审的解决机制，使得遇到争议时可由专家及时协助双方进行非正式讨论并给出意见或建议，直至最终做出有约束力的争议评审决定。但与此同时，该范本也充分尊重当事人的意愿，规定由双方选择是否采取争议评审机制，并可自行约定该机制的程序、争议评审小组成员、费用承担、评审结果约束力等事项。

第三章

工程总承包招标投标

第一节　工程总承包招标

一、工程总承包招标概述

（一）工程总承包招标的内涵

工程总承包招标是建设实施阶段全过程的招标，包括勘察设计、材料设备供应、工程施工直至工程交付使用，投标者必须是具有总承包能力的工程承包企业。

根据《工程总承包管理办法》第九章第（五）款之规定，工程总承包招标不包括勘察工程内容，其他工程内容将视工程具体情况而定。该办法第十章规定了总承包单位须具有与工程规模相适应的工程设计资质和施工资质（即"双资质"）以及相应的管理能力、财务能力和业绩要求等。该办法考虑风险平衡分担原则，未将勘察纳入其中。

工程总承包采用的模式主要是设计、采购、施工总承包或设计、施工总承包模式。在工程总承包模式下，建设单位主要负责工程项目整体的、原则的、目标的管理和控制，而工程总承包单位则对项目的设计、采购和施工进行一体化的组织和管理，并对工程的质量、安全、工期和造价等全面负责。

（二）工程总承包招标的条件

工程总承包招标一般应具有以下条件：

1）建设资金已经全部落实。

2）建设任务书已经审定。

3）工程建设地址、地界已经确定。

4）已完成水文地质、工程地质、地形等勘察。

5）可行性研究报告、方案设计文件或者初步设计文件已审批，其中投资估算或设计概算已审核。

（三）工程总承包招标的特点

工程总承包招标主要有以下特点：

（1）综合性　工程总承包项目范围包括设计、采购、施工等工作，这使得工程总承包招标具有"多招合一"的综合性特点。

（2）连带性　工程总承包招标还具有"一招多随"的连带性特点。

（3）全过程控制　工程总承包是指从事工程总承包的企业按照与建设单位签订的承包合同，对工程项目的设计、采购、施工等实行全过程控制的承包方式。

（4）系统性　工程总承包招标的系统性较强，它涉及多个专业的协调和工作流程的有效衔接。

（5）市场导向　工程总承包招标是一种完全以结果为导向的发承包模式，它强调的是工程的最终效果和质量。

（6）风险管理　工程总承包招标的风险管理更为重要，因为工程总承包单位需要对工程的质量、安全、工期和造价等全面负责。

（四）工程总承包招标的种类

1. 按招标介入时点划分

根据建设项目建设程序，招标介入时点有三个，按此时点可将工程总承包招标分为可行性研究后工程总承包招标、方案设计后工程总承包招标、初步设计后工程总承包招标。

（1）可行性研究后工程总承包招标　适用于工业与民用建筑工程中的居住建设项目，或者在决策阶段时，项目的目标、规模、标准已明确的建设项目，以及建设单位能够控制项目的要求和掌握项目特点的建设项目等。选择这种招标方式，宜采用设计采购施工总承包（EPC）模式。

（2）方案设计后工程总承包招标　适用于建设目标、功能需求非常明确，技术方案相对成熟的建设项目，如道路、轨道交通、城市道路、桥涵、隧道、水工、矿山、架线与管沟、其他土木工程。选择这种招标方式，宜采用设计采购施工总承包（EPC）或设计施工总承包（DB）模式。

（3）初步设计后工程总承包招标　适用于除居住建筑以外的民用建筑，或建设功能复杂多样、使用需求千差万别、建筑产品标准化精度不高、规范程度相对有限、风险难以把控、项目条件不明确、项目的约束性较高的建设项目。选择这种招标方式，宜采用设计施工总承包（DB）模式。

2. 按承包内容划分

工程总承包招标按承包内容划分，目前分为但不限于以下种类：

1）设计采购施工总承包（EPC）模式招标

2）设计施工总承包（DB）模式招标

3. 按工程总承包专业划分

工程建设涉及很多行业、很多专业，工程总承包按其专业划分，有很多招标种类，如房屋建筑工程项目、市政基础设施项目、水利建设项目、公路建设项目、通信项目、民航建设项目、能源建设项目、矿山项目等总承包招标。

4. 按招标方式划分

工程总承包招标按招标方式，可分为公开招标和邀请招标两种。

（1）公开招标　由招标人在报刊、网络或其他媒介上刊登招标公告，吸引众多不特定的法人或组织参加投标竞争，招标人从中择优选择中标人的招标方式。工程总承包招标大多数情况下将会选择这种方式。

（2）邀请招标　招标人以投标邀请书的方式，邀请不少于三家特定的法人或其他组织投标，招标人从中择优选择中标人的招标方式。

5. 按投资性质划分

建设项目工程总承包招标，按投资性质可分为政府投资项目和企业投资项目招标。

（五）工程总承包招标的要求

1. 招标种类和时间要求

根据《工程总承包管理办法》的相关规定，建设单位应当根据项目情况和自身管理能力等，合理选择工程建设组织实施方式。对于建设内容明确、技术方案成熟的项目，适宜采用工程总承包方式，建议采用 EPC 模式招标。招标前建设单位应当完成项目审批、核准或者备案手续。企业投资项目，在核准或者备案后进行招标；政府投资项目，原则上应当在初步设计审批完成后进行招标。

2. 总承包单位选择和招标要求

建设单位可以依法采用招标或者直接发包等方式选择工程总承包单位。对于工程总承包项目范围内的设计、采购、施工中，有任一项属于依法必须进行招标的项目范围，且达到国家规定规模标准的，应当采用招标的方式选择工程总承包单位。如果达不到必须招标规定的项目内容，或属于依法可以不进行招标的情形，则可以直接发包。

3. 工程总承包单位的条件和限制条件

工程总承包单位的条件和限制条件，详见本书第二章第一节的内容。

4. 工程总承包合同类型的选择

企业投资项目的工程总承包宜采用总价合同。政府投资项目的工程总承包应当合理确定合同价格形式，即根据工程情况和建设单位的管理能力，确定合同类型，可以选择可调总价合同，也可以选择固定总价合同。相关要求详见本书第二章第一节和第四章的内容。

二、工程总承包的招标程序

建设项目工程总承包招标属于建设工程招标的一种，其招标程序大致相同，具体程序包括招标准备、招标公告发布（或发出投标邀请书）、组织资格审查、编制发售招标文件、现场踏勘、投标预备会、编制递交投标文件、组建评标委员会、开标、评标、中标和签订合同等十二个程序，如图 3-1 所示。

（一）招标准备

招标准备工作包括招标人资格能力的判断、制定招标工作总体计划、确定招标组织形式、落实招标基本条件和编制招标方案等。

1. 招标人资格能力的判断

招标人是指提出招标项目、发出招标要约邀请的法人或其他组织。招标人是法人的，应当有必要的财产或者经费，有自己的名称、组织机构和场所，具有民事权利和行为能力，且能够依法独立享有民事权利和承担民事义务的机构，包括企业、事业、政府机关和社会团体法人；招标人若是不具备法人资格的其他组织的，应当是依法成立且能以自己的名义参与民事活动的经济和社会组织，如个人独资企业、合伙企业、联营企业、法人的分支机构、不具备法人资格条件的中外合作经营企业、法人依法设立的临时管理机构等。

招标人的民事权利能力范围受其组织性质、成立目的、任务和法律法规的约束，由此构

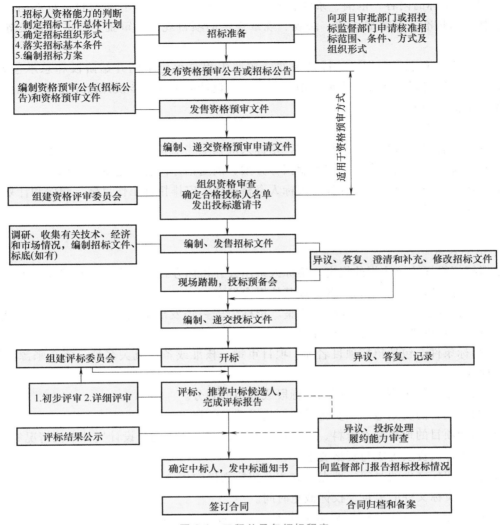

图 3-1　工程总承包招标程序

成了招标人享有民事权利的资格和承担民事义务的责任。自行组织招标的招标人还应具备招标投标法及其实施条例、《工程建设项目自行招标试行办法》等规定的能力要求。

2. 制定招标工作总体计划

招标人根据政府、企业采购需要或项目实施进度要求制定项目招标总体计划，明确招标内容、范围和时间。

3. 确定招标组织形式

招标组织形式分为自行组织招标和委托代理招标。

4. 落实招标基本条件

（1）项目招标的共同条件

1）项目招标人应当符合相应的资格条件。

2）根据项目本身的性质、特点应当满足项目招标和组织实施必需的资金、技术条件、管理机构和力量、项目实施计划和法律法规规定的其他条件。

3）项目招标的内容、范围、条件、招标方式和组织形式已经有关项目审批部门或招标投标监督部门核准，并完成法律、法规、规章规定的项目规划、审批、核准或备案等实施程序。

（2）项目工程总承包招标的特别条件　按照工程总承包不同开始阶段和总承包方式，应分别具有工程可行性研究报告或实施性工程方案设计或工程初步设计已经完成等相应的条件。见本节前述内容。

5. 编制招标方案

为有序、有效地组织实施招标工作，招标人应在上述准备工作的基础上，根据招标项目的特点和自身需求，依据有关规定编制招标方案，确定招标内容和范围、招标组织形式、招标方式、标段划分、合同类型选择、投标人资格条件，安排招标工作目标、顺序和计划，分解落实招标工作任务和措施。

（二）发布招标公告

1. 招标公告

依据招标投标法律法规的规定，招标人采用公开招标方式的，应当发布招标公告。招标公告应当通过国家指定的报刊、网络或其他媒介发布。

招标公告内容应当真实、准确和完整。招标公告一经发出即构成招标活动的要约邀请，招标人不得随意更改。招标公告内容包括：

1）招标条件。包括招标项目名称、项目审批、核准或备案机关名称、资金来源、招标人的名称等。

2）招标项目的规模、招标范围、标段或标包的划分。

3）招标项目的实施地点、实施时间、建设项目工期等。

4）招标项目的地质勘查资料、可行性研究或方案设计，初步设计文件审批情况等。

5）对投标人资质等级与资格要求。

6）获取招标文件的时间、地点、方式及招标文件的售价。

7）递交投标文件的地点、投标截止时间。

8）联系方式。包括招标人和招标代理机构的联系人的名称、地址、电话、电子邮箱、开户银行及账号等。

2. 投标邀请书

依据招标投标法律法规的规定，招标人采用邀请招标方式的，应当向三个以上，具备承担招标项目能力、资信良好的特定法人或其他组织，发出投标邀请书。投标邀请书的内容与上述招标公告的内容基本一致，只需增加要求潜在投标人在规定的时间以前"确认"是否收到了投标邀请书，并以传真或快递方式向招标人反馈其确认。

（三）组织资格审查

为了保证潜在投标人能够公平地获取投标竞争的机会，确保投标人满足招标项目的资格条件，同时避免招标人和投标人不必要的资源浪费，招标人应当对投标人进行资格审查。资格审查分为资格预审和资格后审两种。

1. 资格预审

资格预审是指招标人在投标前按照有关规定程序和要求发布资格预审公告和资格预审文件，对获取资格预审文件并递交资格预审申请文件的申请人组织资格审查，确定合格投标人的方法。

采用邀请招标的项目，招标人也可以根据项目的需要，对潜在投标人进行资格预审，并向通过资格审查的三个以上潜在投标人发出投标邀请书。

2. 资格后审

资格后审是指开标后由评标委员会对投标人资格进行审查的方法。采用资格后审方法的，按规定要求发布招标公告，并根据招标文件中规定的资格审查方法、因素和标准，在评标时审查确认满足投标资格条件的投标人。

（四）编制、发售招标文件

（1）编制招标文件　按照招标项目的特点和需求，调研、收集有关技术、经济和市场情况，依据有关规定和标准文本编制招标文件，并可以根据有关规定报招标投标监督部门备案。

（2）发售招标文件　按照投标邀请书或招标公告规定的时间、地点发售招标文件。

（3）编制招标控制价或标底　招标人根据招标项目的技术经济特点和需要编制招标控制价（最高投标限价），并在招标文件中公布招标控制价，或明确招标控制价的编制依据及计算方法。对于非国有资金投资的项目可以自主决定是否编制标底。

（五）现场踏勘

招标人可以根据招标项目的特点和招标文件的约定，要求潜在投标人对项目实施现场的地形地质条件、周边和内部环境进行实地踏勘了解。潜在投标人应自行负责据此做出的判断和投标决策。此程序可根据项目招标情况而定，并非必须。

（六）投标预备会

投标预备会是招标人为了澄清、解答潜在投标人在阅读招标文件和现场踏勘后提出的疑问，按照招标文件规定时间组织的投标预备会议。但所有的澄清、解答均应当以书面方式发给所有购买招标文件的潜在投标人，书面澄清、解答属于招标文件的组成部分。

（七）编制、递交投标文件

1）投标人在阅读招标文件中产生的疑问和异议，可以按照招标文件约定的时间书面提出澄清要求，招标人应当及时书面答复澄清。对于投标文件编制有影响的，应该根据影响的时间延长相应的投标截止时间。投标人或其他利害关系人如果对招标文件的内容有异议，应当在投标截止时间10日前向招标人提出。

2）潜在投标人应严格依据招标文件要求的格式和内容，编制、签署、装订、密封、标识投标文件，按照规定的时间、地点、方式递交投标文件，并根据招标文件规定的方式和金额提交投标保证金。

3）投标人在提交投标截止时间之前，可以撤回、补充或者修改已提交的投标文件。

（八）组建评标委员会

招标人应当在开标前依法组建评标委员会。依法必须进行招标的项目，评标委员会应当依照法律法规和项目特点，由招标人、具有工程总承包管理经验的专家，以及从事设计、施工、造价等方面的专家组成，其成员人数为5人以上单数。依法必须进行招标的一般项目，评标专家可以从依法组建的评标专家库中随机抽取；特殊招标项目可以由招标人从评标专家库中或库外直接确定。

（九）开标

招标人及其招标代理机构应按招标文件规定的时间、地点主持开标，邀请所有投标人派代表参加，并通知监督部门，开标应如实记录全过程情况。除非招标文件或相关法律法规另有规定，否则投标人不参加开标会议并不影响投标文件的有效性。

（十）评标

评标由招标人依法组建的评标委员会负责。评标委员会应当充分熟悉、掌握招标项目的主要特点和需求，认真阅读研究招标文件及其相关技术资料、评标方法、因素和标准、主要合同条款、技术规范等，并按照初步评审、详细评审的先后步骤对投标文件进行分析、比较和评审，评审完成后，评标委员会应当向招标人提交书面评标报告并推荐中标候选人，或依据招标人的授权，直接确定中标人。

（十一）中标

（1）公示 依法必须进行招标的项目，招标人应当自收到评标报告之日起3日内在国家指定媒体公示中标候选人，公示期不得少于3日。投标人或者其他利害关系人对依法必须进行招标项目的评标结果有异议的，应当在中标候选人公示期间提出。招标人应当自收到异议之日起3日内做出答复；做出答复后，才能进行下一步招标投标活动。

（2）履约能力审查 中标候选人的经营、财务状况发生较大变化或者存在违法行为，招标人认为可能影响其履约能力的，应当在发出中标通知书前由原评标委员会按照招标文件规定的标准和方法审查确认。

（3）定标 招标人按照评标委员会提交的评标报告和推荐的中标候选人以及公示结果，根据法律法规和招标文件规定的定标原则确定中标人；政府采购项目的中标结果应在指定媒体上发布中标公告。

（4）发中标通知书 招标人确定中标人（或依据有关规定经核准、备案）后，向中标人发出中标通知书，同时将中标结果通知所有未中标的投标人，即进行中标人公示。

（5）提交招标投标情况书面报告 招标人在确定中标人的15日内应该将项目招标投标情况书面报告提交招标投标有关行政监督部门。

（十二）签订合同

招标人与中标人应当自中标通知书发出之日起30日内，依据中标通知书、招标文件、投标文件中的合同构成文件签订合同。一般经过以下步骤：

1）中标人按招标文件要求向招标人提交履约保证金。

2）双方签订合同，如法律法规规定需向有关行政监督部门备案、核准或登记的，应办理相关手续。

3）招标人退还投标保证金及利息，投标人退还招标文件约定的设计图纸等资料。

三、工程总承包招标资格预审文件的编制

工程总承包招标资格预审文件整体构架可以适用于国家发改委会同有关部门制定的《标准施工招标资格预审文件》（2007年版）。但部分内容需要根据工程总承包招标的具体情况和要求进行调整，如：标准文件是针对施工的，对于设计部分需要增加相关内容；关于标段划分，如果工程总承包不需要划分标段则需要对该条款进行调整；同时可以参照国家发改委会同有关部门制定的《标准设计施工总承包招标文件》（2012年版）中关于资格审查的要求。

（一）资格预审和资格后审的概念

资格预审和资格后审的概念见本章第一节前述内容。

（二）资格预审文件内容及要求

资格预审文件是告知申请人资格预审条件、标准和方法，并对申请人的资质资格、履约能力进行评审，确定合格投标人的依据。依法必须招标的工程招标项目，应按照国家发改委会同相关部门制定的《标准施工招标资格预审文件》（2007 年版），结合工程总承包招标项目的技术管理特点和需求，编制资格预审文件。其他非依法必须招标的项目推荐使用标准资格预审文件作为编制参考。编制资格预审文件，可按照以下基本内容和要求进行。

1. 资格预审公告

资格预审公告包括招标条件、项目概况与招标范围、申请人资格要求、资格预审方法、资格预审文件的获取与递交、发布公告的媒体、招标人的联系方式等内容。

2. 申请人须知

（1）申请人须知前附表　前附表编写内容及要求：

1）招标人及招标代理机构的名称、地址、联系人与电话，便于申请人联系。

2）建设项目基本情况。包括项目名称、建设地点、资金来源、出资比例、资金落实情况、招标范围、标段划分、计划工期、质量要求，使申请人了解项目基本概况。

3）申请人资格条件。告知申请人必须具备的工程设计资质、施工资质、近年类似业绩、财务状况、拟投入人员、设备等技术力量等资格能力、要素条件和近年发生诉讼、仲裁等履约信誉情况以及是否接受联合体投标等要求。

4）时间安排。明确申请人提出澄清资格预审文件要求的截止时间，招标人澄清、修改资格预审文件的时间，申请人确认收到资格预审文件澄清和修改文件的时间，使申请人知悉资格预审活动的时间安排。

5）申请文件的编写要求。明确申请文件的签字和盖章要求、申请文件的装订及文件份数，使申请人知悉资格预审申请文件的编写格式。

6）申请文件的递交规定。明确申请文件的密封和标识要求、申请文件递交的截止时间及地点、资格审查结束后资格预审申请文件是否退还，以使投标人能够正确递交申请文件。

7）简要写明资格审查采用的方法、资格预审结果的通知时间及确认时间。

（2）总则　总则编写要把工程建设项目概况、资金来源和落实情况、招标范围和计划工期及质量要求表述清楚，提出申请人资格要求，明确申请文件编写所用的语言，以及参加资格预审过程费用的承担。

（3）资格预审文件　包括资格预审文件的组成、澄清及修改。

1）资格预审文件由资格预审公告、申请人须知、资格审查办法、资格预审申请文件格式、项目建设概况以及对资格预审文件的澄清和修改构成。

2）资格预审文件的澄清。明确申请人提出澄清的时间、澄清问题的表达形式、招标人的回复时间和回复方式，以及申请人对收到答复的确认时间及方式。

3）资格预审文件的修改。明确招标人对资格预审文件进行修改、通知的方式及时间，以及申请人确认的方式及时间。

4）资格预审申请文件的编制。招标人应在本处明确告知申请人资格预审申请文件的组成内容、编制要求、装订及签字盖章要求。

5）资格预审申请文件的递交。招标人一般在这部分明确资格预审申请文件应按统一的规定要求进行密封和标识，并在规定的时间和地点递交。对于没有在规定地点、截止时间前递交的申请文件，应拒绝接收。

6）资格审查。国有资金占控股或者主导地位的依法必须进行招标的项目，由招标人依法组建的资格审查委员会进行资格审查，其组成要求按招标投标法的规定；其他招标项目可由招标人自行进行资格审查。

7）通知和确认。明确审查结果的通知时间及方式，以及合格申请人的回复方式及时间。

8）纪律与监督。对资格预审期间的纪律、保密、投诉以及对违纪的处置方式进行规定。

3. 资格审查办法

（1）选择资格审查方法　资格预审方法有合格制和有限数量制两种，分别适用于不同的条件。

1）合格制：一般情况下，应当采用合格制，凡符合资格预审文件规定资格审查标准的申请人均通过资格预审，即取得相应投标资格。

合格制中，满足条件的申请人均获得投标资格。其优点是：投标竞争性强，有利于获得更多、更好的投标人和投标方案；对满足资格条件的所有申请人公平、公正。缺点是：投标人可能较多，从而加大投标和评标工作量，浪费社会资源。

2）有限数量制：当潜在投标人过多时，可采用有限数量制。招标人在资格预审文件中既要规定资格审查标准，又应明确通过资格预审的申请人数量。审查委员会依据资格预审文件中规定的审查标准和程序，对通过初步审查和详细审查的资格预审申请文件进行量化评分，按得分由高到低的顺序确定通过资格预审的申请人。通过资格预审的申请人不超过资格审查办法前附表规定的数量。

采用有限数量制一般有利于降低招标投标活动的社会综合成本，提高投标的针对性和积极性，但在一定程度上可能限制了潜在投标人的范围，可能会增加串标的风险程度。

（2）审查标准　包括初步审查和详细审查的标准，采用有限数量制时的评分标准。

（3）审查程序　包括资格预审申请文件的初步审查、详细审查、申请文件的澄清以及有限数量制的评分等内容和规则。

（4）审查结果　资格审查委员会完成资格预审申请文件的审查，确定通过资格预审的申请人名单，向招标人提交书面审查报告。

4. 资格预审申请文件格式

资格预审申请文件包括以下基本内容和格式。

（1）资格预审申请函　资料预审申请函是申请人响应招标人、参加招标资格预审的申请函，同意招标人或其委托代表对申请文件进行审查，并应对所递交的资格预审申请文件及有关材料内容的完整性、真实性和有效性做出声明。

（2）法定代表人身份证明或其授权委托书

1）法定代表人身份证明：申请人出具的用于证明法定代表人合法身份的证明，内容包括申请人名称、单位性质、成立时间、经营期限，法定代表人姓名、性别、年龄、职务等。

2）授权委托书：申请人及其法定代表人出具的正式文书，明确授权其委托代理人在规定的期限内负责申请文件的签署、澄清、递交、撤回、修改等活动，其活动的后果由申请人及其法定代表人承担法律责任。

（3）联合体协议书　适用于允许联合体投标的资格预审。联合体各方联合声明共同参加资格预审和投标活动签订的联合协议。联合体协议书中应明确牵头人、各方职责分工及协议期限，承诺对递交文件承担法律责任等。

（4）申请人基本情况

1）申请人的名称、企业性质、主要投资股东、法定代表人、经营范围与方式、营业执照、注册资金、成立时间、企业资质等级与资格声明、技术负责人、联系方式、开户银行、员工专业结构与人数等。

2）申请人的能力：已承接任务的合同项目总价，最大年设计、施工规模能力（产值），正在设计、施工的规模数量，申请人的设计和施工质量保证体系，拟投入本项目的主要设备仪器情况。

（5）近年财务状况　申请人应提交近年（一般为近3年）经会计师事务所或审计机构审计的财务报表，包括资产负债表、损益表、现金流量表等用于招标人判断投标人的总体财务状况，进而评估其承担招标项目的财务能力和抗风险能力。必要时，应由银行等机构出具金融信誉等级证书或银行资信证明。

（6）近年完成的类似项目情况　申请人应提供近年已经完成与招标项目性质、类型、规模标准类似的工程名称、地址，招标人名称、地址及联系电话，合同价格，申请人的职责定位、承担的工作内容、完成日期，实现的技术、经济和管理目标和使用状况，设计和施工项目经理、技术负责人等。

（7）拟投入技术和管理人员状况　申请人拟投入招标项目的主要技术和管理人员的身份、资格、能力，包括岗位任职、工作经历、职业资格、技术或行政职务、职称，完成的主要类似项目业绩等证明材料。

（8）未完成和新承接项目情况　填报信息内容与"近年完成的类似项目情况"的要求相同。

（9）近年发生的诉讼及仲裁情况　申请人应提供近年来在合同履行中，因争议或纠纷引起的诉讼、仲裁情况，以及有无违法违规行为而被处罚的相关情况，包括法院或仲裁机构做出的判决、裁决、行政处罚决定等法律文书复印件。

（10）其他材料　申请人提交的其他材料包括两部分：一是资格预审文件的申请人须知、评审办法等有要求，但申请文件格式中没有表述的内容，如 ISO 9000、ISO 14000、OHSAS 18000 等质量管理体系、环境管理体系、职业健康安全管理体系认证证书，企业、工程、产品的获奖、荣誉证书等；二是资格预审文件中没有要求提供，但申请人认为对自己通过资格预审比较重要的资料。

5. 工程建设项目概况

工程建设项目概况的内容应包括项目说明、建设条件、建设要求和其他需要说明的情况。各部分具体编写要求如下：

（1）项目说明　首先应概要介绍工程建设项目的建设任务、工程规模标准和预期效益；其次说明项目的批准核准或备案情况；再次介绍该工程的项目业主，项目建设单位出资比例，以及资金来源；最后概要介绍项目的建设地点、计划工期、招标范围和标段划分情况。

（2）建设条件　主要是描述建设项目所处位置的水文气象条件、工程地质条件、地理位置及交通条件等。

（3）建设要求　概要介绍工程施工技术规范、标准要求，工程建设质量、进度、安全和环境管理等要求。

（4）其他需要说明的情况　需结合项目的工程特点和项目业主的具体管理要求提出。

四、工程总承包招标文件的编制

（一）工程总承包招标文件编制概述

1. 招标文件的概念

招标文件是招标人向潜在的投标人发出的要约邀请文件，是招标人向潜在的投标人介绍工程项目情况和招标条件，供投标人知悉招标投标规则和编制投标文件的要求及格式。

《招标投标法》规定，招标人应当根据工程总承包项目的特点和需要编制招标文件。招标文件应当包括招标项目的技术要求、对投标人资格审查的标准、投标报价要求和评标标准等所有实质性要求和条件，以及拟签合同的主要条款。国家对招标项目的技术、标准有规定的，招标人应当按照其规定在招标文件中提出相应要求。

招标文件应告知投标人招标项目内容、范围、数量与招标要求、投标资格要求、招标投标程序规则、投标文件编制与递交要求、评标标准与方法、合同条款与技术标准等招标投标活动主体必须掌握的信息和遵守的依据。投标人应当根据招标项目的特点和招标文件要求投标。

2. 招标文件的作用

招标文件对招标投标各方均具有法律约束力。招标文件的有些内容只是为了说明招标投标的程序要求，将来不构成合同文件；但有些内容则构成合同文件，如工程总承包项目清单、价格清单、合同条款、发包人要求等。

招标文件的内容部分构成合同文件，同时也是其他合同文件的基础，招标文件编制与将来工程项目实施过程中的合同管理有极其密切关系。

3. 招标文件的编制依据

1）国家《招标投标法》及其实施条例、《建筑法》《民法典（合同篇章）》。

2）《工程总承包管理办法》以及招标投标有关管理办法、规定。

3）《标准设计施工总承包招标文件》（2012 年版）。

4）《建设项目工程总承包合同（示范文本）（GF-2020-0216）。

5）国家、省工程总承包有关标准、计价规范、规程、计价定额。

6）拟建项目水文地质、工程地质、地形等勘察资料，以及可行性研究报告、方案设计文件或者初步设计文件等。

4. 招标文件的组成

根据《标准设计施工总承包招标文件》（2012 年版）的规定，工程总承包招标文件共由七章组成，具体内容详见本书第二章第五节的内容。

（二）招标公告与投标邀请书

对于未进行资格预审项目的公开招标项目，招标文件应包括招标公告；对于邀请招标项目，招标文件应包括投标邀请书；对于已进行资格预审的项目，招标也应包括投标邀请书（代资格预审通过通知书）。

1. 招标公告（未进行资格预审）

招标公告主要载明招标人的名称和地址，招标项目名称、内容、规模、资金来源、实施地点和工期；对投标人的资质资格要求；招标文件获取的办法、投标截止日期；招标公告发布媒介和联系方式等事项。

招标公告的内容应真实、准确和完整。

2. 投标邀请书（适用于邀请招标）

招标人向不少于3家符合资质条件的施工企业发出投标邀请书，并载明招标人的名称和地址，招标项目名称、内容、规模、资金来源、实施地点和工期，对投标人的资质资格要求，招标文件获取的办法，投标截止日期等事项，其大部分内容与招标公告基本相同。区别是投标邀请书无须说明发布公告的媒介，但对投标人增加了在收到投标邀请书后的约定时间内，以传真或快递的方式予以确认是否参加投标的要求。

3. 投标邀请书（适用于代资格预审通过通知书）

对已通过资格预审的潜在投标人发出投标邀请书，载明投标截止日期以及获取招标文件的办法等事项。投标邀请书一般包括招标项目名称、被邀请人名称、购买招标文件的时间、售价、投标截止时间、收到邀请书的确认时间和联系方式等。与适用于邀请招标的投标邀请书相比，由于已经经过了资格预审阶段，所以在代资格预审通过通知书的投标邀请书内容里，不包括招标条件、项目概况与招标范围和投标人资格要求等内容。

（三）投标人须知

投标人须知是招标投标活动应遵循的程序规则和对投标的要求，它不是合同文件的组成部分。投标人须知包括投标人须知前附表、正文和附件等内容。

1. 投标人须知前附表

投标人须知前附表主要作用有：一是将投标人须知中的关键内容和数据摘要列表，起到强调和提醒作用，为投标人迅速掌握投标人须知的内容提供方便，与招标文件相关章节内容衔接一致；二是对投标人须知正文中交由前附表明确的内容给予具体约定。

2. 正文

正文包括总则、招标文件、投标文件、投标文件的递交、开标、评标、合同授予、纪律和监督、需要补充的其他内容和电子招标投标等十个方面的内容。

（1）总则　投标须知中的"总则"一般包括：项目概况，资金来源和落实情况，招标范围、计划工期和质量标准，投标人资格要求，费用承担和设计成果补偿，保密，语言文字，计量单位，现场踏勘，投标预备会，分包和偏离等12个方面内容和要求。其中以下内容需要说明：

1）投标人资格要求：对于已进行资格预审的，投标人应是符合资格预审条件、收到招标人发出投标邀请书的单位；对于未进行资格预审的，告知投标人应具备的承担本招标项目资质条件、能力和信誉。具体包括资质要求、财务要求、业绩要求、信誉要求、项目经理的资格要求、设计负责人的资格要求、施工负责人的资格要求、施工机械设备、项目管理机构及人员和其他要求。

对于接受联合体投标的要求，还应遵守以下规定：

① 联合体各方应按招标文件提供的格式签订联合体协议书，明确联合体牵头人和各方权利义务。

② 由同一专业的单位组成的联合体，按照资质等级较低的单位确定资质等级。

③ 联合体各方不得再以自己名义单独或参加其他联合体在本招标项目中投标。

投标人不得存在下列情形之一，否则资格要求不满足：

① 招标人不具有独立法人资格的附属机构（单位）。

② 为招标项目前期工作提供咨询服务的（法律法规另有规定的除外）。

③ 本招标项目的监理人。

④ 本招标项目的代建人。

⑤ 为本招标项目提供招标代理服务的。

⑥ 被责令停业的。

⑦ 被暂停或取消投标资格的。

⑧ 财产被接管或冻结的。

⑨ 在最近三年内有骗取中标或严重违约或重大工程质量问题的。

⑩ 与本招标项目的监理人或代建人或招标代理机构同为一个法定代表人的。

⑪ 与本招标项目的监理人或代建人或招标代理机构相互控股或参股的。

⑫ 与本招标项目的监理人或代建人或招标代理机构相互任职或工作的。

2）费用承担和设计成果补偿：投标人准备和参加投标活动发生的费用自理。招标人对符合招标文件规定的未中标人的设计成果进行补偿的，按投标人须知前附表规定给予补偿，并有权免费使用未中标人设计成果。

3）现场踏勘：招标人根据项目的具体情况，可以组织潜在投标人踏勘项目现场，向其介绍工程场地和相关的周边环境的情况，供投标人在编制投标文件时参考，投标人踏勘现场发生的费用自理；除招标人的原因外，投标人自行负责在踏勘现场中发生的人员伤亡和财产损失；招标人也可以不组织现场踏勘，要求投标人自行踏勘。招标人无论是否组织现场踏勘，招标人不对投标人据此做出的判断和投标决策负责。

4）投标预备会：投标人须知前附表规定召开投标预备会的，招标人按投标人须知前附表规定的时间和地点召开投标预备会，澄清投标人提出的问题。投标人应在投标人须知前附表规定的时间前，以书面形式将提出的问题送达招标人，以便招标人在会议期间澄清。投标预备会后，招标人在投标人须知前附表规定的时间内，将对投标人所提问题的澄清，以书面形式通知所有购买招标文件的投标人。该澄清内容为招标文件的组成部分。

5）分包：投标人须知前附表规定应当由分包人实施的非主体、非关键性工作，投标人应当按照招标文件第五章"发包人要求"的规定提供分包人候选名单及其相应资料。投标人拟在中标后将中标项目的部分非主件、非关键性工作进行分包的，应符合投标人须知前附表规定的分包内容、分包金额和资质要求等限制性条件。

6）偏离：投标人须知前附表允许投标文件偏离招标文件某些要求的，偏离应当符合招标文件规定的偏离范围和程度。

（2）招标文件

1）招标文件的澄清：投标人应仔细阅读和检查招标文件的全部内容。如发现缺页或附件不全，应及时向招标人提出，以便补齐。如有疑问，应在投标人须知前附表规定的时间前以书面形式（包括信函、电报、传真等可以有形地表现所载内容的形式）要求招标人对招标文件予以澄清。招标文件的澄清以书面形式发给所有购买招标文件的投标人，但不指明澄清问题的来源。澄清发出的时间距投标人须知前附表规定的投标截止时间不足 15 天的，并且澄清内容影响投标文件编制的，将相应延长投标截止时间。投标人在收到澄清后，应在投标人须知前附表规定的时间内以书面形式通知招标人，确认已收到该澄清。

2）招标文件的修改：招标人可以书面形式修改招标文件，并通知所有已购买招标文件的投标人。修改招标文件的时间距投标人须知前附表规定的投标截止时间不足 15 天的，并且修改内容影响投标文件编制的，将相应延长投标截止时间。投标人在收到修改内容后，应在投标人须知前附表规定的时间内以书面形式通知招标人，确认已收到该修改。

（3）投标文件　投标文件是投标人响应和依据招标文件向招标人发出的要约文件。招标人在投标须知中对投标文件的组成、投标报价、投标有效期、投标保证金、资格审查资料、备选投标方案和投标文件的编制等提出明确要求。

1）投标文件的组成：投标函及投标函附录，法定代表人身份证明或附有法定代表人身份证明的授权委托书，联合体协议书（如果有），投标保证金，价格清单，承包人建议书，承包人实施计划，资格审查资料，投标人须知前附表规定的其他资料。

2）投标报价：投标人应按第七章"投标文件格式"的要求填写价格清单。投标人应充分了解施工场地的位置、周边环境、道路、装卸、保管、安装限制以及影响投标报价的其他要素。投标人根据投标设计，结合市场情况进行投标报价。招标人设有最高投标限价的，投标人的投标报价不得超过最高投标限价，最高投标限价或其计算方法在投标人须知前附表中载明。投标人在投标截止时间前修改投标函中的投标报价总额，应同时修改投标文件"价格清单"中的相应报价，投标报价总额为各分项金额之和。此修改须符合招标文件第 4.3款（投标文件的修改与撤回）的有关要求。

3）投标有效期：投标有效期从投标截止时间起开始计算，主要用来满足组织并完成开标、评标、定标以及签订合同等工作所需要的时间，除投标人须知前附表另有规定外，投标有效期为 120 天。在投标有效期内，投标人撤销或修改其投标文件的，应承担招标文件和法律规定的责任。出现特殊情况需要延长投标有效期的，招标人以书面形式通知所有投标人延长投标有效期。投标人同意延长的，应相应延长其投标保证金的有效期，但不得要求或被允许修改或撤销其投标文件；投标人拒绝延长的，其投标失效，但投标人有权收回其投标保证金。

4）投标保证金：投标保证金是招标投标活动中，投标人随投标文件一同递交给招标人的一定形式、一定金额的投标责任担保，并作为投标文件的组成部分。主要目的一是担保投标人在招标人定标前不得撤销其投标；二是担保投标人被宣布为中标人后即将受合同的约束，不得反悔或者改变其投标文件中的实质性内容，否则其投标保证金招标人不予退还。招标文件中一般应对投标保证金做出下列规定：

① 投标保证金的形式、数额、期限。其中形式有银行电汇、银行汇票、银行保函、信用证、支票、现金或招标文件中规定的其他形式；数额应符合《招标投标法》及其实施条例的有关规定。期限是投标保证金的有效期与投标有效期保持一致。

② 联合体投标（如有），其投标保证金由牵头人递交。

③ 投标人不按要求提交投标保证金的，评标委员会将否决其投标。

④ 招标人与中标人签订合同后 5 日内，向未中标的投标人和中标人退还投标保证金及同期银行存款利息。

⑤ 出现下列两种情况之一的，投标保证金将不予退还：

a. 投标人在规定的投标有效期内撤销或修改其投标文件。

b. 中标人在收到中标通知书后，无正当理由拒签合同或未按招标文件规定提交履约担保。

5）资格审查资料。

① 已经资格预审的资格审查资料：投标人在递交投标文件前，发生可能影响其投标资格的新情况的，应更新或补充其在申请资格预审时提供的资料，以证实其各项资格条件仍能满足资格预审文件的要求，且没有实质性降低。

② 未进行资格预审的资格审查资料：

a. "投标人基本情况"：应附投标人营业执照及其年检合格的证明材料、资质证书和安全生产许可证等材料的复印件，并保证其在有效期内。

b. "近年财务状况表"：应附经会计事务所或审计机构审计的财务会计报表，包括资产负债表、现金流量表、利润表和财务情况说明书等复印件，具体年份要求见投标人须知前附表。

c. "近年完成的类似设计施工总承包项目情况表"：应附中标通知书和（或）合同协议书、工程接收证书（工程竣工验收证书）复印件；或"近年完成的类似工程设计项目情况表"应附中标通知书和（或）合同协议书、发包人出具的证明文件；"近年完成的类似施工项目情况表"应附中标通知书和（或）合同协议书、工程接收证书（工程竣工验收证书）复印件。具体年份要求见投标人须知前附表，每张表格只填写一个项目，并标明序号。

d. "正在实施和新承接的项目情况表"：应附中标通知书和（或）合同协议书复印件。每张表格只填写一个项目，并标明序号。

e. "近年发生的重大诉讼及仲裁情况"：应说明相关情况，并附法院或仲裁机构做出的判决、裁决等有关法律文书复印件，具体年份要求见投标人须知前附表。

f. 投标人须知前附表规定接受联合体投标的，其资格审查资料从"a 投标人基本情况"至"e 近年发生的重大诉讼及仲裁情况"所规定的表格和资料中均应包括联合体各方相关情况。

6）备选投标方案：除投标人须知前附表另有规定外，投标人不得递交备选投标方案。允许投标人递交备选投标方案，只有中标人所递交的备选投标方案方可予以考虑。评标委员会认为中标人的备选投标方案优于其按照招标文件要求编制的投标方案的，招标人可以接受该备选投标方案。

7）投标文件的编制：投标文件应按招标文件第七章"投标文件格式"进行编写，如有必要，可以增加附页，作为投标文件的组成部分。其中，投标函附录在满足招标文件实质性要求的基础上，可以提出比招标文件要求更有利于招标人的承诺。

投标文件应当对招标文件有关招标范围、投标有效期、工期、质量标准、发包人要求等实质性内容做出响应。

投标文件应用不褪色的材料书写或打印，并由投标人的法定代表人或其授权的代理人签字或盖单位章。投标人的法定代表人授权代理人签字的，投标文件应附由法定代表人签署的授权委托书。投标文件应尽量避免涂改、行间插字或删除。如果出现上述情况，改动之处应加盖单位章或由投标人的法定代表人或其授权的代理人签字确认。签字或盖章的具体要求见投标人须知前附表。

投标文件正本一份，副本份数见投标人须知前附表。正本和副本的封面上应清楚地标记"正本"或"副本"的字样。当副本和正本不一致时，以正本为准。

投标文件的正本与副本分别装订成册，具体装订要求见投标人须知前附表的要求。

（4）投标文件的递交

1）投标文件的密封和标记：投标文件应进行包装、加贴封条，并在封套的封口处加盖投标人单位公章。投标文件封套上应写明的内容见投标人须知前附表。未按规定密封和标记的投标文件，招标人不予受理。

2）投标文件的递交：投标人应在规定的投标截止时间前递交投标文件。投标人递交投标文件的地点见投标人须知前附表。除投标人须知前附表另有规定外，投标人所递交的投标文件不予退还。招标人收到投标文件后，向投标人出具签收凭证。逾期送达的或者未送达指定地点的投标文件，招标人不予受理。

3）投标文件的修改与撤回：在规定的投标截止时间前，投标人可以修改或撤回已递交的投标文件，但应以书面形式通知招标人。投标人修改或撤回已递交投标文件的书面通知应按照投标文件的编制的要求签字或盖章。招标人收到书面通知后，向投标人出具签收凭证。投标人撤回投标文件的，招标人自收到投标人书面撤回通知之日起 5 日内退还已收取的投标保证金。修改的内容为投标文件的组成部分。修改的投标文件应按照招标文件投标人须知前附表规定进行编制、密封、标记和递交，并标明"修改"字样。

（5）开标

1）招标人在招标文件投标人须知前附表规定的时间和地点公开开标，并邀请所有投标人的法定代表人或其委托代理人准时参加。

2）主持按下列程序进行开标：

① 宣布开标纪律。

② 公布在投标截止时间前递交投标文件的投标人名称，并点名确认投标人是否派人到场。

③ 宣布开标人、唱标人、记录人、监标人等有关人员姓名。

④ 按照投标人须知前附表规定检查投标文件的密封情况。

⑤ 按照投标人须知前附表规定一并宣布投标文件开标顺序。

⑥ 设有标底的，公布标底。

⑦ 按照宣布的开标顺序当众开标，公布投标人名称、项目名称、投标保证金的递交情况、投标报价、质量目标、工期其他内容，并记录在案。

⑧ 规定最高投标限价计算方法的，计算并公布最高投标限价。

⑨ 投标人代表、招标人代表、监督人、记录人等有关人员在开标记录上签字确认。

⑩ 开标结束。

3）开标异议：投标人对开标有异议的，应当在开标现场提出，招标人当场做出答复，并制作记录。

（6）评标

1）评标委员会：评标由招标人依法组建的评标委员会负责。评标委员会由招标人或其委托的招标代理机构熟悉相关业务的代表，以及有关技术、经济等方面的专家组成，评标委员会成员人数及技术、经济等方面专家的确定方式见投标人须知前附表。

2）评标：评标委员会按照招标文件第三章"评标办法"规定的方法、评审因素、标准和程序对投标文件进行评审。该"评标办法"没有规定的方法、评审因素和标准，不作为评标依据。

（7）合同授予

1）定标方式：除投标人须知前附表规定评标委员会直接确定中标人外，招标人依据评标委员会推荐的中标候选人确定中标人。评标委员会推荐中标候选人的人数见投标人须知前附表。

2）中标公示：招标人依据评标委员会推荐有排序的中标候选人名单，在投标人须知前附表规定的媒介公示中标候选人，公示时间不少于 3 日，公示结束后无异议，招标人应确定排名第一的中标候选人为中标人。

3）中标通知书：在招标文件规定的投标有效期内，招标人以书面形式向中标人发出中标通知书，同时将中标结果通知未中标的投标人。

4）履约担保：履约担保的目的是担保中标人按照合同的约定正常履约，在中标人未能圆满实施合同时，招标人有权得到资金赔偿；约束招标人按照合同约定正常履约。

在签订合同前，中标人应按投标人须知前附表规定的担保形式和招标文件第四章"合同条款及格式"规定的或者事先经过招标人书面认可的履约担保格式向招标人提交履约担保。除投标人须知前附表另有规定外，履约担保金额为中标合同金额的 10%。联合体中标的，其履约担保由联合体各方或者以联合体中牵头人的名义提交。中标人不能按要求提交履约担保的，视为放弃中标，其投标保证金不予退还；给招标人造成的损失超过投标保证金数额的，中标人还应当对超过部分予以赔偿。

5）签订合同：招标人和中标人应当自中标通知发出日起 30 天内，根据招标文件和中标人的投标文件订立书面合同。中标人无正当理由拒签合同的，招标人取消其中标资格，其投标保证金不予退还；给招标人造成损失超过投标保证金数额的，中标人还应当对超过部分予以赔偿。

发出中标通知后，招标人无正当理由拒签合同的，招标人向中标人退还投标保证金；给中标人造成损失的，还应当赔偿损失。

（8）纪律和监督

1）对招标人的纪律要求：招标人不得泄露招标投标活动中应当保密的情况和资料，不得与投标人串通损害国家利益、社会公共利益或者他人合法权益。

2）对投标人的纪律要求：投标人不得相互串通投标或者与招标人串通投标，不得向招标人或者评标委员会成员行贿谋取中标，不得以他人名义投标或者以其他方式弄虚作假骗取中标；投标人不得以任何方式干扰、影响评标工作。

3）对评标委员会成员的纪律要求：评标委员会成员不得收受他人的财物或者其他好处，不得向他人透漏对投标文件的评审和比较、中标候选人的推荐情况以及评标有关的其他情况。在评标活动中，评标委员会成员应当客观、公正地履行职责、遵守职业道德，不得擅离职守，影响评标程序正常进行，不得使用"评标办法"没有规定的评审因素和标准进行评标。

4）对与评标活动有关的工作人员的纪律要求：与评标活动有关的工作人员不得收受他人的财物或者其他好处，不得向他人透漏对投标文件的评审和比较、中标候选人的推荐情况以及评标有关的其他情况。在评标活动中，与评标活动有关的工作人员不保擅离职守，影响评标程序正常进行。

5）投诉：投标人和其他利害关系人认为本次招标活动违反法律、法规和规章规定的，有权向行政监督部门投诉。

（9）需要补充的其他内容　见投标人须知前附表。

（10）电子招标投标　采用电子招标投标，对投标文件的编制、密封、递交、开标、评标等具体要求，见投标人须知前附表。

3. 附件

附件包括开标记录表、问题澄清通知、问题的澄清、中标通知书、中标结果通知书、确认通知书等6个标准格式。

（四）评标办法

评标办法包括评审标准、评标方法和程序，是评标委员会评标的直接依据，是招标文件中投标人最为关注的核心内容。评标委员会将依据评标办法和标准评审投标文件，做出评审结论并推荐中标候选人，或根据招标人的授权直接确定中标人。

1. 评标方法

评标方法主要包括综合评估法和经评审的最低投标价法。

（1）综合评估法　评标委员会对满足招标文件实质性要求的投标文件，能够最大限度满足招标文件中各项综合评价标准，进行逐项打分，并按得分由高到低顺序推荐中标候选人，或根据招标人授权直接确定中标人，但投标报价低于其成本的除外。综合评分相等时，以投标报价低的优先；投标报价也相等的，由招标人或者经招标人授权评标委员会自行确定。

综合评估法一般适用于工程建设规模较大，履约工期较长，技术复杂，工程技术管理方案选择性较大，工程招标人对其技术、性能有特殊要求的工程总承包招标项目。

（2）经评审的最低投标价法　评标委员会对满足招标文件实质性要求的投标文件，根据规定的量化因素及标准进行价格折算，按照经评审的投标价由低到高的顺序推荐候选人，或根据招标人授权直接确定中标人，但投标报价低于其成本的除外。经评审的投标报价相等时，投标报价低的优先；投标报价也相等的，由招标人或者招标人授权的评标委员会自行确定。

经评审的最低投标价法一般适用于具有通用技术、性能、标准或者招标人对其技术、性能没有特殊要求，工程管理要求不高的工程总承包建设项目。

2. 评审标准

（1）综合评估法　综合评估法评审标准分为初步评审标准、分值构成与评分标准。

1）初步评审标准，主要包括形式评审标准、资格评审标准、响应性评审标准。

①形式评审标准：应列评审因素有投标人名称、投标函签字盖章、投标文件格式、联合投标人（如有）、报价唯一性等。

② 资格评审标准：应列评审因素有营业执照、资质等级、财务状况、类似项目业绩、信誉、项目经理、设计负责人、施工负责人、施工机械设备、项目管理机构及人员、其他要求、联合体投标人（如有）等。

③ 响应性评审标准：应列评审因素有投标报价、投标内容、工期、质量标准、投标有效期、投标保证金、权利义务、承包人建议等。

2）分值构成与评分标准。

① 分值构成：由承包人建议书（%）、资信业绩（%）、承包人实施方案（%）投标报价（%）和其他评分因素（%）组成，总分 100 分。

② 评分标准：承包人建议书评分标准主要包括图纸、工程详细说明、设备方案等；资信业绩评分标准主要包括信誉、类似项目业绩、项目经理业绩、设计负责人业绩、施工负责人业绩、其他主要人员业绩等；投标报价评分主要比较投标报价的偏差率，其中偏差率=（投标人报价-评标基准价）/评标基准价，评标基准价由招标人结合招标项目实际情况而定；承包人实施方案和其他评分因素的评分标准也应结合招标项目情况确定其评分标准。

（2）经评审的最低投标价法　经评审的最低投标价法评审标准。

1）初步评审标准：主要包括形式评审标准、资格评审标准、响应性评审标准、承包人建议书评审标准、承包人实施方案评审标准。其中形式评审标准、资格评审标准、响应性评审标准应列内容同"综合评估法"。承包人建议书评审标准应列图纸、工程详细说明、设备方案等；承包人实施方案评审标准应列总体实施方案、项目实施要点、项目管理要点等。

2）详细评审标准：应列付款条件等。

3. 评标程序

（1）综合评估法　该评标方法的评标程序包括初步评审、详细评审、投标文件的澄清和补正、评标结果。

1）初步评审。

① 对于未进行资格预审的：评标委员会可以要求投标人提交资格评审资料，以便核验。评标委员会依据"评标办法"规定的综合评估法评审标准对投标文件进行初步评审。有一项不符合评审标准的，评标委员会应当否决其投标。

② 对于已进行资格预审的：评标委员会依据"形式评审标准"和"响应性评审标准"对投标文件进行初步评审。有一项不符合评审标准的，评标委员会应当否决其投标。当投标人资格预审申请文件的内容发生重大变化时，评标委员会依据"资格评审标准"对其更新资料进行评审。

③ 投标人有以下情形之一的，评标委员会应当否决其投标：

a. 招标文件中"投标人须知"规定的任何一种情形的。

b. 串通投标或弄虚作假或者有其他违法行为的。

c. 不按评标委员会要求澄清、说明或补正的。

④ 投标报价有算术错误的，评标委员会按以下原则对投标报价进行修正，修正的价格经投标人书面确认后具有约束力。投标人不接受修正价格的，评标委员会应当否决其投标。

a. 投标文件中的大写金额与小写金额不一致的，以大写金额为准。

b. 总价金额与依据单价计算出的结果不一致的，以单价金额为准修正总价，但单价金额小数点有明显错误的除外。

2）详细评审：评标委员会按照综合评估法"分值构成与评分标准"规定的量化因素和分值进行打分，并计算出综合评估得分。评标办法对承包人建议书中的设计文件评审有特殊规定的，从其规定。

① 按承包人建议书评分标准规定的评审因素和分值，对承包人建议计算出得分 A。

② 按资信业绩评分标准规定的评审因素和分值，对资信业绩部分计算出得分 B。

③ 按承包人实施方案评分标准规定的评审因素和分值，对承包人实施方案计算出得分 C。

④ 按投标报价评分标准规定的评审因素和分值，对投标报价计算出得分 D。

⑤ 按其他因素评分标准规定的评审因素和分值，对其他因素计算出得分 E。

投标人得分 $= A + B + C + D + E$

注意：评分分值计算保留小数点后两位，小数点后第三位"四舍五入"。评标委员会发现投标人的报价明显低于其他投标报价，或者在设有标底时明显低于标底，使得其投标报价可能低于其个别成本的，应当要求该投标人做出书面说明并提供相应的证明材料。投标人不能合理说明或者不能提供相应证明材料的，评标委员会应当认定该投标人以低于成本报价竞标，应当否决其投标。

3）投标文件的澄清和补正：在评标过程中，评标委员会可以书面形式要求投标人对所提交的投标文件不明确的内容进行书面澄清或说明，或者对细微偏差进行补正。澄清、说明和补正不得改变投标文件的实质性内容。投标人的书面澄清、说明和补正属于投标文件的组成部分。

评标委员会不接受投标人主动提出的澄清、说明和补正。

评标委员会对投标人提交的澄清、说明或补正有疑问的，可以要求投标人进一步澄清、说明或补正，直至满足评标委员会的要求。

4）评标结果：评标委员会完成评标后，应当向招标人提交书面评标报告。除"投标人须知"前附表明确招标人授权评标委员会直接确定中标人外，评标委员会按照得分由高到低的顺序推荐中标候选人。

（2）经评审的最低投标价法　该评标方法的评标程序包括初步评审、详细评审、投标文件的澄清和补正、评标结果，其程序与"综合评估法"相同。

1）初步评审：初步评审的程序完全同"综合评估法"，经评审的最低投标价法初步评审增加两项内容，即"承包人建议书评审"和"承包人实施方案评审"。而"综合评估法"将此两项内容纳入打分项。两种评标方法的初步评审其他内容和要求基本相同。

2）详细评审：评标委员会按照详细评审标准"付款条件"等规定的量化因素和标准进行价格折算，计算出评标价，并编制价格比较一览表。

投标报价注意事项同"综合评估法"。

3）投标文件的澄清和补正：内容和要求同"综合评估法"。

4）评标结果：内容和要求同"综合评估法"。

（五）合同条款及格式

根据《标准设计施工总承包招标文件》，合同条款及格式由合同条款和合同附件格式组成，其中合同条款包括通用合同条款和专用合同条款。合同附件格式包括合同协议书、履约担保和预付款担保格式。根据住房和城乡建设部、市场监督管理总局《建设项目工程总承包合同（示范文本）》（GF-2020-0216），工程总承包合同由合同协议书、通用合同条件和专用合同条件三部分组成。后者将合同协议书前移，"条款"改成"条件"，基本结构与内容两者相似，具体内容有局部调整。合同通用合同条款可以选择工程总承包合同（示范文本）的"通用合同条件"，专用合同条款和合同协议书应选择《标准设计施工总承包招标文件》中专用合同条款和合同协议书的格式，参照合同（示范文本）的"专用合同条件"，并根据项目具体特点和需要进行补充、修改，形成招标项目的专用合同条款和合同协议书。

1. 通用合同条款

依据合同（示范文本）的通用合同条件，主要条款内容包括以下几项。

（1）一般约定 包括：词语定义和解释，语言文字，法律，标准和规范，合同文件的优先顺序，文件的提供和照管，联络，严禁贿赂，化石、文物，知识产权，保密，《发包人要求》和基础资料中的错误，责任限制，建筑信息模型技术的应用。

（2）发包人 包括：遵守法律，提供施工现场和工作条件，提供基础资料，办理许可证和批准，支付合同价款，现场管理配合，其他义务。

（3）发包人的管理 包括：发包人代表，发包人人员，工程师，任命和授权，指示，商定或确定，会议。

（4）承包人 包括：承包人的一般义务，履约担保，工程总承包项目经理，承包人人员，分包，联合体，承包人现场查勘，不可预见的困难，工程质量管理。

（5）设计 包括：承包人的设计义务，承包人文件审查，培训，竣工文件，操作和维修手册，承包人文件错误。

（6）材料、工程设备 包括：实施方法，材料和工程设备，样品，质量检查，由承包人试验和检验，缺陷和修补。

（7）施工 包括：交通运输，施工设备和临时设施，现场合作，测量放线，现场劳动用工，安全文明施工，职业健康，环境保护，临时性公用设施，现场安装，工程照管。

（8）工期和进度 包括：开始工作，竣工日期，项目实施计划，项目进度计划，进度报告，提前预警，工期延误，工期提前，暂停工作，复工。

（9）竣工试验 包括：竣工试验义务，延误的试验，重新试验，未能通过竣工试验。

（10）验收和工程接收 包括：竣工验收，单位/区段工程的验收，工程的接收证书，竣工退场。

（11）缺陷责任与保修 包括：工程保修的原则，缺陷责任期，缺陷调查，缺陷修复后的进一步试验，承包人出入权，缺陷责任期终止证书，保修责任。

（12）竣工后试验 包括：竣工后试验的程序，延误的试验，重新试验，未能通过竣工后试验。

（13）变更与调整 包括：发包人变更权，承包人的合理化建议，变更程序，暂估价，暂列金额，计日工，法律变化引起的调整，市场价格波动引起的调整。

（14）合同价格与支付 包括：合同价格形式，预付款，工程进度款，付款计划表，竣工结算，质量保证金，最终结清。

（15）违约　包括：发包人违约，承包人违约，第三人造成的违约。

（16）合同解除　包括：由发包人解除合同，由承包人解除合同，合同解除后的事项。

（17）不可抗力　包括：不可抗力的定义，不可抗力的通知，将损失减至最小的义务，不可抗力后果的承担，不可抗力影响分包人，因不可抗力解除合同。

（18）保险　包括：设计和工程保险，工伤和意外伤害保险，货物保险，其他保险，对各项保险的一般要求。

（19）索赔　包括：索赔的提出，承包人索赔的处理程序，发包人索赔处理的程序，提出索赔的期限。

（20）争议解决　包括：和解，调解，争议评审、仲裁或诉讼，争议解决条款效力。

具体条款内容参见《建设项目工程总承包合同（示范文本）》（GT-2020-0216）。

2. 专用合同条款

根据《建设项目工程总承包合同（示范文本）》（GT-2020-0216）专用合同条件，与通用合同条件相对应，结合《标准设计施工总承包招标文件》和项目特点确定相应的内容，并予以填写。

3. 合同协议

合同协议一般包括内容有：工程概况，合同工期，质量标准，签约合同价与合同价格形式，工程总承包项目经理，合同文件构成，承诺，订立时间，订立地点，合同生效，合同份数等。

具体合同协议内容应结合招标项目特点和实际情况确定。

（六）发包人要求

发包人要求是指构成合同文件组成部分的名为"发包人要求"的文件，其中列明工程的目的、范围、设计与其他技术标准和要求，以及合同双方当事人约定对其所做的修改或补充。它是发包人在招标前开展准备工作的指引，也是招标文件的重要组成部分，还是发包人项目目标的具体体现，更是发承包双方权利义务关系的落脚点。在工程总承包的不同发包阶段，不同合同计价模式，相应的"发包人要求"的重点和深度均有差别。

"发包人要求"应尽可能清晰准确，对于可以进行定量评估的工作，"发包人要求"不仅应明确规定其产能、功能、用途、质量、环境、安全，还要规定偏离的范围和计算方法，以及检验、试验、试运行的具体要求。

"发包人要求"通常包括但不限于以下内容：

1. 功能要求

1）工程的目的。

2）工程规模。

3）性能保证指标（性能保证表）。

4）产能保证指标。

2. 工程范围

1）概述。

2）包括的工作。

① 永久工程的设计、采购、施工范围。

② 暂时工程的设计与施工范围。

③ 竣工验收工作范围。

④ 技术服务工作范围。

⑤ 培训工作范围（包括对发包方人员进行的培训）。

⑥ 保修工作范围。

3）工作界区。

4）发包人提供的现场条件。包括施工用电、用水、排水。

5）发包人提供的技术文件。

除另有批准外，承包人的工作需要遵照发包人的下列技术文件：

① 发包人需求任务书。

② 发包人已完成的设计文件。

3. 工艺安排或要求（如有）

4. 时间要求

1）开始工作时间。

2）设计完成时间。

3）进度计划。

4）竣工时间。

5）缺陷责任期。

6）其他时间要求。

5. 技术要求

1）设计阶段和设计任务。

2）设计标准和规范。

3）技术标准和要求。

4）质量标准。

5）设计、施工和设备监造、试验（如有）。

6）样品。

7）发包人提供的其他条件，如发包人或其委托的第三人提供的设计、工艺包、用于试验检验的工器具等，以及据此对承包人提出的予以配套的要求。

6. 竣工试验

1）第一阶段，如对单车试验等的要求，包括试验前准备。

2）第二阶段，如对联动试车、投料试车等的要求，包括人员、设备、材料、燃料、电力、消耗品、工具等必要条件。

3）第三阶段，如对性能测试及其他竣工试验的要求，包括产能指标、产品质量标准、运营指标、环保指标等。

7. 竣工验收

8. 竣工后试验（如有）

9. 文件要求

1）设计文件，及其相关审批、核准、备案要求。

2）沟通计划。

3）风险管理计划。

4）竣工文件和工程的其他记录。

5）操作和班修手册。

6）其他承包人文件。

10. 工程项目管理规定

1）质量。

2）进度，包括里程碑进度计划（如有）。

3）支付。

4）HSE（健康、安全与环境管理体系）。

5）沟通。

6）变更。

11. 其他要求

1）对承包人的主要人员资格要求。

2）相关审批、核准和备案手续的办理。

3）对项目业主人员的操作培训。

4）分包。

5）设备供应商。

6）缺陷责任期的服务要求。

"发包人要求"的附件有：性能保证表，工作界区图；发包人需求任务书；发包人已完成的设计文件；承包人文件要求；承包人人员资格要求及审查规定；承包人采购审查与批准规定；材料、工程设备和工程试验规定；竣工试验规定；竣工后试验规定；工程项目管理规定。

（七）发包人提供的资料

发包人提供的资料，除项目概况外，还需要提供下列资料：

1）施工场地及毗邻区域内的供电、供水、排水、供气、供热、通信、广播电视等地下管线资料、气象和水文观测资料，相邻建筑物和构筑物地下工程的有关资料，以及其他与建设工程有关的原始资料。

2）定位放线的基准点、基准线和基准标高。

3）发包人取得的有关审批、核准和备案的材料，如规划许可证、建设用地许可证。

4）其他资料。

（八）投标文件格式

投标文件格式是为投标人的投标文件提供固定的格式和编排顺序，以规范投标文件的编制，同时便于评标委员会评标。

（九）价格清单的编制

招标文件中的价格清单由价格清单说明，价格清单（包括勘察设计费清单、工程设备费清单、必备的备品备件费清单、建筑安装工程费清单、技术服务费清单、暂估价清单，其他费用清单）等组成。

价格清单编制具体方法和内容详见本书第五章。

（十）招标控制价（最高投标限价）或标底的编制

招标控制价（最高投标限价）或标底的编制应与招标文件的内容相关，具体编制方法和内容详见本书第五章。

（十一）招标文件编制应注意的问题

1. 招标文件应体现建设项目的特点和要求

招标文件涉及内容较广，专业较多，编制时必须认真阅读研究有关设计与技术文件，与招标人充分沟通，了解招标项目的特点和需求，包括项目概况、性质、审批情况、资格审查方式、发包人要求、评标方法、合同计价类型、发包特点、工期要求等。

编制招标文件应按规定使用标准招标文件，结合招标项目特点和需求，参考以往同类项目的招标文件进行调整、完善。

2. 招标文件必须明确投标人实质性响应的内容

招标文件中需要投标人做出实质性响应的所有内容，如招标范围、工期、投标有效期、质量要求、技术标准和要求等应具体、清晰、无歧义，且以醒目的方式提示，避免使用原则性的、模糊的或者容易引起歧义的词句。

3. 防范招标文件中的违法、歧视性条款

招标文件编制必须遵守和执行国家招标投标法律法规、规章和有关规定，严格防范招标文件中出现违法、歧视、倾向性条款，限制、排斥或保护潜在投标人，并要公平合理划分招标人和投标人的风险责任。

4. 保证招标文件格式、合同条款的规范一致

编制的招标文件应保证格式文件、合同条款规范一致，从而保证招标文件逻辑清晰、表达准确，避免产生歧义和争议。招标文件语言要规范、简练。

5. 工程总承包项目的招标文件编制应注意介入时点的确定

第二节　工程总承包投标

一、工程总承包资格预审申请文件的编制

为了确保投标人满足招标项目的资格条件，招标人须对投标人进行资格审查。如前所述依法必须招标的项目，如果采用资格预审，应当使用国家发改委会同其他有关部门制定的"标准资格预审文件"。资格预审申请文件是潜在投标人取得资格预审文件后，按照资格预审文件的要求，编制参与资格预审的申请文件。

（一）资格预审申请文件的编制内容

1）封面和目录。

2）资格预审申请函。

3）法定代表人身份证明和授权委托书。

4）联合体协议书。

5）申请人基本情况表。

6）近年财务状况表。

7）近年完成的类似项目情况表。

8）正在施工的和新承接的项目情况表。

9）近年发生的诉讼及仲裁情况。

10）其他材料。

（二）资格预审申请文件编制的注意事项

资格预审申请文件是潜在投标人能否通过审查，进而参加投标的重要文件，因此在编写文件时，注意以下事项。

1. 需要认真阅读、理解资格预审文件

资格预审申请文件是按照资格预审文件的要求进行编制的，因此认真阅读、理解资格预审文件，是正确编制资格预审申请文件的前提，特别是对于项目建设情况、申请人资格要求、不得存在的情形以及资格审查方法。只有认真阅读、理解资格预审文件，才能在编制资格预审申请文件时，避免出现因理解错误或不当而导致申请文件被拒绝的情况。

2. 确认是否存在资格预审文件规定的不得存在的情形

资格预审文件中规定了申请人不得存在的情形，申请人应逐一对照，存在任一情形的，资格审查将不通过。

3. 提供满足资质条件、能力和信誉的充分证明

资格预审文件规定：申请人应具备承担本项目的资质条件、能力和信誉。

（1）资质条件　申请人按申请人须知前附表中的具体要求提供证明材料，以证明申请人具有规定的资质条件。工程总承包项目一般情况下会对总承包或设计、施工提出资质条件要求，申请人要充分了解招标人提出要求的准确的标准，特别是资质要求的描述，以及各资质等级之间的关系，当认为可能存在理解差异时，不可自以为理解正确，应当通过向招标人提出疑问的方式明确。

（2）财务要求　申请人按申请人须知前附表中的具体要求提供证明材料，注意对于财务要求需提供的材料，是要求提供财务会计报告，还是企业会计报表。会计报告由会计报表、会计报表附注和财务情况说明书组成。会计报表按其反映的内容不同，分为资产负债表、损益表（利润表）、现金流量表。同时有无编制单位的要求，财务情况的要求年份是否与招标时间、财务报告出具时间的关系相匹配。

（3）业绩要求　申请人按申请人须知前附表中的具体要求提供证明材料；工程总承包资格预审文件会对申请人提出设计施工总承包或设计业绩要求和施工业绩要求，特别是对于类似业绩的要求是否表述明确。一般类似项目是指与招标项目在结构形式、使用功能、建设规模相同或相近的项目。对于申请人参与的项目的资格预审文件，是否明确地界定了类似业绩的衡量标准，什么样的业绩才是招标人认定的类似业绩，如果未描述或描述得不明确，申请人一定要向招标人提出疑问，请招标人明确。

（4）信誉要求　申请人按申请人须知前附表中的具体要求提供证明材料，同时注意资格预审文件中，对信誉的颁发部门要明确，申请人如有疑问，一定要向招标人提出。

（5）项目经理资格　申请人按申请人须知前附表中的具体要求提供证明材料；工程总承包资格预审文件会根据项目的具体情况对项目经理提出要求，也可能要求设计或施工负责人作为项目经理，同时会对申请人提出设计负责人业绩要求和施工负责人业绩要求，项目经理业绩要求的注意事项同以上对申请人业绩要求的注意事项。由于现阶段人员是经常流动的，因此申请人一定要注意招标人要求的项目经理业绩是否存在限制条件，如在什么时间、什么单位、以什么身份完成的业绩要求。

二、工程总承包投标工作流程

对于工程总承包的潜在投标人，投标工作应遵照法律规定的招标程序，按照招标人发出的工程总承包招标文件约定，投标人响应招标并递交投标文件，是一项系统工程。有一个完善、科学、实用的工程总承包投标流程是企业有效管理、保证投标取得成功的重要保障之一。各个愿意并有能力参与工程总承包的企业，应当根据项目所在地的自然情况和监管要求、自身企业的特点，按照工程总承包的内在规律及以往的投标经验，制定工程总承包的工作流程。工程总承包投标流程按照招标投标的法定程序，大致可分为投标前期准备、编制投标文件、评估确认和递交投标文件四部分，如图3-2所示。

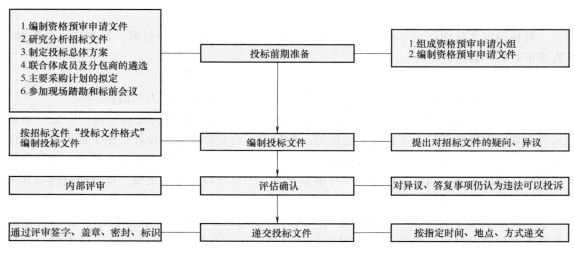

图 3-2　工程总承包投标流程

（一）投标前期准备

1. 编制资格预审申请文件

按照法定的招标程序，招标人如果采用资格预审，将会发出资格预审公告和资格预审文件。潜在投标人在获取资格预审文件后，决定参加该项目资格预审，组成资格预审申请小组，编制资格预审申请文件。

2. 研究分析招标文件

招标人未采用资格预审进行资格审查的项目，会发布招标公告并采用资格后审。潜在投标人或通过资格预审的投标人在获取招标文件，经初步审查、分析、确定参加该项目投标后，应组成投标小组，具体组成人员根据项目和投标人的具体情况确定。投标小组研读、分析工程总承包招标文件提供的外部条件，如项目概况、资金来源、招标范围、质量要求，以及对投标人的要求及评价形式和方法，如资格和业绩要求、是否允许联合体投标、合同价格形式和关键合同条款、发包人要求、发包人提供的资料和评标方法等，如有疑问、异议应在法定时间内，以书面形式向招标人提出。

3. 制定投标总体方案

投标总体方案对投标具有方向性的指引，因此总体方案须根据研究分析招标文件后的投标人资格有关要求、提出的发包人要求和评标方法，结合企业的具体实际，确定拟采用何种方案和策略投标。投标人的目标是按法律法规和招标文件的要求，通过竞争择优的过程，最终成为中标人，签订项目合同、履行合同，实现收入和利润。投标策略是投标人经营决策的组成部分，指导投标全过程。投标时，必须在法律的规范下，根据企业经营状况和经营目标，既要分析该项目的整体特点，还要考虑自身的优势和劣势，以及竞争的激烈程度，从而确定投标策略。特别是投标报价的策略可能影响到项目实施后的效益，但是如果不能成为中标人，就不可能签订合同，经济效益更是无从谈起。

4. 联合体成员及分包商的遴选

根据工程总承包招标文件，允许联合体投标，同时总承包的范围的非主体部分有分包的需求，需要进行联合体成员及分包商的遴选，遴选的标准应考虑招标文件中对联合体成员的要求、本企业以往联合体合作的单位情况及对合作过的联合体成员评价，未合作过企业的评估。据此可列出拟合作的单位列表，进行比较后拟定联合体成员的遴选名单。

5. 主要采购计划的拟定

如果工程总承包招标文件的招标范围包含了采购内容，则需要拟定采购计划。采购计划的拟定，需要根据招标文件的要求。现阶段因为工程总承包的模式，具体工作内容、范围边界与责任风险的划分，国内尚无成熟、稳定的做法，采用该模式招标，招标人对工程设计细节和施工的调控影响力又较小，作为出资的招标人，一般会在总承包合同中约定采购时招标人的权利，这是拟定采购计划时要考虑的因素。

6. 参加现场踏勘和标前会议

如果招标文件约定招标人要组织潜在投标人对项目实施现场的地形地质条件、周边和内部环境进行实地踏勘了解，并召开投标预备会和介绍有关情况，潜在投标人应参加，这样可以更好地了解项目具体情况，也可以面对面与招标人沟通。

（二）编制投标文件

投标小组在投标准备工作完成后，即可进行投标文件的编制。工程总承包投标文件编制时，应重点考虑内容包括但不限于价格清单、承包人建议书、承包人实施方案、资格审查资料等。其中价格清单、承包人建议书、承包人实施方案还应考虑投标的总体规划、准备技术方案、设计规划与方案、施工方案制定、采购策略制定、整体管理方案规划、工程总承包管理计划、工程总承包管理组织和协调、工程总承包管理控制、工程总承包的联合体及分包策略、商务方案规划、成本分析、风险评估、建立报价模型计算投标价等内容。

（三）评估确认

工程总承包投标文件经投标小组初步编制完成后，一般按照质量管理程序应该有对投标文件进行评估和最终确认的程序，评估程序也可以看成投标企业自身投标文件评审的一次评标预演。投标文件的评估是根据法律法规、招标文件，对编制的投标文件进行评估，主要对拒绝投标的法定条件和招标文件约定的条件与投标文件的描述和证明材料进行对照；按照评标办法的要求进行投标文件的形式、资格、响应性进行初步评估；按照评标办法、因素和标准、主要合同条款、技术规范对投标文件进行分析、比较和评审，以便发现疏漏、理解歧义、描述不正确等情况，进行修改完善。如对某些条款的理解存在歧义，或认为招标文件有违反法律法规的规定，要使用投标人疑问和异议的法定权利，在法定时间即投标截止时间10日前以书面形式向招标人提出疑问或异议，并可与招标人沟通。评估尽量做到投标文件对招标文件评标办法中初步评审的形式、资格、响应性不出现否决投标情况，进行客观评价部分不失误；对商务和报价进行评估，最终确定不低于成本的投标价，从而完成投标文件的评估确认程序。特别注意评估确认的时间安排，应当在法定的提出疑问、异议的时间前完成。

（四）递交投标文件

经过评估、修订和确认后，如果需要纸质投标文件，可以按招标文件要求打印，并按要求签字、盖章，同时应严格依据招标文件要求的装订、密封、标识投标文件，按照规定的时间、地点、方式递交投标文件，并根据招标文件规定的方式和金额提交投标保证金。

三、工程总承包投标文件的组成及内容

投标文件是投标人根据招标文件的要求所编制的，向招标人发出的要约文件。投标文件应对招标文件有关工期、投标有效期、质量要求、技术标准和要求、招标范围、投标函和报价清单的格式内容等实质性内容做出全面具体的响应。如前所述依法必须招标的工程总承包项目，应当使用国家发改委会同其他有关部门制定的《标准设计施工总承包招标文件》。潜在投标人应当按照招标文件的要求编制投标文件，《标准设计施工总承包招标文件》"第七章 投标文件格式"中，给定了投标人应当遵循的"投标文件格式"。投标文件组成包括封面、投标函及投标函附录、法定代表人身份证明或授权委托书、联合体协议书、投标保证金、价格清单、承包人建议书、承包人实施方案、资格审查资料和其他资料等。具体内容如下：

1. 封面目录和投标函及投标函附录

（1）封面格式　包括下列内容：项目名称、标识出"投标文件"这四个字、投标人名称和单位印章、法定代表人或其委托代理人签字、时间。

目录按投标文件给出的格式内容编制，尽量不做修改。

（2）投标函及其附录　投标人按照招标文件的条件和要求，向招标人提交的有关投标报价、工期、质量目标等要约主要内容的函件，是投标人为响应招标文件相关要求所做的概括性核心函件，一般位于投标文件的首要部分，其内容、格式必须符合招标文件的规定。投标人提交的投标函内容、格式需严格按照招标文件提供的统一格式编写，不得随意增减内容。

2. 法定代表人身份证明或授权委托书

（1）法定代表人身份证明　在招标投标活动中，法定代表人代表法人的利益行使职权，全权处理一切民事活动。因此，法定代表人身份证明十分重要，用以证明投标文件签字的有效性和真实性。

（2）授权委托书　若投标人的法定代表人不能亲自签署投标文件进行投标，则法定代表人需授权代理人全权代表其在投标过程和签订合同中执行一切与此有关的事项。

3. 联合体协议书

凡招标文件允许联合体参与投标的，联合体成员均应签署并提交联合体协议书。投标文件需要提交联合体协议书时，须着重考虑以下几点：

1）采用资格预审且接受联合体投标的招标项目，投标人应在资格预审申请文件中提交联合体协议书正本。当通过资格预审后递交投标文件时，只需提交原联合体协议书副本或正本复印件，可不再要求投标人提交联合体协议书正本，以防止前后提交两个正本可能出现差异而导致投标人资格失效。

2）项目招标采用资格后审时，如接受联合体投标，则投标文件中应提交联合体协议书正本。

4. 投标保证金

招标人为了防止因投标人撤销或者反悔投标的不当行为而使其蒙受损失，因此可以要求投标人按规定形式和金额提交投标保证金，并作为投标文件的组成部分。

5. 价格清单

设计施工总承包投标人应该按照招标文件中提供的投标报价格式和内容要求，编制投标价格清单文件。价格清单应与招标文件中投标人须知、专用合同条款、通用合同条款、发包人要求等一起阅读和理解。

投标人根据招标文件及相关信息，依据工程总承包计价规范的规则，计算出投标报价，并在此基础上研究投标策略，提出反映自身竞争能力的报价。可以说，投标报价对投标人竞标的成败和将来实施项目的盈亏具有决定性作用。

按招标文件规定格式编制、填写投标报价表及相关内容和说明等报价文件是投标文件的核心内容，招标文件往往要求投标人的法定代表人或其委托代理人对报价文件内容逐页亲笔签署姓名，并不得进行涂改或删减。

6. 承包人建议书和承包人实施方案

承包人技术建议书及实施方案通称为技术、服务和管理方案，既是投标文件重要技术文件，又是编制投标报价的基础，同时，是反映投标企业技术和管理水平的重要标志，一般是评标的技术、方案评审的重要内容，投标人需要认真组织编制。

首先，招标文件已明确了投标人编写技术、服务和管理方案的大纲要求。投标人应结合招标项目特点、难点和需求，研究项目技术、服务和管理方案，并根据招标文件统一格式和要求阐述、编制。建议书和方案编制必须层次分明、简明扼要，具有逻辑性，突出项目特点、重点、难点以及招标人需求点，并能体现投标人的技术水平和能力特长。

其次，技术、服务和管理方案尽可能采用一些图表形式，直观、准确地表达方案的意思和作用。

建议书和实施方案既是考核投标人技术与管理水平的依据，又是投标人投标决策承诺的根据，也是投标人中标后组织实施的必要准备，因此需要投标人高度重视此部分内容。

7. 资格审查资料

招标文件给出了需要投标人提供其具有符合招标要求资格条件的证明材料及格式，包括投标人基本情况表、近年财务状况表、近年完成的类似项目情况表、正在实施的和新承接的项目情况表、近年发生的重大诉讼及仲裁情况、拟投入本项目的主要施工设备表、拟配备本项目的试验和检测仪器设备表、项目管理机构组成表、主要人员简历表。其中"主要人员简历表"中的项目经理应附项目经理证明文件、身份证、职称证、学历证、养老保险复印件，管理过的项目业绩须附合同协议书复印件；设计、施工、采购负责人应附身份证、职称证、学历证、养老保险复印件，以及设计、施工负责人的执业资格证书复印件，管理过的项目业绩须附证明其所任技术职务的企业文件或用户证明；其他主要人员应附职称证（执业证或上岗证书）、养老保险复印件。

8. 其他资料

投标人提交的其他材料包括两部分：一是招标文件的投标人须知、评审办法等有要求，但申请文件格式中没有表述的内容；二是招标文件中没有要求提供，但投标人认为对自己比较重要的资料。

第三节 工程总承包招标投标案例

［案例 3-1］

案例背景：某市科技双创园一期产业园设计施工（EPC）总承包项目，招标人为某市国有投资有限公司，资金来源为自筹，工程总承包（设计施工总承包）招标开始时点为初步设计完成后。招标范围：施工图设计及后续施工。发布招标文件时公布了初步设计文件及审查意见，项目前期完成时已公布了项目建议书、可行性研究报告。

项目招标的中标候选人公示期间，该项目投标人向招标人提出异议：经查询公开资料，推荐的本项目的中标人之一为项目前期初步设计的中标人，并附有查询的本项目初步设计中标人公示的截图材料。同时称：根据《房屋建筑和市政基础设施项目工程总承包管理办法》（住建部建市规〔2019〕12 号文，以下简称"12 号文"）第十一条规定，"政府投资项目的项目建议书、可行性研究报告、初步设计文件编制单位及其评估单位，一般不得成为该项目的工程总承包单位。政府投资项目招标人公开已经完成的项目建议书、可行性研究报告、初步设计文件的，上述单位可以参与该工程总承包项目的投标，经依法评标、定标，成为工程总承包单位"。根据项目所在地招标投标管理部门发布的《××市政府投资工程总承包项目招标指引》（以下简称"指引"）的规定，"工程总承包项目招标人公开已完成的项目建议书、可行性研究报告、勘察设计文件、方案设计、初步设计文件编制的，其编制单位可参与工程总承包项目的投标"。本项目招标过程中未提供项目建议书、可行性研究报告和初步设计完整文件，与规定明显不符，有失公平。

案例分析：异议主要有三项：一是本项目中标人是初步设计中标人；二是违反政府投资项目的规定；三是未完整提供本项目的项目建议书、可行性研究报告和初步设计文件，与规定明显不符，前期咨询文件编制单位不能参与投标。

首先理清楚异议的依据，什么是政府投资，《政府投资条例》（中华人民共和国国务院令第 712 号）第二条规定，"本条例所称政府投资，是指在中国境内使用预算安排的资金进行固定资产投资建设活动，包括新建、扩建、改建、技术改造等"。即使用预算安排资金投资的为政府投资。由案例背景可知，本项目的招标人为某市国有投资有限公司，资金来源为自筹，因此可认定：招标人为企业，项目为企业自筹资金建设，并非政府投资项目，不属于政府投资项目，不适用 12 号文第十一条的有关规定。

其次理清楚，对于"××市指引"中规定在工程总承包招标不同时点，需要公布前期的什么设计文件，前期咨询单位可以参加投标。项目建议书、可行性研究报告、初步设计文件是建设程序中的不同时点的成果文件，前期成果文件为后期设计的依据。如：初步设计是施工图设计编制的依据，初步设计审查时提出的问题和初步设计遗留的问题，都应在施工图设计中修正和完善，而不是去完善初步设计前的成果文件；同时，项目前期完成时已公布了项目建议书、可行性研究报告，在发布招标文件时又公布了初步设计文件及审查意见。因此可以得出结论，在工程总承包招标不同时点，仅需要公布该节点前一个设计成果文件，异议的理解有误。

结论：本项目是企业投资项目，不适用 12 号文第十一条的有关规定。如果是政府投资项目，在工程总承包不同时点，只要招标人公布该时点前一个设计成果文件，前期咨询编制单位及其评估单位可以参加投标，经依法评标、定标，成为工程总承包单位。

第四章

工程总承包合同管理

第一节　工程总承包合同类型及内容

一、合同类型

（一）工程合同分类

《中华人民共和国民法典》合同编（以下简称"《民法典》"）第七百八十八条规定："建设工程合同是承包人进行工程建设，发包人支付价款的合同。建设工程合同包括工程勘察、设计、施工合同。"建设工程合同还包括工程监理合同、工程咨询合同、工程材料设备采购合同，以及与工程建设有关的其他合同。工程合同种类很多，可以从不同的角度进行分类。

（1）按承包的工作性质划分　勘察合同、设计合同、工程监理合同、施工合同、材料设备采购合同和其他工程咨询合同等。

（2）按承包的工程范围划分　项目总承包合同、施工总承包合同，专业分包合同和劳务分包合同等。

（3）按合同计价方式划分　总价合同、单价合同、成本加酬金合同等。

（二）工程总承包合同类型

发包人和工程总承包商之间的关系，很大程度上是根据项目所采用的合同定价类型及承包商的收款方式而决定的。最普遍的合同定价类型是总价合同、单价合同。每种合同类型各具特色，这些特色将会影响双方的权利和义务。

1. 总价合同

建设项目的总价合同也称作建设项目总价包干合同，即根据施工招标时的要求和条件，当施工内容和有关条件不发生变化时，发包人付给承包商的价款总额就不发生变化。总价合同具有价格固定、工期不变的特点。发包人比较喜欢采用，实施管理比较简单，工程师不必随时量方算价，可以集中精力抓质量和进度。对于承包商也如此，可以专心抓工程建设，同时可减少为支付产生的许多矛盾。其缺点是风险偏于承包商，对发包人有利。

总价合同又可以分为固定总价合同和可调总价合同。

（1）固定总价合同　固定总价合同的价格计算是以方案设计或初步设计和发包人要求，以及有关规定、规范为基础，发承包双方就建设项目通过招标投标而确定的一个固定总价。由承包商一次包死，不能变化。采用这种合同，合同总价只有在设计和工程范围有所变更的情况下才能随之做相应的变更，除此之外，合同总价是不能变动的。采用固定总价合同，总承包商要承担实物工程量、工程单价、地质条件、气候和其他一切客观因素造成亏损的风险。在合同执行过程中，承发包双方均不能因为工程量、设备、材料价格、工资等变动和地质条件恶劣、气候恶劣等理由，提出对合同总价调值的要求，因此承包商要在投标时对一切费用的上升因素做出估计并包含在投标报价之中。因此，这种形式的合同适用于工期较短，对最终产品的要求又非常明确的工程项目。

（2）可调总价合同　可调总价合同的总价一般也是以方案设计或初步设计和发包人要求，以及有关规定、规范为计算基础，通过招标投标而确定，但它是按"时价"进行计算的，这是一种相对固定的价格。在合同执行过程中，由于通货膨胀而使所用的工料成本增加，因而对合同总价进行相应的调整，即合同总价依然不变，只是增加调整条款。因此可调总价合同均明确列出有关调整的特定条款，往往是在专用合同条件或合同协议书中列明。

2. 单价合同

单价合同是指承包商按发包人提供的工程量清单内的分部分项工程内容填报单价，并据此签订承包合同。在工程总承包项目发包中，部分项目存在不明确或不确定因素，如大型土石方工程、照明工程等，采用单价合同形式。单价合同其总价则是按照实际完成的工程量与合同单价计算确定，合同履行过程中无特殊情况一般不得变更单价。总承包商在签承包协议时，中标后的工程量清单表是重要的合同文件，表中的工程量是估算的，仅作为投标竞价时共同计算的基础，而实际结算时以实际完成的工程量计价结算。

（1）固定单价合同　这也是经常采用的合同形式，特别是在设计或其他建设条件（如地质条件）还不太落实的情况下，而以后又需增加工程内容或工程量时，可以按单价适当追加合同内容。在每月（或每阶段）进行工程结算时，根据实际完成的工程量结算，在工程全部完成时以竣工图的工程量最终结算工程总价款。

（2）可调单价合同　合同单价可调，一般是在工程招标文件中规定。在合同中签订的单价，根据合同约定的条款，如在工程实施过程中物价发生变化等，可做调整。有的工程在招标或签约时，因某些不确定因素而在合同中暂定某些分部分项工程的单价，在工程结算时，再根据实际情况和合同约定合同单价进行调整，确定实际结算单价。

（三）工程总承包合同特点

1）一般情况下，合同的价格是总价包死，合同工期是固定不变的。

2）工程总承包商承担的工作范围大了，合同约定的承包内容包括设计、设备采购、施工、物资供应、设备安装、保修等。发包人根据需要可将部分工作委托给指定分包商，但仍由总承包商负责协调管理。

3）发包人对拟建项目的建设意图通过合同条件中"发包人要求"条款，写明项目设计要求、功能要求等，并在规范中明确质量标准。

4）主要适用于大型基础设施工程，一般除土木建筑工程外，还包括机械及电气设备的采购和安装工作；而且机电设备的造价往往在整个合同额中占相当大的比例。

5）合同实施往往涉及某些专业的技术专利或技术秘密；承包商在完成工程项目建设的

同时，还须将其专业技术的专利知识产权传授给投资人的运行管理人员。

二、合同管理的基本内容

（一）工程总承包全面合同管理

1. 工程总承包合同管理的层次与内容

（1）企业层次的合同管理　总承包商为获取经济利益，促进企业不断发展，其合同管理的重点工作就是了解各种工程信息，组织参加各工程项目的投标工作。对于中标的工程项目，做好合同谈判工作。合同签订后，在合同的实施阶段，承包商的中心任务就是按照合同要求，认真负责地、保质保量地按规定的工期完成工程建设并负责维修。因此，在合同签订后承包方的首要任务就是：选定工程项目的项目经理，负责组织工程项目的经理部及所需人员的调配、管理工作；协调各个正在实施的工程项目之间的人、财、物的安排、使用，重点工程材料和设备的采购供应工作；与发包人协商解决工程项目中的重大问题等。

（2）项目层次的合同管理　总承包商将项目经理和相应的管理部门进行分工和落实责任，负责项目设计和施工等，由他们全面负责工程项目设计、施工过程中的合同管理工作。例如，以成本控制为中心，对于因合同争议所导致的损失加以避免，对于其损失必须进行索赔等。总承包商应合理地建立工程项目组织机构并授予其相应的职权，明确各部门的任务，使项目部的全体成员齐心协力地实现工程项目的总目标，并为企业获取预期的工程利润。

2. 工程总承包合同全面管理

合同管理作为工程项目管理的核心工作，有着重要意义。要实现工程建设目标，就要对整个工程项目、项目建设的全部过程及各个环节的工程活动进行科学管理。工程项目的全面合同管理就是全项目、全过程、全员的管理。

（1）全项目合同管理　全项目合同管理可以从两个层面理解：第一是内部层面，即项目各参与人内部各级职能部门，部门内的普通职员应当实现彼此的互相配合与协作，特别是企业的高管更要尽全力参与项目合同的管理；第二是外部层面，项目各参与人之间要相互协调配合，使大家成为一个有机的项目建设整体。

（2）全过程合同管理　全过程合同管理要求各工程参与人对各自负责的工作，以对合同进行的策划作为起点，对于项目工程的招标投标及对于合同的谈判及签订、切实履行及验收所有的工程项目所进行的有效的管理和控制。

1）合同签订期。工程项目建设之初，要在详细分析建设工程对合同管理可能存在潜在影响因素的基础上，策划与工程项目相关的合同架构。合同管理的分析、策划要注重将工程项目特点与本单位实际工作情况结合起来。进行招标时，要划分详细的工程分标范围，要有利于召集更多的投标人参加，以便更好地控制工程成本，保证工程质量。合同谈判时，应根据工程实际要求确定合同条件，拟订、整理项目合同及有关文件，并结合合同对方的具体情况，确定谈判原则和方案。合同签订工作完成后，要尽量做到将与工程项目有关联的合同及文件、资料进行保留、归档。

2）合同的履行期。这就要求合同的当事人必须依据相关合同的规定切实履行合同中所提到的相关合同义务，对于义务的履行情况必须进行定期的检查，并为此做相关的详细记录加以备案。

3）合同的收尾期。指工程项目经竣工验收合格交付发包人后直到在合同所规定的内容全部予以贯彻履行，其中就包含工程项目的质量保证期。这个时期其实就在工程质量上所存在遗留性的相关问题及关于合同终止等进行处理，并做好合同后评估工作。

（3）全员合同管理　工程项目在合同的管理上往往会涉及相关的职能部门及各层级管理人员、工作人员，任何一个环节的失误都会给合同的全面履行造成不利影响，进而影响整个工程项目的实施。因此，就要求相关项目的管理部门在其建设的过程中必须进行合同的目标管理，真正做到落实到每个环节、每个岗位、每个人。

3. 工程总承包合同管理体系

工程总承包合同管理体系的最终目标就是确保相关工程项目能够顺利实施并且竣工，实现工程质量及工程工期的顺利完成。工程总承包合同管理保证体系主要分为以下四个方面。

（1）合同管理的组织及人员保证　对于工程企业中的相关专业部门及专业型人才实现资源的优化配置，是合同管理组织及人员方面的保证。但是就目前看来，我国建筑市场上有相当一部分的工程项目并没有对专门的组织及专业的人才进行设置。随着建筑市场在各个方面的发展与完善，对于合同管理在要求上逐渐提高。因此，必须建立专业的合同管理部门，配备专业的合同管理人员。

（2）合同管理的规章及制度保证　建立、健全规章制度的目的是形成良好的运行机制，健全的规章制度有利于实现企业对于管理的高效进行，所以对于工程项目而言，要想全面管理合同，一定要制定科学、有效的规则和制度，并严格遵照执行。

（3）合同管理的教育培训保证　合同是一种法律文件，是工程建设顺利实施最重要的保障，而法律知识教育是做好合同管理这项任务的基础条件之一。这就要求对于工程合同的管理必须做到在管理层这个重点基础上实现法律相关培训制度的确立。培养企业的合同管理专家，以提高企业的合同管理水平。

（4）合同管理的监督检查保证　为贯彻执行合同管理制度，首要任务就是建立合同的监督检查制度，由合同管理机构负责工程项目的合同，在其具体的履行实施上进行定期的检查监督，通过调查分析来发现所存在的隐藏性问题，并制订相应的解决方案；其次，对于那些具有重要意义的合同，必须定期做相关的报告，实现对它的充分监控，避免问题的出现；最后，制定相应的处罚办法，对违反合同管理制度的行为进行惩戒。

（二）工程总承包合同管理的主要环节

建设工程对其合同进行全面性管理的主要环节可分为合同策划管理、合同招标管理、合同控制管理及合同变更管理。

1. 合同策划管理

（1）合同总体策划的主要作用

1）合同总体策划工作对工程项目的组织架构、管理体制，以及对工程项目各参与人的权利义务和工作划分起着决定性作用，对全部工程项目的管理有着基础性影响。

2）合同总体策划工作明确了合同各方之间的权利义务，可以正确处理工程项目建设实施过程中合同双方存在的关系，防止由于关系的恶化而影响整个工程项目的正常进行。

3）合同总体策划是拟定招标文件和合同文件的依据。

4）合同是工程项目能够顺利实施的重要保证，科学合理的策划有助于合同各方建立和谐关系，避免发生不必要的争端，使合同得到完全履行，顺利实现项目整体目标。

（2）合同整体策划的主要依据

1）工程本身的依据：包含工程自身的特点、规模，工程的难易程度，业主对于工程的技术要求及工程的范围宽度，相关工期在时间上的弹性变化，工程项目所属的经济特性及存在风险等限制性的条件。

2）工程发包人的依据：主要是发包人本身所具有的资信及资金状况，管理水平及管理力量，经营目标及其确定性，管理方面的实际期望和要求，对承包商的信任程度，对工程质量和工期要求等。

3）工程环境方面的依据：主要有建筑市场的竞争激烈程度，建筑物料及相关设备的价格稳定与否，建筑行业的法律环境，资源供应市场的稳定性，工程发包方式，交易习惯及工程惯例等。

（3）工程合同策划的主要内容　建设工程合同策划实质上就是为了顺利实现工程目标，在合同双方当事人之间公平合理地分配权利义务。建设工程合同策划的主要内容有以下几项。

1）工程项目承包方式选择。当前主要是指采用设计、采购与施工相结合的项目总承包方式，还是采用设计与施工相结合的总承包方式。

2）工程项目分包方案的选择。一项复杂的建设工程，在工程建设过程中经常会遇到专业性质差异非常大的施工内容，例如，机电设备安装和装饰装修施工，需要选择进行总承包还是分别承包。线性工程由于工期要求的差异，一般要分成几个工段进行施工，这样有利于工期目标的实现，如高速公路、输水管道等工程的建设都需分段进行建设。

3）合同类型的选择。一般是指以计价方式对于合同的类型进行划分。选择固定总价合同还是可调总价合同，应根据实际情况合理选择。

4）对合同主要条款的确定。合同主要条款是指根据工程项目建设目标，为保证工程项目顺利实施和完成，对工程合同签订主体在其权利及义务上做明确规定。工程合同应当确定的权利及义务非常庞杂，应当选择较为适合的合同示范文本来确定合同的基本内容。实际工作中进行合同策划时，可根据需要在合同示范文本的基础上，选择和拟订能够满足特殊要求的专用条款。

5）各合同之间的界面管理约定。一项建设工程，每个合同都是为完成工程项目服务的，它们在内容、时间、组织、技术等方面可能存在衔接、交叉，有时还存在矛盾，进行合同策划时要对这些情况综合考虑，制订相应的协调解决方案。

6）工程招标问题的解决。如招标方式的选择、招标文件的编制、评标原则的确定、潜在投标人的甄别等。

（4）合同策划的具体过程

1）首要做的就是分析工作，分析对象包括两个内容：一是企业资质情况。二是建设项目的具体情况。通过分析，确定实施战略，在合同中都要做出明确的规定。

2）对于合同的总体原则及目标进行确定，做到对于合同管理体系的全面建立。

3）对于合同中出现的较大问题应当分层次予以分析，通过分析得出解决问题的方案。

4）对于合同中出现的重大问题应当迅速做出相应的决策并加以安排，并通过分析提出切实可行的措施。这就要求，在对合同进行策划时就要预测到各种问题。

2. 合同招标管理

合同完成前期的策划并拟定相应的合同条件之后，通常合同的签订都是采用招标投标的方式来实现的，之后便是对于合同所规定的各项条件的逐步落实。

（1）招标文件的准备工作　一般情况下，招标工作的第一个环节就是招标文件的起草，招标文件一般都是委托咨询机构来进行起草的，招标文件是整个工程最为重要的文件。招标文件的内容根据工程性质或规模、合同的种类及招标方式的不同而有所差别。

发包人在提供招标文件时应当遵守诚信的基本原则，对于涉及工程建设的相关资料或文件都应当如实、详细透彻地说明，还要做到准确、全面地出具；发包人应当使承包商能够准确及时地理解相关招标文件，或是能够清楚地了解工程规范及工程建设方案或初步设计图，做到准确无误。通常情况下，发包人对于招标文件中条文的正确性承担相应的责任，文件或资料出现问题的情况应当由发包人来负责。

（2）招标及投标的程序　一般招标就要求进行公开招标，通常来说，招标单位的性质及招标的组织实施决定了投标对象；并且合理的中标单位能够确保工程如期交付且质量达标，从而在获得经济效益的同时得到很好的社会效益。

开标后对投标文件进行的分析性工作非常重要，因为正确授标的重要前提便是对于所有投标的文件进行准确分析，对于标后谈判或澄清会议而言，这项流程也是其重要的理论依据。通过对所有的投标文件或资料进行详细谨慎的分析，可以很好地实现工程实施策略的最优化，规避那些不利于工程建设的文件，避免由于自身的疏忽而导致的合同风险，同时还可以在一定程度上减少在合同履行过程中所出现的不必要争端，保证合同能够有效地履行。

（3）合同的签订　通常，在总承包商接收中标通知书前，发包人对于该工程项目最终所要确定的价格及其他关键性的问题，应与所要确定的总承包商进行深层次的谈判。对于投标最高限价与投标价、相同类别的其他工程上的造价，或者资料等各方面进行综合考虑，来确定合同的最终价格。中标通知书发出之后，总承包商必须对工程中将要涉及的技术、经济及材料等问题订立一份周详的承包合同；而发包人则需要对工程的具体实施进度及状况进行检查监督，所依据的就是工程合同里列举的各项条款，并且会根据工程设计和施工过程中的某些具体情况相应调整合同的相关条款。

3. 合同控制管理

（1）合同在实施过程中的控制程序

1）监测。对于工程活动具体实施的监督检测是对目标的控制，具体内容有工程的质量检查表、材料耗用表、分项工程的整体进度表及对于工程整体成本进行核算的凭证等。

2）跟踪。跟踪是对所采集的工程数据及相关的文件资料进行系统整理之后加以归纳总结，进而得出关于工程具体实施状况的相关信息，如各种质量报告、各种实际进度表、各种成本与费用收支报表以及分析报告。将总结得到的新的信息与制定的工程目标对比，发现不同，找出偏差，偏差的程度即工程实施偏离目标的大小，差别小或没有差别的，可以按原计划继续实施。

3）诊断。诊断是指分析差别形成的原因，这就说明正是因为工程设计和施工偏离了最初的目标才会导致差异的出现，必须对其加以分析并找出原因及其产生的影响，分析工程实施的发展趋势。

4）调整。一般情况下，工程实施结果与目标的差别会随着工程量的积累不断加大，最终导致工程实施结果离目标越来越远，甚至导致全部工程项目的失败。因此，在工程实施过程中要不断采取相应的措施予以调整，保证工程实施始终依据合同目标进行。

（2）合同实施控制管理体系　由于工程建设的特点，工程实施过程中的合同管理十分复杂、困难，日常事务性工作非常多。为了使工程实施按计划、有序地进行，必须建立工程总承包合同实施控制管理体系。

1）进行合同交底。确保相关合同在责任上的落实，切实保障目标管理的实行。分析完合同之后，便是合同交底的流程，目标对象是该合同的管理人员，把合同责任落实到各责任人和合同实施的具体环节上。

所谓合同交底，实际上是组织所有的人员对于分析的结果及合同本身进行共同的学习研究，对于合同所涉及的主要内容进行说明和解释，使大家掌握合同的主旨及各项条款和其在工程项目管理上的程序。对于承包商的合同责任、工作范围甚至是其行为所产生的各种法律上的后果，都要充分了解，促进大家从工程建设目标出发，相互协调，避免发生违约行为。

2）建立合同管理工作程序。在工程实施过程中，为了协调各方工作，应建立以下工作程序。

① 定期或不定期的协商、会办制度。在工程建设过程中，参加工程建设的各方之间，以及他们的项目管理部门之间，都应建立定期的协商、会办制度，重大议题和决议应用会议纪要的形式予以记载，各方签署的会议纪要是合同的有机组成部分；通过不定期地召开商讨性的会议，来解决在具体的设计和施工过程中所出现的一些特殊情况及特殊的问题。

② 有必要建立工程合同具体实施的工作程序。特别是对于那些经常性的工作而言，工作程序的建立显得尤为重要。这样做的好处就是程序的建立使大家都能有章可循，具体包括：对于工程变更的程序、工程账单进行审查的程序，或是工程图纸的审批程序、已完成工程的检查验收程序等。虽然这些程序在合同条款中都有约定，但是必须进行详细、具体的规定。

3）建立文档系统。工程项目各阶段的合同管理工作中要注重建立完整的文档系统工作。在合同实施过程中，参加工程建设的各方之间，以及它们内部的项目管理部门和各工作单元之间，都有大量的信息交流。作为合同责任，总承包商必须向发包人提交各种信息、报告、请示。这些都是总承包商说明其工程实施状况，并作为继续进行工程实施、请求付款、获得赔偿及工程竣工的条件。

各项工程资料及相关的合同资料的采集、整理及存档工作都是由专门的合同管理人员来负责的。工程具体实施的过程中会产生工程的原始资料，这就要求相关的职能人员、工作单元、分包商必须提供相应资料，将责任明确落实。

4）工程实施过程中实行严格的检查验收制度。总承包商要对材料和设备质量承担责任，应根据发包人的要求和有关标准采购材料和设备，并提供产品合格证明，以符合质量标准的要求。合同管理人员应积极做好工程质量管理工作，建立能够满足工作要求的质量检查和验收制度。

5）建立报告和行文制度。工程建设各参与方之间的沟通、协调都应采用书面形式，这既符合法律、合同的要求，也是工程建设管理的需要。报告和行文主要包括：①对于工程实施情况的定期报告；②对于具体设计和施工过程中的特殊问题及情况所做的书面性文件；③涉及合同双方的一切工程的相应手续和签收证明。

（3）合同实施控制管理内容

1）合同管理人员与项目的其他职能人员共同落实合同实施计划，为各工作单元、分包商提供必要的保证。

2）在合同约定范围内协调工程建设各参与人及其职能人员、工作单元之间的工作关系，解决合同履行过程中出现的问题。

3）对工作单元和分包商进行工作指导，负责合同解释，对工程实施过程发现的问题提出意见、建议或警告。

4）会同项目管理其他职能人员检查、监督各工作单元和分包商合同履行情况，保证合同得到全面履行。

4. 合同变更管理

（1）工程变更的概念和分类 工程变更是指合同实施过程中，当合同状态改变时，为保证工程实施顺利所采取的对原有的合同内容所进行的部分修改或补充措施，其中包括相关工程项目的变更、设计要求、施工条件及计划进度上的变更等。

1）工程范围变更。包括额外工程、附加工程、工程某个部分的删减、配套的公共设施、道路连接和场地平整的执行方与范围、内容等的变更。

2）工程量变更。包括工程量增加，技术条件、质量要求和施工顺序的改变，设备和材料供货范围、地点标准的改变，服务范围和内容的改变，加快或减缓进度。

（2）工程变更的程序 工程变更的处理程序应该在合同执行的初期确定，并要保持连续。工程变更一般应按照以下程序进行。

1）工程变更的提出。发包人、监理单位或全过程工程咨询单位、总承包商认为原设计方案或技术规范不能适用工程建设实际情况的，都有权向工程师提出变更要求或建议，并提交工程变更建议书。

2）工程变更建议的审查。监理单位或全过程工程咨询单位负责对工程变更建议书进行审查，在审查时要充分与工程建设其他参与方进行协商，对变更项目的单价和总价进行估算，分析由变更导致的工程费用的变化数额。

3）工程变更的批准与设计。总承包商提出的工程变更，经监理单位或全过程工程咨询单位审查由发包人批准；全过程工程咨询单位提出的工程变更应与发包人协商后由发包人审查、批准；发包人提出的工程变更，涉及设计修改的与全过程工程咨询单位协商；监理单位或全过程工程咨询单位提出的工程变更，如果属于合同约定的监理职责内的，监理单位或全过程工程咨询单位可决定，不属于合同约定监理职责内的，由发包人决定。

（3）工程变更的管理

1）由工程变更所引起的责任分析。在合同履行的过程中，工程变更是最为复杂也是为数相当多的，这就使得工程变更所引起的索赔数额也是最大的。工程变更所进行的责任分析主要包括两方面的内容：什么原因导致工程变更；如何对该工程变更进行处理。工程变更这两方面的分析直接关系到合同的赔偿问题，是赔偿的重要参考。通过分析，工程变更的类型有以下两种。

一是关于工程变更上的设计变更。工程在这个方面的变更对于工程量的增减及工程质量上或是具体实施方案上的变化都有影响。工程的发包人在工程变更上所享有的权利是由工程总承包合同所赋予的，这样发包人可以根据工程的实际需要直接下达相关工程设计变更的指令，从而实现在设计上的变更。工程总承包合同履约中，出现此情况较少，除非"发包人要求"改变，大多数为总承包商提出。由于设计由总承包商负责，所提变更只是得到发包人认可，能否追加费用，则视情况而定。

二是工程施工上的方案变更。对于方案变更在其责任的分析上是相对复杂的。首先，总承包商会在投标过程中对工程的具体施工提出相对完备的方案，但是文件中的施工组织设计往往不具有针对性。其次，在施工关键性环节所做的变更会直接影响整个工程的进展，往往会导致整个施工方案的变化，而此时施工方案的责任人同工程设计变更的责任人是一致的；也就是说，如果设计变更的责任人是发包人，那么所引起的方案变更的责任人也应当是发包人。再次，一般由于地质原因所引发的工程上的变更责任是由发包人来承担的，因为地质问题对于总承包商来说是其无法预测的。最后，一般意义上的施工方案改变，则由总承包商负责，产生的费用损失或工期延误，发包人不予认可。另外，相关的地质报告等都是由发包人所提供的，那么发包人完全有责任对于其所提供地质报告的准确性承担相应的责任。在工程变更中，对于施工进度所进行的变更是相当频繁的，通常发包人会在工程的招标文件中确立工程的工期，这样总承包商往往会在标书中体现出该项工程在具体实施上的总计划，并且在总承包商的投标文件中标之后，应当制订一份更为详细透彻的施工计划及安排，然而在该计划具体的实施过程中，每个月都会有工程进度上新的调整和计划，这都是需要由发包人或是工程师批准之后施行的。

2）对于工程变更的合同条款进行分析。这方面应当引起总承包商及发包人的共同注意，特别是对于总承包商而言，分析合同中相应的条款变更是很重要的。当然，合同变更也是在合同规定的范围内开展的，一旦对工程所做的变更超越了合同所规定的范围，那么总承包商对于这些条款有权不予执行。对于工程师或是发包人，在工程变更的认可上必须进行相应的限制。对于工程建设材料的认可往往都是由工程发包人所委托的工程师进行专业的检测来确定的，就是为了保证工程建筑材料良好的质量，但是对于承包人而言无疑是一种高要求。在对于材料的认可方面，若明显不符合所签订的合同规定范围，而且如果工程的总承包商同时具有发包人或相应的工程师对其的书面确认，那么发包人则往往会落入合同索赔的陷阱之中。所以，这就要求所有的合同性文件都要有专业的合同管理人员对其进行法律及专业技术上的分析审查，才会避免合同问题的出现。

三、国内外工程总承包合同文本简介

1. 国外工程总承包合同范本简介

随着工程总承包模式的快速发展，国际上许多咨询组织都制定了工程总承包标准合同范本。

（1）FIDIC工程总承包合同范本　FIDIC1995年版的《设计建造与交钥匙工程合同条件》（橘皮书），适用于设计施工总承包及交钥匙工程总承包模式；2017年版的《生产设备和设计—施工合同条件》（新黄皮书），适用于设计施工工程总承包模式；2017年版的《设计采购施工（EPC）/交钥匙工程合同条件》（银皮书）适用于EPC总承包及交钥匙工程总承包模式。

（2）JCT工程总承包合同范本　早在1981年，英国合同审定委员会就出版了适用于工程总承包模式的《承包商负责设计的标准合同格式》（JCT81），1998年在其基础上出版了新的版本（WCD98）。2005年，JCT出版了最新版本（TCT2005），其中适用于工程总承包的合同文范本是《设计—施工合同》。

（3）ICE 工程总承包合同范本 英国土木工程师学会在 1993 年 3 月出版了"NEC 合同条件"第 1 版，1995 年出版了"新工程合同"（ECC）第 2 版。2005 年，在 1995 年版的基础上出版了第 3 版"新工程合同"（NEC3）。其中该体系中《设计—施工合同条件》适用于承包商承担设计责任的工程总承包项目。

（4）AIA 工程总承包合同范本 美国建筑师学会在 1985 年出版了第 1 版《设计—建造合同条款》，并于 1997 年进行了修订，合同条件的核心是 A201（建设合同通用条件），与设计—建造模式相对应的三个文本是：业主与 DB 承包商之间标准协议书（A191）、DB 承包商与施工承包商之间标准协议书（A191）、DB 承包商与建筑师之间标准协议书（B901）。

（5）AGC 工程总承包合同范本 美国总承包商协会在 1993 年出版了《设计—建造标准合同条件》（简称 AGC400 系列），并于 2000 年进行了修订。

2. 我国工程总承包合同范本简介

我国工程总承包合同范本制定较晚，直到 2011 年才由住建部和国家工商总局联合制定并发布了我国第一部适用于工程总承包模式的《建设项目工程总承包合同示范文本（试行）》（GF-2011-0216）（以下简称"2011 版示范文本"），其适用于所有行业的工程总承包项目。

2020 年 12 月，住建部与市场监管总局两部门联合制定并颁布《建设项目工程总承包合同（示范文本）》（GF-2020-0216）（以下简称"2020 版示范文本"），其适用于房屋建筑与市政基础设施项目工程总承包发承包活动。

2020 版示范文本严格遵循了我国有关法律、法规和规章，并结合工程总承包的特点，按照公平、公正原则约定合同条款，总体上体现了合法性、适宜性、公平性、统一性、灵活性原则。2011 版示范文本与 2020 版示范文本总体结构相近，两者不同之处，请详见本书第二章第五节。

3. 我国 2020 版示范文本与 FIDIC 银皮书的差异比较

我国 2020 版示范文本大量借鉴了 FIDIC《设计采购施工（EPC）/交钥匙工程合同条件》（以下简称"FIDIC 银皮书"）的条款编制原则，但鉴于我国法律和理念制度及我国建筑市场环境状况，有些条款部分采用，有些条款没有采纳。下面在比较研究两者差异的基础上探讨 FIDIC 合同条件在我国合同条款中的适用性问题，有助于加深对这两个合同条款的理解并增强合同意识。

（1）整体结构对比 两个合同示范文本在总体结构上基本一致，我国 2020 版示范文本由合同协议书、通用合同条件和专用合同条件三部分组成，通用合同条件和专用合同条件均由 20 条主要条款组成。FIDIC 银皮书也包括三部分：通用条件，专用条件编写指南，以及投标书、合同协议、争议评审协议。通用条件同样由 20 条主要条款组成，但在条款设置上有一些区别。

我国 2020 版示范文本"定义与解释"中共有 55 项内容，而 FIDIC 银皮书"定义"共有 48 项内容，对比发现大部分内容意思表达相似，但名称相同的不到一半。例如，2020 版示范文本中的"发包人"相当于 FIDIC 合同条件中的"雇主"，"项目经理"相当于"承包商代表"，"工程进度款"相当于"期中付款"，"缺陷责任保修金"相当于"保留金"等。根据我国的管理现状和需要，我国 2020 版示范文本对这些内容做出了明确定义，如工程总承包、监理人、工程监理、施工、设计阶段、工程竣工验收、关键路径、合同总价、工程进度款等，以便形成共识、减少争议。

（2）合同文件组成和优先解释顺序　我国合同文件优先解释顺序是：合同协议书，合同专用条件，中标通知书，投标文件、招标文件及其附件，通用合同条件，合同附件，标准、规范及有关技术文件，设计文件、资料和图纸，双方约定构成合同组成部分的其他文件。而FIDIC合同文件优先解释顺序是：合同协议书，专用条件，通用条件，雇主要求，投标书及构成合同组成部分的其他文件。

对比发现两者的差异有以下几个方面：①2020版示范文本中"招标投标文件及其附件"排序较为优先，而FIDIC银皮书规定的"投标书及构成合同组成部分的其他文件"列在最后一项，排在"雇主要求"之后；②2020版示范文本规定合同文件构成包括招标文件和投标文件的全部文件，而FIDIC银皮书规定合同文件构成不包括整个招标投标文件；③2020版示范文本将标准、规范及有关技术文件、设计文件、资料和图纸列为合同文件组成，而FIDIC银皮书是将雇主要求列为合同文件组成。

（3）发包人/雇主的管理　2020版示范文本第3条（发包人管理）3.3条款为"工程师"，工程师按发包人委托的范围、内容、职权和权限，代表发包人对承包人实施监督管理。若承包人认为工程师行使的职权不在发包人委托的授权范围之内的，则其有权拒绝执行工程师的相关指示，同时应及时通知发包人，发包人书面确认工程师相关指示的，承包人应遵照执行。而FIDIC银皮书没有沿用FIDIC红皮书、黄皮书中"工程师"（独立的第三方），具有相对的公正性的内容，而是由"雇主代表"管理合同，与我国"工程师"一样，其受雇于雇主，是为雇主服务的，在第3条（雇主的管理）3.2条款的内容为其他雇主人员，这些人员包括驻地工程师和独立检查员（类似于我国项目监理机构中的专业监理工程师），其任务和权利是由雇主代表指派和托付的，因此职权不能出现重叠或不明确。

过去有部分学者认为工程监理制度制约了我国工程总承包市场的发展，主要理由是他们按照《建筑法》理解为所谓的"工程监理"仅指"施工监理"，只对"施工质量"进行监督，而不包括"设计质量"或"设备质量"，并且提出"项目管理承包商（PMC）和工程总承包商比一般监理公司的能力和水平要高得多"。

《建筑法》并没有规定不能对设计阶段进行监理，随着后来的一些相关管理规章制度的出台和健全，该争议问题也得到了解决。例如，新《建设工程监理规范》（GB/T 50319—2023）适用范围明确包括了勘察、设计、保修阶段相关服务活动，明确了监理单位工作范围包括建设工程的各阶段，从而符合工程总承包项目的管理要求。事实上，监理单位在工程建设中作为独立的第三方，可以对设计进度、设计质量等方面进行控制、监督和审查，因此在2020版示范文本中约定有工程师符合我国现在的国情。

（4）提供项目基础资料的时间与责任划分　2020版示范文本2.3条"提供基础资料"规定："发包人应按专用合同条件和《发包人要求》中的约定向承包人提供施工现场及工程实施所必需的毗邻区域内的供水、排水、供电、供气、供热、通信、广播电视等地上、地下管线和设施资料、气象水文观测资料、地质勘查资料、相邻建筑物、构筑物和地下工程等有关基础资料，并根据第1.12条款【《发包人要求》和基础资料中的错误】承担基础资料错误造成的责任。而FIDIC银皮书4.10"现场数据"条款规定："雇主应在基准日期前将现场地下和水文条件及环境方面的资料提交给承包商。由承包商负责核实和解释所有此类资料（除工程预期目的、试验及性能标准、承包商不能核实的数据资料），雇主对这些资料的准确性、充分性和完整性不承担责任。"

实际上，与项目有关的基本数据和信息只能由雇主负责提供，而这些数据和信息的准确性和完整性直接影响承包商的设计或施工等工作。那么，在无法判断雇主提供的原始数据是否可靠时，承包商就需要增加一定的工作量（如地勘或水文测量等）来复核雇主所提供资料的准确性。即使 FIDIC 银皮书规定雇主在基准日期前将资料提交给承包商，然而在招标投标阶段承包商也没有足够的时间和相应的途径来复核雇主所提供的数据并做出准确判断，因此承包商只好通过增加投标报价来降低自身风险。鉴于以上原因，基础资料的真实性、准确性、齐全性和及时性由雇主承担较为合理。然而，FIDIC 银皮书为什么要采用此风险分配方式呢？或许，FIDIC 国际咨询工程师联合会认为通过该项规定，雇主就会得到一个相对固定的总价合同，这对于实施私人融资的项目是迫切需要的。只要项目在财务上可行的，就能保证其所投入的资金有可靠的回报。

FIDIC 银皮书的规定让承包商额外承担了一个有经验的承包商不能合理预见的风险，学术界对此争议也是颇多。FIDIC 银皮书的规定不仅违反了一般交易规则，也违反了《民法典》中的诚实信用原则，因此没有得到我国认可。其实该规定在大陆法系的国家运用效果也并不理想，所以《标准设计施工总承包招标文件》的规定必然没有采用 FIDIC 银皮书这种风险分配方式。

（5）分包商法律责任比较　2020 版示范文本 4.5.6 条"分包责任承担"规定："承包人对分包人的行为向发包人负责，承包人和分包人就分包工作向发包人承担连带责任。"而 FIDIC 银皮书第四章"承包商"4.4 条款规定："承包商应对任何分包商、其代理人或雇员的行为或违约，如同承包商自己的行为或违约一样地负责。"

FIDIC 银皮书规定承包商对雇主承担的是"单点责任"，承包商与雇主的合同责任、义务、风险不会因为分包而发生转移，由此可见，FIDIC 银皮书对于分包商的违约责任是由承包商负全责，分包商对雇主不负责，因此雇主无权向分包商直接索赔。而按照 2020 版示范文本规定，尽管发包人与分包商没有合同关系，但对于分包商的违约责任发包人可以向分包商直接索赔。

合同示范文本的编制必须遵循国家现行的有关法律、法规和规章制度。我国在立法层面上就已对分包做出了相关规定，例如，《建筑法》第 29 条规定"总承包单位和分包单位就分包工程对建设单位承担连带责任"；《民法典》第 791 条规定"第三人就其完成的工作成果与总承包人或者勘察、设计、施工承包人向发包人承担连带责任"。法律具有强制性，合同双方当事人不得另行约定使之改变，因此，2020 版示范文本对于"分包责任承担"规定就必须与我国法律、行政法规的内容相一致，否则合同无效。

（6）指定分包商的比较　FIDIC 银皮书第四章"承包商"4.5 条款设有"指定分包商"内容，而 2020 版示范文本无"指定分包商"内容。

对于承包商无力完成的特殊专业工程施工，需要使用专门技术、特殊设备和专业施工经验的某项专业性强的工程，雇主希望由专业公司来承揽以满足其特殊要求，再加上在施工过程中承包商与专业公司的交叉干扰多，雇主难以协调，因此出现了"指定分包商"。即便"指定分包商"条款有其必然的合理性，且在国际各标准施工合同内均有"指定分包商"条款，然而在我国 2020 版示范文本没有选用此条款内容。

（7）争议和裁决　2020 版示范文本第 20 条"争议解决"规定："发生争议时，双方可以通过和解、调解、争议评审、仲裁或诉讼方式解决。"这与《民法典》中的相关约定内容大致相同，然而对争议解决的过程规定较为简单。

FIDIC 银皮书"索赔、争端和仲裁"条款注重争议的"调解"方式，须经争端裁决委员会（Dispute Adjudication Board，DAB）84 天的调解。如调解失败，须经过 56 天的"友好协商"，否则"仲裁"不受理。

FIDIC 银皮书中 DAB 方式的本质属于调解，但相对于通常意义的调解，DAB 的优点却很多。DAB 成员由具有建筑工程、法律等方面的专家组成，专业程度高，能够科学合理地分析争端，同时由于 DAB 成员具有独立性，保证了 DAB 决定结果的公正性，因此，DAB 出具的结果更容易让合同当事人双方接受，解决争议效果显著。虽然 DAB 方式解决争议效果良好，国内专家学者也认同其在争议解决方面的优越性，并且在理论上也符合我国《民法典》，但从我国目前现状来看，推广 DAB 方式仍存在以下几个问题。

1）DAB 成员问题。DAB 成员要求具有较高的专业技术和沟通协调能力、丰富的工程管理经验、良好的道德素质，其培养需要较高的条件和较长的周期。然而，由于我国工程建设起步相对较晚，对应的制度还不够健全和完善，真正具备这种高素质的人才不多。

2）缺乏 DAB 法律规定和运行监督机制。《建筑法》和《民法典》至今在争议解决方面无 DAB 规定，可能会导致 DAB 裁决结果的效力得不到保证。由于我国诚信体系还不够健全，目前又未建立 DAB 相应的运行监督制度，在这样的环境下采用 DAB 争议解决方式显然难以得到令人满意的效果。

3）承发包人争议解决思维单一。我国合同争议的解决一般为和解、调解、仲裁与诉讼四种方式，承发包人对 DAB 方式并不了解且缺乏选择争议解决方式的主动性和创新性，同时也受到《民法典》《建筑法》等法律及惯例的影响，承包人和发包人在选择争议解决的方式上受到思想上的约束。虽然 DAB 方式在我国的适用性上仍存在许多问题和困难，但在我国合同示范文本中仍可以尝试推广 DAB 争端解决方式，这对于我国建设工程领域的纠纷解决具有现实意义。

第二节　专业分包管理

一、专业分包招标管理

1. 专业分包招标范围

对于专业分包工程的招标工作，按照其专业类别和招标金额进行分类管理。暂估价项目的专业分包招标工作执行当地建委相关规定。自有专业分包招标范围如下。

1）涉及结构安全和主要使用功能的专业分包工程，无论金额多少均应由二级单位办理招标工作后方能签订合同，这类专业分包包括：

①结构部分：基础处理（桩基础等）、护坡、防水（结构、装修、耐根穿刺、蓄排水板等）、预应力、钢结构、脚手架（包括外爬架）。

②装修部分：门窗（铝合金、塑钢、木质、百叶等）、防火门窗（防火卷帘、挡烟垂壁等）、幕墙、装修整项分包。

③整项机电分包。

2）招标金额在 50 万元以上（含 50 万元）时，由二级单位办理招标；金额不足 50 万元时，由项目部自行办理招标比价工作，比价记录等资料报二级单位备案。

3）工程临时抢险性分包、垄断性（含市场垄断和技术垄断）分包可不招标。

4）签订补充协议时，如有对原合同的项目、单价进行修改的，也需按上述条款执行。

2. 制订合理的分标规划

工程总承包商需要根据工程总承包项目的工作内容和工作范围，结合现场的实际施工条件，制订合理的分标规划，确定各标段的合同范围。分标规划应本着有利于项目建设管理、有利于选择分包商、保证工程质量和进度、节约投资的原则进行。

工程总承包商应重视标段的划分，充分发挥设计优势，合理确定标段数量，控制标段规模；同时，明确各标段之间的界限及施工过程中责任的划分，避免以后在施工时分包商之间产生纠纷。标段划分过多，会使单个分包合同工作量变小，单价势必上升；同时，也可能由于分包商过多，增加合同管理的难度；还可能造成各标段界面划分不清晰、施工互相干扰等，引起分包商的索赔。标段划分过少，分包商较少，施工过程中受某个分包商的影响就会较大，不利于对工程质量、进度及造价等的控制。

3. 招标投标管理

分包商选择得好与坏决定着项目的质量、进度、费用，是项目成败的关键。招标工作是分包合同签订和执行的基础。招标工作主要包括编制招标文件、发售标书、开标、评标、定标等。

在编制招标文件过程中，要明确合同的工作内容和工作范围、双方的权利和义务等；在编制招标文件及工程量清单时，要充分考虑施工工艺和项目特点，把工程量清单的工作范围和要求与技术文件对应起来。同时，分包合同条件应尽量与主合同的条件保持一致，尽可能将主合同的风险转移给分包商。

招标控制价是工程招标文件的重要内容之一。它是由招标人结合招标工程实际情况，依据有关计价办法、文件和工程量清单，编制的最高投标限价。通过设置招标控制价，能够防止投标人盲目报价和抑制低价中标，从而控制项目工程造价。

发售标书后，针对招标文件和投标人提出的问题，要及时澄清和答疑；在评标过程中，要从分包商的资质、设备、业绩、信誉、履约能力、投标报价、施工水平等方面进行综合评审，选择报价合理、经验丰富、信誉良好的分包商。

二、专业分包资信管理

1. 专业分包概念

专业工程分包是指总承包商将其所承包工程中的专业工程发包给具有相应资质的其他承包单位完成的活动。

《建筑法》第 29 条规定：禁止总承包单位将工程分包给不具备相应资质条件的单位，禁止分包单位将其承包的工程再分包。

2. 违法分包规定

依据《建筑法》的规定：《建设工程质量管理条例》进一步将违法分包界定为如下几种情形：

1）总承包单位将建设工程分包给不具备相应资质条件的单位的。

2）建设工程总承包合同中未有约定，未经建设单位认可，承包单位将其承包的部分建设工程交由其他单位完成的。

3）施工总承包单位将建设工程主体结构的施工分包给其他单位的。

4）分包单位将其承包的建设工程再分包的。

3. 部分专业分包企业可以承揽的业务范围

部分专业承包企业可以承揽的业务范围见表 4-1。

表 4-1　部分专业承包企业可以承揽的业务范围

序号	企业类型	资质等级	承包范围
1	地基基础工程	一级	可承担各类地基基础工程的施工
		二级	可承担下列工程的施工： （1）高度 100m 及以下工业、民用建筑工程和高度 120m 及以下构筑物的地基基础工程； （2）深度不超过 24m 的刚性桩复合地基处理和深度不超过 10m 的其他地基处理工程； （3）单桩承受设计荷载 5000kN 及以下的桩基础工程； （4）开挖深度不超过 15m 的基坑维护工程
		三级	可承担下列工程的施工： （1）高度 50m 及以下工业、民用建筑工程和高度 70m 及以下构筑物的地基基础工程； （2）深度不超过 18m 的刚性桩复合地基处理和深度不超过 8m 的其他地基处理工程； （3）单桩承受设计荷载 3000kN 及以下的桩基础工程； （4）开挖深度不超过 12m 的基坑维护工程
2	建筑装饰装修工程	一级	可承担各类建筑装修装饰工程，以及与装修工程直接配套的其他工程的施工
		二级	可承担单项合同额 2000 万元及以下的建筑装修装饰工程，以及与装修工程直接配套的其他工程的施工
3	建筑幕墙工程	一级	可承担各类型建筑幕墙工程的施工
		二级	可承担单体建筑工程面积 8000m^2 及以下建筑幕墙工程的施工
4	电子与建筑智能化工程	一级	可承担各类型电子工程，建筑智能化工程的施工
		二级	可承担单项合同额 2500 万元及以下的电子工业制造设备安装工程和电子工业环境工程、单项合同额 1500 万元及以下的电子系统工程和建筑智能化工程的施工
5	钢结构工程	一级	可承担下列钢结构工程的施工： （1）钢结构高度 60m 及以上； （2）钢结构单跨跨度 30m 及以上； （3）网壳、网架结构短边边跨跨度 50m 及以上； （4）单体钢结构工程钢结构总重量 4000t 及以上； （5）单体建筑面积 30000m^2 及以上

（续）

序号	企业类型	资质等级	承包范围
5	钢结构工程	二级	可承担下列钢结构工程的施工： （1）钢结构高度 100m 及以下； （2）钢结构单跨跨度 36m 及以下； （3）网壳、网架结构短边边跨跨度 75m 及以上； （4）单体钢结构工程钢结构总重量 6000t 及以上； （5）单体建筑面积 35000m² 及以上
		三级	可承担下列钢结构工程的施工： （1）钢结构高度 60m 及以下； （2）钢结构单跨跨度 30m 及以下； （3）网壳、网架结构短边边跨跨度 35m 及以下； （4）单体钢结构工程钢结构总重量 3000t 及以下； （5）单体建筑面积 15000m² 及以下

4. 专业分包单位管理

对专业分包单位的管理，应从全过程着眼，自合同的形成、履行至合同终止，均进行有效的管理与监控。在合同的形成阶段，应认真考虑分包单位资质、人员设备、既往业绩等。分包单位应"三证齐全"（营业执照、专业资质证书、安全生产许可证），同时应有项目管理机构成立的文件，主要管理人员应持有注册职业资格证书、安全生产考核合格证，特种人员须持有特种作业人员考核取得"建筑施工特种作业操作资格证书"，设备和既往业绩符合招标要求，且与招标文件相符合。在合同的履行过程中，双方遵守合同条款，纠正合同施行中产生的偏差，防止产生不必要的纠纷，正确处理各方索赔。此外，还必须做好合同的档案管理工作。

三、专业分包合同备案管理

1. 专业分包合同备案管理起因

施工总承包单位和专业分包单位备案原因如下：

1）根据法定要求，总承包单位都对施工安全、质量等负有主要责任，所以为了对中下层服务单位有一定的约束，就形成了协议合同以及备案这一种书面文件。

2）总承包对应的便是分包，意义有着买卖方、委托与被委托、甲方和乙方等类似的合法关系，只是通过书面形式、并备案到当地建设管理部门，才能使得项目施工正常开展，使工程得以进行。

2. 专业分包合同备案管理应提交的资料

1）"建设工程施工分包合同备案申请表"原件。

2）合同正式文本一式 4 份原件。

3）合同当事人法定代表人证明书原件，法定代表人授权签订合同的，还应提交法定代表人授权委托书原件。

4）招标工程，应提交招标文件和"建设工程招标（发包）程序完成证明书"或"中标通知书"复印件（核原件）。

5）非招标工程，应提交经注册造价工程师签字，并加盖注册执业专用章及编制单位公章的工程预算书原件，同时需提交该注册造价工程师注册证复印件。

6）建设单位与施工总承包企业签订的已办理备案手续的施工总承包合同复印件。

7）建设单位同意工程分包的证明原件（劳务分包或已在总承包合同中约定分包的专业工程可不提供）。

8）分包工程承包人为外地企业的，应提交其营业执照、资质证书，以及项目经理（建造师）资格证书复印件（核原件）。

9）非招标工程，应提交分包工程承包人安全生产许可证、项目经理安全生产考核合格证复印件（核原件）。

3. 建筑工程劳务分包合同备案登记手续办理须知

1）房屋建筑和市政基础设施施工工程可将劳务作业全部分包给资信良好的建筑劳务企业；建筑施工企业在取得建设工程《中标通知书》或《发承包审核通知书》后进入建筑劳务市场，从建筑劳务市场准入名录中选择资信良好的建筑劳务企业进行建筑劳务发包并签订劳务分包合同；在办理建设工程质量监督登记手续之前，建筑施工企业携有关资料到当地建筑劳务市场管理站办理建筑工程劳务分包合同备案登记手续。

2）建筑施工企业向登记管理员提交中标通知书，同时领取"建筑工程劳务分包合同备案登记书"或登录当地建筑管理信息网下载表格填写。

四、专业分包合同签订管理

1. 承包商及劳务队伍的选择

（1）承包商的选择　总的原则是在公司确定的合格分包商名录内进行选择。一是有营业执照和相应资质的建筑公司和专业公司；二是具有经济实力、技术素质高的成建制的施工队伍；三是公司员工自行联系的工程项目及业主指定的分包商，要经过考察合格且具备履约能力，方可进行分包工程的施工。

（2）劳务作业队伍的选择　应选用具有营业执照和资信良好的劳务作业队伍，且具有经济实力。

2. 分承包、劳务分包合同的签订

1）根据工程项目预算收入的具体情况，经过测算确定分承包商应上缴的利税总额，其额度原则上不低于工程结算总价的3%（不含税）。否则应报市场经营部审核，公司主管领导批准。

2）公司与项目部签订的责任书要明确责任目标。全面体现对施工合同的履行，特别是对工期、质量等级、安全生产、文明施工、技术经济指标等，应在责任书中有约定，以确保施工合同和责任书的全面履行。

3）项目部经理负责对分包商签订"工程费用包干承包合同"，对工期、质量、承包价款、承包人工作、安全生产、文明施工、竣工验收、工程款拨付与竣工结算、保修、违约、过程控制、规避合同风险等主要条款，要认真研究后再签订，文本中未含部分可作补充条款。

4）劳务分包合同的签订应依照劳务分包合同示范文本主要条款，结合工程具体情况，对分包范围和工作内容、工期、质量、承包价款、安全生产、文明施工、双方权利、义务等，认真研究后进行签订。

3. 合同的履行和管理

（1）合同履行　在合同履行的有效期内，一是要全面履行施工合同和工程项目费用包干承包合同；二是要加强全过程的控制，除施工管理和技术经济管理外，特别在材料采购、材料款的赊欠等事项，项目部要详细准确掌握物流、人工费的拖欠等情况，在工程拨款方面要依据形象进度和业主的拨款情况，来确定拨款数额。工程竣工办理财务结算后，要签订结算后遗留事项处理协议，并由承包人列出对外债务清单，由承包人承诺自行解决债务纠纷。

（2）合同管理　工程项目承包责任书由公司与项目部签订；工程费用包干承包合同由项目部与分包商签订；劳务分包合同由项目部与劳务分包商签订。合同份数依据公司的需要而定，最低不得少于三份，并在签订后三日内传递完毕。项目部的经营部门是分承包、劳务分包合同的管理部门，要设专人管理分承包合同。

第三节　材料及设备管理

一、专业分包材料及设备品牌

1. 专业分包材料及设备品牌管理内容

专业分包材料及设备品牌报审：专业分包材料及设备进场前，应提前依据合同技术要求完成材料及设备品牌报审，经总承包商、监理单位或全过程工程咨询单位、建设单位（发包人）评审后，供一式三份作为封样用，分别存放在建设单位项目部、监理单位（或全过程工程咨询单位）及总承包商的质量管理部；样板验收未通过的，总承包商必须另行组织验收，直到通过为止；验收合格后，必须填报"乙供材料设备报审表"，见表4-2。

表4-2　乙供材料设备报审表

工程名称				日期		
现报上关于_____工程的物资选样文件，为满足工程进度要求，请于____年____月____日之前予以审批。						
序号	物资名称	规格型号	生产厂家	厂家联系人	电话	拟使用部位
1						
2						
3						
分包商意见						
总承包商意见						
监理单位（或全过程工程咨询单位）意见						
发包人意见						

根据合同约定，工程材料或设备须在发包人指定的品牌内选定，如选用其他品牌材料或设备时，必须不低于同档次品牌，须经总承包商、监理单位或全过程工程咨询单位、发包人批准后方可定购、进场。

2. 材料及设备管理要求

专业分包材料及设备管理要求见表 4-3。

表 4-3　专业分包材料及设备管理要求

序号	重要流程	管理要求	时间要求	责任单位	工作文件
1	提交材料、设备样板及相关资料	厂家证件：营业执照、产品合格证； 相关资料：产品参数说明书、类似项目业绩列举说明、材料设备样板等	材料设备进场前	专业分包商	《乙供材料设备报审表》
2	封样留存	材料设备样品经各方确认后，应封样留存（总承包商、监理单位或全过程工程咨询单位、发包人各一份），作为过程材料进场检查验收及结算的依据	综合评审合格后	专业分包商	

二、专业分包材料及设备采购

1. 编制招标计划

对于全过程管控类及入围单位/品牌管控类的专业分包工程以及材料设备的采购，工程总承包项目均须自进场施工 30 天内，根据工程项目的开发计划，由总承包商采购部组织编制项目全景发包工作计划，并按管理制度要求报总承包商有权部门审批。全景发包工作计划要结合合同相关要求进行编制，确保发包时间的合理性和计划性，有效地将各专业部门统筹起来，具有指导性和可操作性，同时须根据项目实际开发进度对审批确定的发包计划进行月度回顾和修正。

2. 招标启动会

对于全过程管控类及入围单位/品牌管控类的专业分包工程以及材料设备招标采购，由总承包商采购部组织总承包商有关部门、监理单位或全过程工程咨询单位（视情况而定）召开招标启动会。

由总承包商采购部经办人整理招标启动会文件，会议完成后形成招标启动会会议纪要，由参会相关人员进行会签。对于全过程管控类及入围单位/品牌管控类的专业分包工程以及材料设备采购，招标启动会报告须作为专业分包工程以及材料设备采购发包审批的附件。

招标启动会文件须明确投标单位的入围标准、定标原则、招标资料的要求及该招标项的工作实施详细计划或方案，并按照相关要求提供潜在投标单位企业资质及施工业绩等。

3. 投标单位入围审批

对潜在投标人的资信和业绩条件要求等应根据项目情况合理设置，不得设置过低，以避免不具备承揽能力的单位入围参与投标；也不得设置过高，影响招标投标的竞争性。如果要进行偏高设置，应书面说明偏高指标的必要性以及对招标预算的影响，经投标单位入围审批通过后方可实施。

如潜在投标人在 2 年内同本公司有同类产品的合作，且项目需求的标准相同、评价表现良好或在 1 年内参与过本公司同类产品投标的单位，可直接入围。

潜在投标单位资料要求：总承包商采购部根据招标项目的要求，要求潜在投标人根据《投标单位入围审批》要求提供表格内基本资料信息、有关资质证明文件和业绩情况。如潜在投标人为代理商，投标单位入围审批应评估代理商的必要性及其能力。对潜在投标人的入围审批包括但不限于以下内容。

1）审查其是否具有独立订立合同的权利。

2）是否具备履行合同的能力（包括对其企业规模、专业、技术资格及生产能力、授权及代理资格，供货能力、资金、设备、生产、其他物资和设施状况，管理能力、施工能力、信誉、有相应经验的从业人员、以往类似工程业绩等审查）。

3）提供的产品技术标准、品质、设计、样品、服务，以及品牌形象及影响力等是否符合招标项目的相关定位和要求。

4）是否处于被责令停业，投标资格被取消，财产被接管、冻结，破产状态。

5）有无不良经营活动记录。

6）在最近三年内没有骗取中标或者严重违纪及重大质量问题。

7）国家法律法规规定的或集团和其他地方公司规定的其他资格条件。

总承包商采购部须收集足够数量的潜在投标单位，原则上保证经过投标单位入围审批的具备承担招标项目能力、资信良好的投标单位至少为 $2N+1$ 个（N 为目标中标单位数量）。

4. 供应商考察

总承包商采购部在招标启动会上按要求提供《投标单位入围审批》及相关材料，由总承包商采购部、有关部门会议讨论确认是否需对潜在投标人进行考察。需进行考察的投标人，须经考察合格后方能通过投标单位入围审批。

需进行考察的投标人，应在招标启动会中由总承包商采购部组织对其制定及明确详细的考察工作计划或方案，包括但不限于考察单位、考察内容、考察人员组成、考察关注要点等。根据需要，对供应商的考察可以从企业规模、生产能力、供货能力、施工能力、服务能力、综合管理能力等多维度予以关注和评估。供应商考察应根据实际需要，选择性地对其代理产品的生产工厂进行考察，并对其办公场所及其供应或施工项目进行实地考察。

需进行考察的投标人，考察小组在考察结束后须有书面的考察报告。考察报告由总承包商采购部主写，其余参与考察人员各自填写考察意见，但考察报告应反映参与考察人员各自的独立意见以及包括是否合格的定性评价，并签名确认。

考察人员必须对考察记录内容的真实性和考察结论负责，如总承包商有关部门认为考察记录内容不能支持考察结论，可视情况决定是否重新考察。

三、专业分包材料及设备进场验收管理

1. 专业分包材料及设备进场报送程序

1）分包单位材料及设备进场验收先通知总承包商，由总承包商通知发包人及专业监理工程师到场验收。

2）第一次进场材料及设备要求提供生产厂家资质包括营业执照、生产许可证等。

3）材料及设备进场要有产品合格证、出厂检测报告及型式检测报告。

4）验收过程照片拍摄要有远景照片、近景照片、合格证照片、出厂检测报告照片、进场料单照片、验收人员照片、验收过程照片。验收后及时将照片上传到监理群中，以便监理

部随时掌握材料进场情况。

2. 专业分包材料及设备的质量管理

除非分包合同中另有约定，一切材料、工程设备均应满足以下条件。

1）符合分包合同约定。

2）按照分包合同约定的要求进行检验。

3）按照国家规定的材料、工程设备要求进行检验、检测。

已明确指明或约定必须进行检验的任何材料和工程设备在经过检验并获得总承包商批准以前，不得用于任何永久工程。

如果检查、检测、检验或试验的结果表明，任何工程设备、材料、设计（如果分包合同中约定为分包商的工作）或工艺有缺陷或不符合分包合同的约定，总承包商可拒收此类工程设备、材料、设计或工艺。分包商应立即修复上述缺陷并保证其符合分包合同约定。

若总承包商要求对此类工程设备、材料、设计再度进行检验，则此类检验应按相同条款和条件重新进行。

如果此类拒收和再度检验致使总承包商产生了附加费用，则此类费用应由分包商支付给总承包商，或从任何应支付或将支付给分包商的款项中扣除。

第四节　合同履约管理

一、发承包合同签订管理

1. 合同签订前的准备工作

承包人在合同签订前的合同管理主要是对项目发包人的有关信息进行评审，其主要内容包括以下几点。

1）做好发包人主体资格合法性的调查。调查发包人是否属依法登记注册的正规单位，是否具备法人资格。

2）做好发包人资信情况和履约能力的调查。发包人应有较好的社会信誉，有建设资金保障。

3）做好建设活动合法性的调查。建筑工程开工前，建设单位必须具备项目建设用地证和建设规划许可证。

2. 做好合同实施管理

总承包合同一经签订，确定了合同价款和结算方式之后，影响工程价款的主要因素便是工程变更或签证，以及工程实施过程中的不确定因素，所以，深入理解合同的每一个条款，切实加强日常管理，使管理行为正规化、规范化，做好处理合同纠纷的各种准备，特别是索赔与反索赔的研究，在工程造价控制管理中是非常必要的。

二、设计管理

1. 工程总承包项目设计管理的重要性

工程总承包项目设计管理是整个工程项目建设的重要组成部分，是对工程建设进行具体规划和整个工程执行的过程，也是处理经济关系和工程技术的重要内容，设计的合理性与工程造价息息相关，所以做好设计工作是非常有必要的。工程总承包项目设计管理与整个工程的质量密切相关，是控制工程质量的重要环节，也是工程项目进行材料设备采购、现场施工的根本依据。工程总承包项目工程设计的进度也是和整个工程进度计划紧密相连的重要环节，设计的进度会直接影响工程总承包项目的采购以及施工进度，因此控制好设计进度，才能保证工程总承包项目的整体进度。

2. 做好工程总承包项目设计管理的方法

（1）提高工程总承包设计人员的综合素质　我国社会经济的快速发展促进工程行业的改革与创新，新时期，工程总承包设计工作人员的专业知识、能力和素质需要相应提高。首先，工程总承包设计的相关人员不仅要掌握行业内先进的专业知识，还要在实践工作中不断积累设计管理经验，从设计实践中及时发现问题、解决问题，并汲取行业内先进的设计知识，还要向国内外借鉴优秀的工程总承包设计案例，从而不断优化和创新自己的设计。

（2）工程总承包管理中纳入设计管理制度　做好工程总承包项目的设计管理工作，就要对项目进行整体规划，需将传统的设计流程、管理体制、采购、施工等因素结合起来。此外，还要把整个设计的成本费用、质量安全、工程进度等因素结合起来进行整体规划，把设计管理的作用以及主要优势发挥出来，使设计管理充分发挥自己的优点，为工程总承包提供最大化的帮助。

（3）做好工程总承包设计质量工作　项目的重要环节就是设计，设计是原材料采购和建筑施工的基础和依据，只有做好设计工作，设计资料和图纸拥有很高的质量，才能根据设计资料采购到质量高的原材料，进而使工程施工的质量达到要求，最大限度防止在施工时经常因设计质量而造成的返工问题及其他问题的出现。

（4）控制和管理好工程总承包项目设计进度　总承包工程要想顺利地进行施工，就要做好设计进度的管理和控制工作，要根据工程总承包总进度的目标，来设计工程每一环节的进度。只有保证设计进度满足总进度目标的前提下，才能保证整个建设工程的进度。

（5）做好工程总承包项目设计管理工作　首先要对设计工程的功能、工艺流程、规模、设备、材料以及设计的各种规范标准等进行科学合理的选择，然后要全面控制、比较、分析，进而选择出技术先进、价格合理、业主满意、降低成本的方案，从根本上控制工程总承包的设计范围，保证实现项目利益最大化的目标。

（6）控制好工程总承包项目工程的造价　在设计时，要控制好工程的造价，平衡好各种利益关系。第一，设计时，制定各种管理制度，将每个环节的设计所需要的工程成本都考虑到工程总承包造价管理制度中；第二，培养专业设计员，既重视经济又重视技术理念，并将经济和技术完美地结合在一起，达到设计控制工程造价的目的；第三，充分发挥专家的重要作用，设计出科学合理的方案，保证设计为最优，能为公司创造最大的经济利益；第四，根据设计改变的法则，做好设计变更，避免因设计变更而给公司造成的巨大经济损失；第五，工程总承包公司要科学合理地决定投资成本，制定完善的考核、评审、奖励等方案。

（7）设立内部报告和信息反馈制度　制定内部报告和信息反馈制度是设计、采购和施工协调沟通的基础，并有利于了解工程总承包的各种有效信息资料，及时进行分析和研究，这有利于做好工程总承包项目的设计管理工作。

三、采购管理

采购管理主要包括以下内容。

1. 项目采购计划

项目采购计划是在项目初期，根据项目总体计划，由项目的采购部组织编制。

项目采购计划的基本内容至少应包括以下几方面：

1）项目采购的范围。

2）采购工作计划及工作原则。

3）货款支付计划及支付原则。

4）项目总合同中发包人对采购提出的特殊要求。

5）项目采购组的组成及其职责。

6）工作准则说明，工作程序说明。

7）采购与各有关部门的协调程序。

8）与分包商的货物分交原则等。

2. 确定合格供应商名单

1）合格供应商名单指供当前工程采购询价用的合格供应商名单；原则上每一类货物不少于三个合格供应商。

2）当项目合同中对合格供应商的选择有规定时，应按照合同的规定确定合格供应商名单。

3）当项目合同中对合格供应商的选择未规定时，应按照《货物供应商选择和评价规定》中的规定确定合格供应商名单。

4）应在项目初期根据项目的基础设计等货物的初步数据，确定主要货物的合格供应商名单，并提交采购经理批准并存档。在接到正式的请购文件后，若原定的合格供应商不能满足技术要求，可根据要求变更或增加合格供应商名单，但应及时向采购经理提出"合格供应商修改报告"。

5）原则上国内采购的主要设备不允许选择没有制造实体的供应商作为合格供应商。

3. 接受请购单

为了使项目的采购部门采买的货物符合项目的技术要求，项目的采购部门就需要从项目的设计部门获得工程对所需货物的技术要求，即请购单。

请购单由项目的设计部门负责编制，提供给项目的采购部门。采购部门的采买工程师负责接收请购单，并对请购单进行审核，看其是否满足采购询价的要求。

请购单应至少包括以下内容：

1）技术说明书。

2）数据单。

3）图纸（如果需要）。

4）对报价技术文件的要求。

5）对报价返回时间的要求（如果需要）。

4. 编制及发出询价文件

询价文件的编制是项目采购实质性操作的开始，认真负责地编制好询价文件将为以后的采买工作打下好的基础。

询价文件应至少包括以下内容：①询价函；②项目简介；③报价须知；④请购单；⑤尽可能提供的包括商务和技术的报价标准格式。

编制好的询价文件一般以函件的方式发出。询价文件发出后及时与对方取得联系，以确认其完整地收到。询价时间比较紧张时，可以采用传真的方式。

5. 解释询价文件及变更请购单

被询价的合格供应商收到询价文件后及编制报价文件期间，可能会以书面的形式或口头的形式提出各种问题或请求（如推迟报价截止日期的请求），这时采买工程师应会同专业设计工程师给予认真及时的书面答复，并本着公平及视其是否具有普遍性的原则，决定是否同时将此答复以书面形式通知其他被询价的合格供应商。

在询价文件发出后、报价文件收到前，如果应专业设计工程师的要求对请购单进行变更，则应及时以书面形式通知所有被询价的合格供应商；项目计划允许时，可适当推迟报价截止日期。

6. 接收合格的供应商报价文件及其澄清

采买工程师在按时收到报价后应对报价文件进行初审，如文件是否清晰、完整，是否按照询价文件要求的格式填写，价格计算是否准确等，并及时向供应商澄清报价文件中的问题。

采买工程师和专业设计工程师在报价评审过程中如发现问题也应及时向供应商澄清。

采买工程师对供应商的询问应尽量采用书面形式，而供应商必须以书面形式做出答复。

7. 报价评审

报价评审是采买工程师和专业设计工程师对供应商按时提交的报价文件进行商务及技术评估，看其在商务及技术两方面是否满足询价文件的要求，并在供应商之间做比较，最终确定供应商的过程。

报价评审分为技术评审、商务评审、综合评审三个步骤。

1）技术评审应由专业设计工程师来完成；采买工程师在收到报价文件并进行必要的澄清后，即将报价文件的技术文件部分通过项目工程师提交给专业设计工程师，专业设计工程师进行完技术评审后，应将技术评审的结果经项目工程师提交给采买工程师。

2）商务评审应由采买工程师完成。

3）综合评审应由采购经理来完成；综合评审是根据技术评审和商务评审的结果进行综合分析，写出综合评语，推选出供应商。商务评审与技术评审发生矛盾时，应提交项目经理裁决。

8. 厂商协调会及合同谈判

经过报价评审确定供应商后，开始供应商的合同谈判，并召开厂商协调会，签订合同，并为以后的合同执行做出安排。厂商协调会可分为合同前厂商协调会和合同后厂商协调会。

合同前厂商协调会主要是全面核对询价文件，核对并落实报价评审过程中在商务及技术两方面对报价文件的质询，进一步落实在此之前未与厂商协调过的、在询价文件基础上做出的技术变更。与会双方应确认完全了解对方的意图或要求，并形成书面备忘录。合同前厂商协调会可以在报价综合评审完成后与最终供应商之间进行，可以和合同谈判安排在一起进行；也可以在报价综合评审未完成前与多个报价商之间分别进行，目的是为更公正合理地选择供应商，提供更客观的依据。

合同后厂商协调会可以在合同签订完后立即召开，此时可以和合同谈判安排在一起进行，主要是对以后合同执行过程中的重要事项经双方协商做出具体安排，包括供应商针对合同货物的生产安排、双方对合同货物检验工作的安排等，并形成书面备忘录；也可以在合同执行过程中，由于某种原因使合同的实际执行情况与合同的规定出现较大的偏差，如制造进度严重滞后、出现较大的质量问题等，这时就需要及时组织召开厂商协调会，双方共同研究找到解决问题的办法，以使合同的执行回到正常状态。

厂商协调会是否需要召开及召开的时间，应根据所采购货物的具体情况安排。

合同谈判的主要工作是合同双方讨论并确认合同的各项条款，明确双方的权利和义务，因此在合同谈判前，采买工程师应将合同文件的初稿编制好，主要议题至少应包括以下方面：

1）确认合同文件包括的内容。

2）确认合同订单规定的供货范围及数量。

3）讨论并确认合同条款中规定的权利和义务。

4）讨论并确认合同货物的单价及总价。

5）讨论并确认合同货物的交货时间及地点。

6）确认合同货物的交货条件。

7）确认合同货物的运输方式。

8）确认合同货款的付款方式。

9）确认合同货物在交货时同时交付的文件清单。

10）涉外合同还应确认法律上的有效解释文字及本合同适用的法律。

合同谈判一般由采买工程师组织；厂商协调会一般由采买工程师或检验工程师负责召集，必要时请采购经理直至项目经理参加。

9. 编制合同文件及签订合同

合同文件是买卖双方共同认可的，规定双方在此经济行为中的权利和义务的，涉及双方经济利益的，具有法律效力的文件。因此，采买工程师在编制合同文件时，应本着认真负责、全面详尽的原则。

合同文件主要应包括以下文件（按解释效力的优先顺序）：①订单；②请购单；③合同基本条款；④供应商报价文件；⑤厂商协调会形成的备忘录；⑥其他经双方确认的文件等。

合同的签订是表示双方已认可并接受其中的权利和义务，合同生效具有法律效力。一般买卖双方在合同文件上签字盖章即表示合同已签订，但合同是否生效要根据双方在合同中的约定而定。一般买卖双方应在所有合同文件上签字，并在"订单"上加盖公章；如果"订单"中的"供货一览表"是单独页的，也应在"供货一览表"上加盖公章。对于初次接触的供应商，应以恰当的方式确认签字人的合法身份。最基本的要求是应具有"法人代表授权委托书"。

10. 调整采购计划

合同签订后，采购综合管理工程师应根据合同的实际情况对采购的计划安排做出适当的调整。

11. 催交

催交工作主要是督促供应商能按合同规定的期限提供满足工程设计和施工安装的要求技

术文件和货物，所以催交工作将贯穿于合同签订后直到货物具备装运条件的全过程。催交工作的要点是要及时地发现问题，采取有效的控制和预防措施，防止进度拖延。

催交工作的基本步骤如下。

1）确认供应商是否接到合同。

2）向供应商索要制造进度计划。

3）制订催交计划。

4）督促供应商及时交付应先期交付的技术文件资料。

5）了解并督促供应商按时完成制造进度计划。

6）当发现供应商的制造进度有较大的拖延时，应及时与供应商协商，找出原因及解决办法，必要时应访问供应商的工厂并召开厂商协调会。

12. 监造及工厂检验

监造及工厂检验是检验工程师按照监造及工厂检验计划，定期访问供应商的工厂，监督及检验货物的制造是否符合合同的规定及制造标准的要求。

监造及工厂检验的范围如下：

1）重要的设备应有专人进行全过程监造。

2）比较重要的设备应进行重点工序的监造，其他工序可设置停止点进行定期的检验。

3）一般设备可按设置好的停止点进行定期的检验；或按时参加制造商的检验。

13. 运输

货物的运输是指从制造商的工厂到施工现场这一过程中的包装、运输、保险等事项。货物运输是运输工程师的职责。

运输基本程序如下：

1）编制运输计划。

2）落实或审核运输单位。

3）检查供应商的运输计划和货运文件的准备情况。

4）检查供应商对货物的包装是否符合运输条件的要求。

5）督促供应商向现场及时提供接货通知书，说明货物到达现场时的状态及装卸要求。

6）大型设备比较复杂的运输还应考虑制定货物运输追踪程序。

7）通知现场接货的确切时间。

14. 现场接收、检验及移交

现场接收、检验及移交的工作应由采购经理派驻现场的采购现场代表、驻现场的仓储工程师、业主的现场工程师及供应商的代表等共同进行。

现场接收、检验及移交工作包括以下方面：

1）货物到场之前的准备。

2）运输车辆的进场安排。

3）货物的装卸。

4）送货清单的核对。

5）货物及交货文件的清点。

6）包装箱及货物的外观检查。

7）向供应商开出收货单。

8）填写货物验收检验记录。

9）填写不合格品控制记录。

10）填写货物入库单。

15. 供应商的现场服务

首先在签订采购合同时应尽可能详尽地在合同条款中给出明确的说明，包括服务范圈、服务时限和服务费用等。供应商现场服务的协调由采购现场代表负责。采购现场代表应及时了解工程进度，并根据供应商提供现场服务的难易程度、供应商接到现场服务通知的反应时间等因素，制订供应商现场服务计划，及时通知供应商做好准备工作。采购现场代表应在及时了解工程进度的基础上，及时预见工程可能需要的服务，并准备在急需情况下的应急措施。

采购现场代表本人或通过项目的施工管理部门负责供应商的现场服务人员与施工分包商之间的协调工作，从工程的全局出发，有责任帮助供应商的现场服务人员解决实际困难，以使其顺利完成服务工作。

供应商的现场服务完成后或阶段性完成后，应填写服务记录。

16. 供应商的后续评价报告

供应商的后续评价是项目的采购部门对供应商在采购过程中的各个环节的表现做出评价，包括在询报价过程中的表现，为以后工程中供应商的采用及评审提供依据。

供应商的后续评价的主要内容至少应包括以下方面：

1）报价的工作质量。

2）合同价格。

3）工厂的质量管理体系。

4）提供货物的质量。

5）在质量出现问题时的处理能力。

6）交货是否及时。

7）合同外事物协助处理的能力。

8）现场服务的能力。

17. 项目（采购）总结报告

项目采购总结报告是项目的采购部门对项目采购工作的经验及教训的总结。在项目结束时，由各专业工程师向采购经理提交自己负责范围内的工作总结报告，采购经理应向项目经理及工程部提交整个项目采购工作的全面总结报告。

18. 采购文件及质量记录

采购文件和质量记录是采购跟踪及控制的依据，因此采购工作的每个环节均应做好相应的记录或报告，并且这些文件应由采购综合管理工程师或采购经理指派专人进行管理。这些文件应在相应的工作结束后，原件不做任何取舍、原封不动地上交。

这些文件一般包括以下方面：

1）设计提供的请购文件

2）完整的询价文件。

3）完整的报价文件。

4）评审记录。

5）合同谈判记录。

6）完整的合同文件。

7）请购文件变更单及合同修改议定书。

8）厂商协调会记录。

9）催交记录。

10）检验记录。

11）不合格品控制记录。

12）供应商的现场服务记录。

四、施工管理

施工是工程总承包项目建设全过程中的重要阶段，是实现资源的优化配置和对各生产要素进行有效计划、组织、指导和控制的重要过程。工程总承包施工全过程管理以项目施工为管理对象，以取得最佳经济效益和社会效益为目标，以施工管理为中心，以合同约定、项目管理计划和项目实施计划为依据，以质量、安全、职业健康和环境保护、进度、费用和风险管理等入手，贯穿于施工准备、施工问题研究、施工管理策划、施工阶段管理，直至项目竣工验收的所有管理活动，是对工程总承包项目施工全过程、全要素进行的管理和控制。

1. 施工管理主要内容

施工是把设计文件转化成为项目产品的过程，包括建筑、安装、竣工验收等作业内容。工程总承包企业将施工工作分包，项目施工管理包括：选择施工分包商，对施工分包商的施工方案进行审核，施工过程的质量、安全、费用、进度、风险、职业健康和环境保护以及绿色建造等控制，协调施工与设计、采购与试运行之间的接口关系。当存在多个施工分包商时，对施工分包商间的工作界面进行协调和控制。

2. 施工执行计划

施工执行计划编制要满足对施工过程的指导和控制作用，在一定的资源条件下，实现工程项目的技术经济效益，并符合以下原则：根据实际情况审核施工方案和施工工艺；严格遵守国家规定和合同约定的工程竣工及交付使用期限；采用现代项目管理技术、流水施工方法和网络计划技术，组织有节奏、均衡和冬天连续的施工；提高施工机械化、自动化程度，改善劳动条件，提高生产率；注意根据地区条件和材料、构件条件，通过技术经济比较，恰当地选择专项技术方案，提高施工作业的专业化程度；尽可能利用永久性设施和组装式施工设施，科学规划施工总平面，减少施工临时设施建造量和用地；优化现场物资储存量，确定物资储存方式，尽量减少库存量和物资损耗；根据季节气候变化，科学安排施工，保证施工质量和进度的均衡性和连续性；优先考虑施工的安全、职业健康和环境保护要求。

施工执行计划应包括以下主要内容：工程概况，施工组织原则，施工质量计划，施工安全、职业健康和环境保护计划，施工进度计划，施工费用计划，施工技术管理计划，资源供应计划等。

3. 施工准备工作

技术准备包括需要编制专项施工方案、施工计划、试验工作计划和职工培训计划，向项目发包人索取已施工项目的验收证明文件等，生产准备包括现场道路、水、电、通信来源及其引入方案，机械设备的来源，各种临时设施的布置，劳动力的来源及有关证件的办理，选定施工分包商并签订施工分包合同等。

需要项目发包人完成的施工准备工作是指提供施工场地、水电供应、现场的坐标和高程等，以及需要项目发包人办理的报批手续。

施工单位的准备工作是指技术准备工作、资源准备工作、施工现场准备工作和施工场外协调工作。

4. 施工分包控制

总承包商应对分包商的资质等级、综合能力和业绩等方面进行综合评价，建立合格承包商资源库。应根据合同要求和项目特点，依法通过招标、竞争性谈判等方式，并按规定程序选择承包商。对承包商评价的内容包括：经营许可、资质资格和业绩，信誉和财务状况，符合质量、职业健康安全、环境管理体系要求的情况，人员结构以及人员职业资格和素质，机具与设施，专业技术和管理水平，协作、配合、服务与抗风险能力，质量、安全、环境事故情况。

总承包商应建立分包商后评价制度，定期或在项目结束后对其进行后评价。评价内容应包括施工或服务的质量、进度。合同执行能力包括施工组织设计的先进合理性、施工管理水平、施工现场组织机构的建立及人员配置情况。现场配合情况包括沟通、协调、反馈等，售后服务的态度、及时性，解决问题或处理突发状况的能力，质量、职业健康安全、文明施工和环境保护管理的绩效等。

5. 施工过程控制

总承包商应对由分包商实施的过程进行监控和检查验收。依据分包合同，对分包商服务的条件进行验证、确认、审查或审批，包括项目管理机构、人员的数量和资格、入场前培训、施工机械、主要工程设备及材料等；在施工前，应组织设计交底和技术质量、安全交底或培训；对施工分包商入场人员的三级教育进行检查和确认；应按分包合同要求，确认、审查或审批分包商编制的施工或服务进度计划、施工组织设计、专项施工方案、质量管理计划、安全环境和试运行的管理计划等，并监督其实施；与施工分包商签订质量、职业健康安全、环境保护、文明施工、进度等目标责任书，并建立定期检查制度；应对施工过程的质量进行监督，按规定审查检验批、分项、分部（子分部）的报验和检验情况进行跟踪检查，并对特殊过程和关键工序的识别与质量控制进行监督，并应保存质量记录；应对施工分包商采购的主要工程材料、构配件、设备进行验证和确认，必要时进行试验；应对所需的施工机械、装备、设施、工具和监视测量设备的配置以及使用状态进行有效性检查，必要时进行试验；应监督分包商内部按规定开展质量检查和验收工作，并按规定组织分包商参加工程质量验收，同时按分包合同约定，要求分包商提交质量记录和竣工文件并进行确认、审查或审批，对质量不合格品，应监督分包商进行处置，并验证其实施效果；应依据分包合同和安全生产管理协议等约定，明确分包商的安全生产管理、文明施工、劳动防护、危大项目措施费等方面的职责和应采取的职业健康、安全、环保等方面的措施，并指定专职安全生产管理等人员进行管理与协调；应对分包商的履约情况进行评价，并保存记录，作为对分包商奖惩和改进分包管理的依据。

6. 施工与设计、采购和试运行的接口控制

（1）施工与设计的接口控制　包括对设计的可施工性分析，接收设计交付的文件，图纸会审、设计交底、评估设计变更对施工进度的影响。

（2）施工与采购的接口控制　包括现场开箱检验，施工接收所有设备、材料，施工过程中发现与设备、材料质量有关问题的处理对施工进度的影响，评估采购变更对施工进度的影响。

（3）施工与试运行的接口控制　包括施工计划与试运行计划不协调时对进度的影响，试运行过程中发现的施工问题的处理对进度的影响。

五、分包管理

1. 专业/劳务分包队伍的选择、进场准备和进场要求

（1）专业/劳务分包队伍的选择和进场准备　总承包项目部确认的分包商经业主认可后，总承包项目与分包商签订总分包合同及分包方安全生产协议、总分包方消防保卫协议书、分包管理手册等，纳入总承包管理。专业分包商进场后，由总承包项目部进行"总承包管理办法"交底。

1）分析总进度计划。通过对总进度计划的分析，确定分包队伍的进场顺序，从而确定分包的招标顺序。

2）确定专业的分包范围。根据招标文件和施工图，确定专业分包的种类和数量，对招标文件和施工图中涉及的专业要进行核对，防止遗漏。

3）编制招标和进场计划。在分析进度和确定专业分包的基础上，编制专业分包的招标和进场计划。

4）审核。专业分包招标和进场计划要经过总承包项目经理和总工程师的审核方能生效。审核的目的主要是核对进场时间和专业分包的种类、数量能否满足需要。

（2）专业/劳务分包队伍的进场要求　各专业分包方进入施工现场前，均需按总承包管理办法的要求设置相应的组织管理机构，配置对口的管理人员，按以下规定程序进行。

1）进入施工现场的各专业分包方按总承包商设置的规则统一命名。

2）来往信函及有关文件需标注单位名称时，一律以总承包商确定的名称为准。

3）各专业分包商必须按照总承包商设置的机构管理岗位配齐相应的管理人员。

4）分包商必须为进场的管理人员、施工人员购买人身保险，以防意外伤害发生后带来不必要的纠纷。

5）分包商常年驻工地的管理人员，如项目经理、技术负责人、工长、质量检查员、安全员、材料员、维修电工等必须持证上岗。项目经理、技术负责人员必须具有相应的专业注册建造师证书和工程师证书。

6）进场的劳务人员必须持有身份证及在本市办理的有效暂住证、务工证、特殊工种上岗证。其中特殊工种包括：电工、电气焊工、维修电工、架子工、起重工、防水工等。分包商进场，必须将其劳务人员的花名册及上述证件复印件上报总承包商、监理。劳务人员必须经常携带上述证件，以备随时检查，被查者如证件不全，将被清出施工现场。

7）各专业分包商进场前向总承包项目部提交下列资料：

① 企业各类资质证书及营业执照。

② 中标通知书及合同。

③ 管理人员名单、分工及联系方式。

④ 岗位职责及管理制度。

⑤ 施工工人名单及劳务注册手续，暂住证明等。

8）上述各项资料由总承包项目部综合办公室负责收集、整理，收集齐全后装订成册，送资料室归档。

2. 对进场劳务/专业分包商的验证

分包商进场后，总承包项目经理部应按照总承包要求和分包的承诺，对分包商进行人员、设备等方面的验证和验收。对专业管理人员和特种作业人员，除查验上岗证外，还应通过口试、实验操作等方式考核其能力。

施工过程中，应定期检查分包商的人员变化、安全措施费用投入、安全防护设施使用等情况，不符合要求的及时监督整改。注意作业人员的思想和身体素质方面的变化，及时进行沟通和交流。

3. 过程的动态管理与考核

总承包项目部负责每半年对分包商在施工过程中的情况进行一次考核，填写分包商考核记录，报企业分包商管理部门保存，作为年度集中评价的信息输入。每年度或一个单位工程施工完毕后，由使用单位的相关部门和总承包项目部对分包商进行综合考核评价，将考核结果报有关部门复核备案。

分包商在施工过程中违反合同条款时，总承包项目部应以书面形式责令其整改，并观其实施效果。确有改进，予以保留；亦可视情况按合同规定处理。

当分包商遇到下列情况之一时，总承包项目部填写分包商辞退报告，报企业分包商管理部门，经企业分管领导审批后解除分包合同，从合格分包商名录中删除，在备注栏中填写辞退报告编号，并报主管部门备案。

1）人员素质、技术水平、装备能力的实际情况与投标承诺不符，影响工程正常实施。

2）施工进度不能满足合同要求。

3）发生重大质量、安全或环境污染事故，严重损害本单位信誉。

4）不服从合理的指挥调度，未经允许直接与业主发生的经济和技术性往来。

5）已构成影响信誉的其他事实。

六、合同经验管理

工程项目合同管理是指在工程项目实施过程中，对合同的签订、履行、变更、索赔等各个环节进行有效管理和控制的过程。合同管理的好坏直接影响着工程项目的质量、进度和成本。

（1）合同签订阶段的管理 在工程项目的合同签订阶段，合同条款和内容的明确与否直接影响着后续合同履行的顺利进行。因此，在签订合同之前，项目管理人员应充分了解业主的需求，并与业主进行充分沟通，确保合同条款准确反映了业主的要求。同时，合同中应明确双方的权责和义务，特别是在工程质量、进度和费用等方面的约定，以避免后续的纠纷和争议。

（2）合同履行阶段的管理 合同履行阶段是工程项目合同管理的重要环节，也是项目管理人员需要密切关注和有效控制的阶段。在合同履行过程中，项目管理人员应确保合同的执行符合法律法规和合同的约定，并及时跟进工程进展情况。同时，项目管理人员还应建立有效的合同履行监督机制，对承包商的工程质量、进度和费用进行监督和检查，确保合同的履行质量。

（3）合同变更管理　在工程项目实施过程中，由于各种原因，合同的变更是不可避免的。然而，合同变更的管理往往是一个复杂的过程，容易导致工程项目的质量问题和进度延误。因此，在合同变更管理中，项目管理人员应及时进行评估和分析，确保变更的合理性和必要性，并与业主进行充分沟通和协商。同时，变更后的合同条款和费用应及时进行调整和确认，以避免后续的纠纷。

（4）索赔管理　在工程项目实施过程中，由于各种原因，承包商可能会提出索赔。项目管理人员应及时对索赔进行评估和分析，确保索赔的合理性和有效性。在处理索赔时，项目管理人员应遵循公正、公平、合理的原则，与承包商进行充分沟通和协商，并及时做出决策。同时，项目管理人员还应建立索赔管理档案，记录索赔的过程和结果，以备后续参考。

（5）合同管理的信息化建设　随着信息技术的发展，合同管理的信息化建设已经成为工程项目管理的重要组成部分。通过建立合同管理系统，可以实现对合同的全过程管理和控制，提高合同管理的效率和准确性。合同管理系统应包括合同签订、履行、变更和索赔等各个环节的信息记录和管理功能，以便项目管理人员随时了解合同的执行情况并及时做出决策。

第五章

工程总承包造价管理

工程总承包的工程造价的计量、计价、工程结算（包括期中结算、竣工结算）均不同于施工总承包模式；相对应的计价基础、计价依据和基本思路都有自身的特点。本章重点介绍工程总承包项目清单、价格清单、工程结算的编制。

第一节　工程总承包项目清单编制

工程总承包费用项目清单应在工程总承包发包时编制，编制时区分可行性研究或方案设计后项目清单和初步设计后项目清单，基本依据、内容、表格格式虽相接近，但具体内容有所区别。

一、项目清单编制依据

1）建设项目相关的国家勘察、设计标准、规范。

2）《建设项目工程总承包计价规范》（T/CCEAS 001—2022）。

3）《房屋工程总承包工程量计算规范》（T/CCEAS 002—2022），以及相关专业工程量计算规范。

4）拟建项目所在地的投资估算指标、概算定额、造价指数指标等计价依据。

5）拟发包项目的勘察报告（可行性研究或方案设计后采用可行性研究勘察和初步勘察报告，初步设计后采用详细勘察报告）。

6）拟发包项目设计（可行性研究或方案设计后采用方案设计，初步设计后采用初步设计）。

7）拟建项目投资估算（可行性研究和方案设计后）。

8）拟建项目设计概算（初步设计后）。

9）拟发包项目的招标文件。

10）其他计价依据和资料。

二、项目清单编制内容

工程总承包项目清单编制包括总说明、工程费用汇总表、建筑工程费项目/价格清单、设备购置及安装工程费项目/价格清单、工程总承包其他费项目/价格清单、预备费、发包人提供主要材料一览表、发包人提供主要设备一览表（表5-1~表5-8）。

表 5-1　总说明

工程名称：

说明项目清单编制依据、范围、未包括事项等

表 5-2　工程费用汇总表

工程名称：　　　　　　　　　　　　　　　　　　　　　　　　单位：元

序号	项目名称	建筑工程费	设备购置费	安装工程费	备注
合计					

表 5-3　建筑工程费项目/价格清单

工程名称：　　　　　　　　　　　　　　　　　　　　　　　　单位：元

序号	项目编码	项目名称	计量单位	数量	单价	合价
	其他					
合计						

注：承包人认为需要增加的项目，在"其他"下面列明该项目的名称、计量单位、数量、单价和合价。

表 5-4　设备购置费及安装工程费项目/价格清单

工程名称：　　　　　　　　　　　　　　　　　　　　　　　　单位：元

序号	编码	项目名称	技术参数规格型号	计量单位	数量	设备购置费		安装工程费	
						单价	合价	单价	合价
合计									

表 5-5　工程总承包其他费项目/价格清单

工程名称：　　　　　　　　　　　　　　　　　　　　　　　　　　单位：元

序号	项目名称	金额	备注
1	勘察费		
1.1	详细勘察费		
1.2	施工勘察费		
2	设计费		
2.1	初步设计费		
2.2	施工图设计费		
2.3	专项设计费		
3	工程总承包管理费		
4	研究试验费		
5	临时用地及占道使用补偿费		
6	场地准备及临时设施费		
7	检验检测及试运转费		
8	系统集成费		
9	工程保险费		
10	其他专项费		
11	代办服务费		
合计			

注：承包人认为需要增加的有关项目，在"其他专项费"下面列明该项目的名称及金额。

表 5-6　预备费

工程名称：　　　　　　　　　　　　　　　　　　　　　　　　　　单位：元

序号	项目名称	金额	备注
1	基本预备费		
2	涨价预备费		
合计			

注：发包人应将预备费列入项目清单中，投标人应将上述预备费计入投标总价中。

表 5-7　发包人提供主要材料一览表

工程名称：

序号	名称	规格、型号	交货方式	送达地点	备注

表 5-8 发包人提供主要设备一览表

工程名称：

序号	名称	技术参数、规格型号	交货方式	送达地点	备注

注：设备购置项目包括必备的备品备件。

通过上述表格可以看出，工程总承包项目清单所包括的具体内容应结合建设项目总承包范围、发包人要求、招标文件及工程相关资料确定。

三、项目清单编制思路

工程总承包项目清单编制的思路：一是编制建筑工程费用项目清单、设备购置及安装工程费项目清单；二是编制主要材料一览表、主要设备一览表；三是编制工程总承包其他费用项目清单；四是确定预备费；五是进行工程费用汇总；六是完成总说明的编写。

四、项目清单编制案例

（一）工程费用项目清单编制

工程费用项目清单应依据可行性研究或方案设计、初步设计，相关专业工程计量规范编制。下面以房屋工程为例。

1. 可行性研究及方案设计后项目清单

[案例 5-1] 某市运动中心拟建在市区，项目包括多层、高层等住宅，其中多层建筑面积为 12000m²，高层住宅 35000m²（地下部分为 3000m²），公共体育馆 16000m² 等。该项目建筑结构和施工技术要求一般，选择在可行性研究或方案设计后发包，请编制该项目房屋工程有关的项目清单。

[解] 根据《房屋工程总承包工程量计算规范》和拟建项目资料，编制该项目可行性研究或方案设计后项目清单（部分），见表 5-9。

表 5-9 可行性研究或方案设计后项目清单（部分）

工程名称：某市运动中心

序号	项目编码	项目名称		计量单位	数量	工程内容
1	A012000	多层住宅	土建工程	m²（建筑面积）	12000	包括基础土方、地基处理、地下室防护工程、砌筑工程、钢筋混凝土工程、屋面工程、建筑附属构件等全部工程内容
2	A013000		装饰工程			包括建筑室内外装饰工程等全部工程内容
3	A014000		机电安装工程			包括给排水工程、消防工程、通风与空调工程、电气工程、电梯工程等机电安装工程内容

（续）

序号	项目编码	项目名称		计量单位	数量	工程内容
4	A032100	高层住宅	地下部分土建	m²（建筑面积）	3000	包括基础土方、地基处理、基坑支护、地下室防护工程、桩基工程、钢筋混凝土工程等全部工程内容
5	A032200		地上部分土建（不带基础）		32000	包括砌筑工程、钢筋混凝土工程、木结构工程、屋面工程、建筑附属构件等全部工程内容
6	A033200		地下部分室内装饰工程		3000	包括室内装饰工程等全部工程内容
7	A033300		地上部分室内装饰工程		32000	包括室内装饰工程等全部工程内容
8	A034000		机电安装工程		35000	包括给水排水工程、消防工程、通风与空调工程、电气工程、建筑智能化工程、电梯工程等机电安装工程内容
9	A502000	公共体育馆	土建工程	m²（建筑面积）	16000	包括基础土方、地基处理、地下室防护工程、砌筑工程、钢筋混凝土工程、屋面工程、钢结构工程、建筑附属构件等全部工程内容
10	A503000		装饰工程		16000	包括建筑室内外装饰工程等全部工程内容
11	A504000		机电安装工程		16000	包括给水排水工程、消防工程、通风与空调工程、电气工程等机电安装工程内容

注：受施工条件影响较大的、不确定因素较多的大型土石方工程、照明工程等项目可单独列为单价项目。

2. 初步设计后项目清单

[案例 5-2] 某市职业学院教师公寓区，拟建 1 栋 12 层公寓，建筑面积为 8000m²，现浇钢筋混凝土框架结构，其中砌筑墙按初步设计图示尺寸计算为 700m³（标准砖墙 200m³，砌块墙 500m³），现浇钢筋混凝土柱 450m³、梁 420m³。该项目建筑设计、设备安装及施工工艺相对普通，选择在初步设计后实行总承包发包，请编制该项目部分土建工程项目和机电安装工程项目的清单。

[解] 根据《房屋工程总承包工程量计算规范》和拟建项目资料，编制该项目初步设计后房屋工程项目清单（部分）见表 5-10、表 5-11。

表 5-10 初步设计后房屋工程项目清单（土建工程）（部分）

工程名称：某市职业学院教师公寓区房屋工程（土建工程）

序号	项目编码	项目名称	计量单位	数量	备注
1	A0220000602	砌筑墙	m³	700	（1）计量规则：执行房屋工程总承包工程量计算规范；
2	A0220000702	现浇钢筋混凝土柱	m³	450	（2）工程内容：见计量规范
3	A0220000703	现浇钢筋混凝土梁	m³	420	

注：1. 房屋工程总承包工程量计算规范计量规则：
① 砌筑墙按图示尺寸以体积计算，过梁、圈梁、反边、构造柱并入砌块砌体体积计算。
② 现浇钢筋混凝土柱、梁均按设计图示尺寸以体积计算。
2. 工程内容：
① 砌筑墙包括：砖、砌块墙体；砂浆；胶粘剂；砌体钢筋，构造柱/过梁/现浇带的混凝土、钢筋及模板；排水管（泄水孔）；变形缝、止水带；表面处理、打样、成品保护。
② 现浇钢筋混凝土柱、梁包括：混凝土；钢筋、预埋件；模板及支架（撑）；排水管（泄水孔）；变形缝、止水带；表面处理、打样、成品保护。

表 5-11　初步设计后房屋工程项目清单（机电安装工程）（部分）

工程名称：某市职业学院教师公寓区房屋工程（机电安装工程）

序号	项目编码	项目名称	计量单位	数量	备注
1	A0241001501	给水系统	m^2	8000	（1）计量规则:执行房屋工程总承包工程量计算规范
2	A0241001502	污水系统	m^2	8000	（2）工程内容:见计量规范
3	A0241001504	雨水系统	m^2	8000	

注：1. 房屋工程总承包工程量计算规范计量规则：给水排水工程均按建筑面积计算。

　　2. 工程内容：给水排水各系统均包括：设备、管道、支架及其他、管道附件、卫生器具等全部工程内容。

3. 施工图设计后工程量清单

施工图设计后工程量清单，即传统的施工总承包下与招标文件一起下发的工程量清单。在工程总承包模式下，主要适用于可调总价合同的工程总承包，确定可调项目的单价及工程量。这种清单的编制与过去做法一致，以［案例 5-2］房屋工程为例，见表 5-12。

表 5-12　施工图设计后工程量清单（房屋工程）

工程名称：某市职业学院教师公寓区房屋工程

序号	项目编码	项目名称	项目特征	计量单位	数量	工作内容
1	010402001001	标准砖墙	1. 砖品种、规格、强度等级 2. 墙体类型 3. 砂浆强度等级、配合比	m^3	200	（1）砂浆制作、运输 （2）砌砖 （3）刮缝 （4）砖压顶砌筑 （5）材料运输
2	010401004002	砌块墙	1. 砌块品种、规格、强度等级 2. 墙体类型 3. 砂浆强度等级	m^3	500	
3	010502001003	现浇钢筋混凝土柱	1. 混凝土种类 2. 混凝土强度等级	m^3	450	（1）模板及支架（撑）制作、安装、拆除、堆放、运输及清理模内杂物、刷隔离剂等 （2）混凝土制作、运输、浇筑、振捣、养护
4	010503002004	现浇钢筋混凝土梁	1. 混凝土种类 2. 混凝土强度等级	m^3	420	

注：1. 工程量计算规则执行《房屋建筑与装饰工程工程量计算规范》（GB 50854—2013）。

　　2. 工程内容详见《房屋建筑与装饰工程工程量计算规范》（GB 50854—2013）。

（二）工程总承包其他费项目清单编制

工程总承包其他费项目清单应根据工程总承包范围和内容列项。

［案例 5-3］　某市职业学院教师公寓区建设项目，在方案设计阶段进行工程总承包发包，项目建设场地在学院园区内，建设期间无须临时用地及占道使用，项目建筑设计、结构、施工均按国家建设工程标准规范执行，不存在一般的研究试验。工程建设报建报批由发包方负责。请编制该项目工程总承包其他费项目清单。

［解］　根据上述情况，参照表 5-5，工程总承包其他费项目清单编制见表 5-13。

表 5-13　工程总承包其他费项目清单

工程名称：某市职业学院教师公寓区建设项目　　　　　　　　　　　　　　　　单位：元

序号	项目名称	金额	备注
1	勘察费		
1.1	详细勘察费		
1.2	施工勘察费		
2	设计费		
2.1	初步设计费		
2.2	施工图设计费		
2.3	专项设计费	—	该项目无须专项设计
3	工程总承包管理费		
4	研究试验费	—	发包范围已明确不存在此项费用
5	临时用地及占道使用补偿费	—	
6	场地准备及临时设施费		
7	检验检测及试运转费		
8	系统集成费		
9	工程保险费		
10	其他专项费		发包人无要求，承包人是否有增加，投标报价时注明
11	代办服务费	—	发包人自行办理
	合计		

注："—"表示无此项内容。

（三）预备费和主要材料、主要设备一览表编制

预备费应根据建设项目发包的范围、规模、内容，以及项目特点确定，参考表 5-6 填写。

一般根据不同阶段的发包内容，采用建设项目投资估算或设计概算中的预备费计列。

主要材料、主要设备应根据建设项目的勘察设计资料、发包人要求和国家标准规范，分析汇总后，参考表 5-7、表 5-8 填写。

第二节　工程总承包价格清单编制

工程总承包价格清单是控制投资、合理确定造价的重要依据。通常由承包人按发包人要求或发包人提供的项目清单格式填写并标明价格。发包人也可根据项目清单，在标明价格后，作为测算最高投标限价或标底使用。

一、价格清单编制依据

1）建设项目相关的国家勘察、设计标准、规范。

2）《建设项目工程总承包计价规范》（T/CCEAS 001—2022）。

3）《房屋工程总承包工程量计算规范》（T/CCEAS 002—2022），以及相关专业工程计价与计量规范。

4）拟建项目所在地的投资估算指标、概算定额、工程费用定额等计价定额。

5）拟建项目工程勘察、设计资料。

6）拟发包项目的招标文件。

7）拟发包项目的工程总承包项目清单。

8）拟发包项目工程所在地工程造价管理机构发布的工程造价指数或指标。

9）类似工程价格资料。

10）其他资料。

二、价格清单编制内容

工程总承包价格清单编制包括总说明、工程费用汇总表、建筑工程费价格清单、设备购置及安装工程费价格清单、工程总承包其他费价格清单。

三、价格清单编制思路

价格清单原则上由承包人根据工程总承包项目清单，结合建设市场价格和企业的实际情况编制。首先编制建筑工程费价格清单、设备购置及安装工程费价格清单；再编制工程总承包其他费价格清单；然后编制工程费用汇总表，并将预备费列入总报价中。

四、价格清单编制案例

（一）可行性研究或方案设计后价格清单编制

[**案例 5-4**]　以[案例 5-1]为基础，该项目所在地工程造价管理机构发布投资指标，见表 5-14。拟发包项目投资估算（部分）见表 5-15。请根据[案例 5-1]项目清单编制该项目的价格清单。

表 5-14　工程造价管理机构发布投资指标（部分）

序号	项目名称	单方工程投资额/(元/m²)	其中：(元/m²)			
			土建工程	装饰工程	机电安装工程	其他
1	多层住宅	6600	2800	1800	1000	1000
2	高层	9100	4200	2400	1400	1100
3	公共体育馆	10200	4500	2600	1100	2000

注：1. 土建工程不包括大型土石方工程。

2. 装饰工程不包括高级灯饰。

3. 表中"其他"为项目配套设施、景观、园林绿化工程。

表 5-15　拟发包项目投资估算（部分）

序号	项目名称	数量/m²	工程投资额/万元	单方工程投资/(元/m²)	其中：(元/m²)			
					土建工程	装饰工程	机电安装工程	其中设备购置费
1	多层住宅	12000	6720	5600	2800	1800	1000	300

（续）

序号	项目名称		数量/m²	工程投资额/万元	单方工程投资/(元/m²)	其中:(元/m²)			
						土建工程	装饰工程	机电安装工程	其中设备购置费
2	高层住宅	地下部分	3000	2370	7900	5000	2000	1400	500
3		地上部分	32000	20800	6500	3800	1800		
4	公共体育馆		16000	13440	8400	4500	2700	1200	550

注: 1. 表中数量为建筑面积数。

2. 机电安装投资＝设备购置费+安装工程费。

[解]　依据《总承包计价规范》和《总承包计量规范》的规定，按照拟建项目清单的要求和拟建项目实际情况需要，结合表 5-14 和表 5-15 提供信息，以及企业情况，编制该项目价格清单，见表 5-16，表 5-17。

表 5-16　可行性研究或方案设计后价格清单（土建工程）（部分）

工程名称：某市运动中心（土建工程）　　　　　　　　　　　　　　　　　单位：元

序号	项目编码	项目名称	计量单位	数量	单价	合价
1	A012000	多层住宅（土建工程）	m²	12000	2800	33600000
2	A013000	多层住宅（装饰工程）	m²	12000	1800	21600000
3	A032100	高层住宅（地下部分、土建工程）	m²	3000	5000	15000000
4	A033200	高层住宅（地下部分、装饰工程）	m²	3000	2000	6000000
5	A032200	高层住宅（地上部分、土建工程）（不带基础）	m²	32000	3800	121600000
6	A033300	高层住宅（地上部分、装饰工程）	m²	32000	1800	57600000
7	A502000	公共体育馆 土建工程	m²	16000	4500	72000000
8	A503000	公共体育馆 装饰工程	m²	16000	2700	43200000

表 5-17　可行性研究或方案设计后价格清单（机电安装工程）（部分）

工程名称：某市运动中心（机电安装工程）　　　　　　　　　　　　　　　单位：元

序号	项目编码	项目名称	技术参数规格型号	计量单位	数量	设备购置费		安装工程费	
						单价	合价	单价	合价
1	A014000	多层住宅（机电安装工程）		m²	12000	300	3600000	700	8400000
2	A034000	高层住宅（机电安装工程）		m²	35000	500	17500000	900	31500000
3	A504000	公共体育馆（机电安装工程）		m²	16000	550	8800000	650	10400000

（二）初步设计后价格清单编制

[案例 5-5]　在[案例 5-2]基础上，考虑发包时点推迟到初步设计后。建设项目所在地工程造价管理机构发布当年工程概算定额，相关定额子目见表 5-18，拟建项目投资人委托全过程工程咨询单位编制的设计概算（相关数据见表 5-19）。请结合拟建项目工程资料和[案例 5-2]的项目清单编制该项目初步设计后价格清单。

表 5-18 概算定额（摘录）

序号	定额号	项目名称	计量单位	基价/元	其中设备购置费/元	工程内容
1	土 3-15	标准砖墙	m³	395		包括砌体、构造柱等全部工程内容
2	土 3-19	砌块墙	m³	435		
3	土 5-11	现浇钢筋混凝土柱	m³	1280		包括混凝土、钢筋、模板及支架（撑）等全部工程内容
4	土 5-17	现浇钢筋混凝土梁	m³	1300		
5	安 8-3	给水系统	m²	110	80	包括设备、管道、支架及其他、管道附件、卫生器具等全部工程内容
6	安 8-25	污水系统	m²	60	50	
7	安 8-34	雨水系统	m²	50	30	

注：1. 砌筑墙、现浇钢筋混凝土工程按设计图示尺寸以体积计算。

　　2. 给水排水工程按建筑面积计算，其基价＝设备购置费＋安装工程费。

表 5-19 拟建项目设计概算（部分）

序号	项目名称	计量单位	数量	工程费用/元	
				单价	合价
1	砌筑墙	m³	700	500	350000
2	现浇钢筋混凝土柱	m³	450	1400	630000
3	现浇钢筋混凝土梁	m³	420	1400	588000
4	给水排水工程	m²	8000	200	1600000

[解]　根据拟建项目初步设计图、招标文件及项目清单，依据《房屋工程总承包计量规范》、当地发布的概算以及企业实际情况，并参照拟建项目设计概算（原则上不超过设计概算），编制项目初步设计后价格清单，见表 5-20，表 5-21。

表 5-20 初步设计后价格清单（土建工程）（部分）

工程名称：某市职业学院教师公寓区房屋工程（土建工程） 　　　　单位：元

序号	项目编码	项目名称	计量单位	数量	单价	合价
1	A0220000602	砌筑墙	m³	700	420	294000
2	A0220000702	现浇钢筋混凝土柱	m³	450	1280	576000
3	A0220000703	现浇钢筋混凝土梁	m³	420	1300	546000

注：项目工程量按初步设计图计算得出，且项目清单已列出；价格根据概算定额，结合设计概算，综合确定。

表 5-21 初步设计后价格清单（机电安装工程）（部分）

工程名称：某市职业学院教师公寓区房屋工程（机电安装工程） 　　　　单位：元

序号	项目编码	项目名称	技术参数规格型号	计量单位	数量	设备购置		安装工程费	
						单价	合价	单价	合价
1	A0241001501	给水系统	CDMF65-2-1	m²	8000	80	640000	20	160000
2	A0241001502	污水系统		m²	8000	50	400000	5	40000
3	A0241001504	雨水系统		m²	8000	30	240000	10	80000

注：依据建设项目设计概算，参考概算定额，结合企业实际情况确定项目清单价格。

五、价格清单编制注意事项

1）注意建设项目发包的不同阶段，其依据和费用项目有所不同。

2）工程总承包合同类型不同，价格清单考虑的风险也有所不同。对于可调总价合同，需编制施工图工程量清单及其计价表，以便工程总承包合同造价计算。

3）在工程总承包其他费价格清单中，对于需要增加的有关项目，要在"其他专项费"下面列明该项目的名称及金额。

4）价格清单列出的建筑安装工程量仅为估算的数量，不得将其视为要求承包人实施工程的实际或准确的数量。

价格清单中列出的建筑安装工程的任何工程量及其价格，除执行单价项目结算外，应仅限于作为合同约定的变更和支付的参考，不应作为结算依据。

5）价格清单中价格应包括成本、利润。应纳税金单列计算。

第三节　标底（最高投标限价）与工期的编制

一、标底或最高投标限价的编制

（一）编制依据

1）国家相关法律法规及政策。

2）国家工程勘察、设计、施工标准规范。

3）建设项目工程总承包计价规范。

4）本项目勘察设计资料、拟定的招标文件。

5）本项目发包人要求、投资估算或设计概算。

6）本项目项目清单等。

（二）编制思路

1. 在可行性研究或方案设计后发包的

1）标底或最高投标限价的限额：宜采用投资估算中与发包范围一致的估算金额为限额。

2）标底或最高投标限价的费用计列：

① 建筑工程费、设备购置及安装工程费宜直接按投资估算中的费用计列。

② 工程总承包其他费应根据建设项目工程总承包发包的不同范围，按照投资估算中同类费用金额计列。

对于勘察费、设计费，根据不同阶段发包的勘察、设计工作内容，按投资估算中勘察费、设计费对应的工程总承包中的勘察、设计工作的部分金额计列。

对于工程总承包管理等其他费用在投资估算中有同类项目费用金额的，可根据发包内容全部或部分计列，无同类项目的，可参照同类或类似工程的此类费用计列。

关于代办服务费应根据发包人委托内容确定，如委托可列此项费用，否则不应计列。

③ 预备费应根据不同阶段的发包内容，采用建设项目投资估算中的预备费计列。

2. 在初步设计后发包的

1）标底或最高投标限价的限额：宜采用设计概算中与发包范围一致的概算金额为限额。

2）标底或最高投标限价的费用计列：

① 建筑工程费、设备购置及安装工程费宜直接按设计概算中的费用计列。

② 工程总承包其他费应根据建设项目工程总承包发包的不同范围，按照设计概算中同类费用金额计列。

工程总承包管理费等其他费用在设计概算中有同类项目费用金额的，可根据发包的内容全部或部分计列，没有项目的，参照同类或类似工程的此类费用计列。代办服务费如发生可以计列。

③ 预备费应按建设项目设计概算中的预备费计列。

（三）编制注意事项

1）工程总承包模式招标发包时，发包人自行决定是设置标底，还是最高投标限价。设置标底只能有一个标底，在开标前应保密，而在开标时应公开。设置最高投标限价的，应在招标文件中明确最高投标限价或其计算方法。

2）标底或最高投标限价编制应执行国家法律法规和政策规定，以及标准规范，其结果不能打折计算。

3）工程总承包发包的标底或最高投标限价在投资估算或设计概算的基础上形成，无须另行编制。

4）如投资估算、设计概算中有与项目清单内容相对应的数额，可以直接采用，如有的项目相同，但发包范围缩小，则应扣除未包括的内容计列；如没有的按《总承包计价规范》第5.2.6条规定在估算和概算总金额范围内计列。

二、工期的编制

工程总承包发包时，在招标文件中明确建设工期。确定工期应当合理，不得任意压缩。工期的编制由发包人负责，应根据相关规定或已完成（或类似）工程建设的工期确定。

第四节　工程总承包价款的确定与结算

一、工程总承包计价方式

工程总承包一般有两种计价方式：

（1）固定总价　除工程变更外，工程项目、工程量、费用均不得调整。

（2）可调总价　在专用合同条件约定可调的范围。

二、投标报价与工期

1. 投标报价

1）投标人应依据招标文件、发包人要求、项目清单、补充通知、招标答疑、可行性研究、方案设计或初步设计文件、本企业积累的同类或类似工程的价格自主确定工程费用和工程总承包其他费用后进行投标报价。

2）初步设计后发包，发包人提供的工程费用项目清单应仅作为承包人投标报价的参考，投标人应依据发包人要求和初步设计文件、详细勘查文件按下列规定进行投标报价：

① 对项目清单内容可增加或减少。

② 对项目应进行细化，原项目下填写投标人认为需要的施工项目和工程数量及单价。

3）项目清单中需要填写技术参数等产品品质的项目，投标人应列明符合条件的潜在供应商。

4）工程总承包采用可调总价合同的，预备费应按招标文件中列出的金额填写，不得变动，并应计入投标总价中；采用固定总价合同的，预备费由投标人自主报价，合同价款不予调整。

2. 工期

投标人应依据招标文件和发包人要求，根据本企业专业技术水平和经营管理能力自主决定建设工期，并在投标函中做出承诺，中标后应在工程总承包合同中约定。

三、价款与工期的约定

根据《建筑法》第十八条规定"建筑工程造价应当按照国家有关规定，由发包单位与承包单位在合同中约定。"发承包双方应在合同中对工程计价进行约定的基本事项。工程总承包合同应根据投标报价与工期，以及评定过程中澄清资料，发承包双方在合同中约定价款与工期。

双方在合同中约定下列内容：

1）工程费用和工程总承包其他费的总额，结算与支付方式。

2）预付款的支付比例或金额、支付时间及抵扣方式。

3）期中结算与支付的里程碑节点，进度款的支付比例。

4）合同价款的调整因素、方法、程序及支付时间（可调总价合同有此项内容）。

5）竣工结算编制与核对、价款支付及时间。

6）提前竣工的奖励及误期赔偿的计算与支付。

7）质量保证金的比例或金额、采用方式及缺陷责任期。

8）违约责任以及争议解决方法。

9）与合同履行的有关其他事项。

四、合同价款与工期的调整

（一）调整的内容与方法

1. 法律变化

根据《总承包计价规范》第6.2.1条，基准日期后，因法律发生变化引起合同价款和（或）工期发生变化的，应按合同约定调整合同价款和工期。

因承包人原因导致工期延误的，工期应不予顺延，合同价款调增的应不予调整，合同价款调减的应予调整；因发包人原因导致工期延误的，工期应顺延，合同价款调增的应予调整，合同价款调减的应不予调整。

2. 工程变更

（1）发包人提出变更　因发包人变更发包人要求或初步设计文件，导致承包人施工图设计修改并造成成本、工期增加的，应按照合同约定调整合同价款、工期，并应由承包人提出新的价格、工期报发包人确认后调整。

如果发包人提出的工程变更引起施工方案改变并使措施项目发生变化时，承包人提出调整措施项目费，应事先将拟实施的方案提交发包人确认，并应详细说明与原方案措施项目相比的变化情况，拟实施的方案经发承包双方确认后执行，并应按照上述调整规则进行调整。

若承包人未事先将拟实施的方案提交给发包人确认时，应视为工程变更不引起措施项目费的调整。

（2）承包人提出变更　承包人对方案设计或初步设计文件进行的设计优化，如满足发包人要求时，其形成的利益应归承包人享有；如需要改变发包人要求时，应以书面形式向发包人提出合理化建议，经发包人认为可以缩短工期、提高工程的经济效益或其他利益，并指示变更的，发包人应对承包人合理化建议形成的利益双方分享，并应调整合同价款和（或）工期。

3. 市场价格变化

为解决工程总承包因市场价格变化的价差调整问题，根据《民法典》第五百三十三条的规定，体现合同公平的原则，工程总承包不再采用传统的"差额法"调整价差，而采用国际通行的"指数法"调整价差。公式为

$$\Delta P = P_0\left[A + \left(B_1 \times \frac{F_{t1}}{F_{01}} + B_2 \times \frac{F_{t2}}{F_{02}} + B_3 \times \frac{F_{t3}}{F_{03}} + \cdots + B_n \times \frac{F_{tn}}{F_{0n}}\right) - 1\right] \tag{5-1}$$

式中　　　　　ΔP——需调整的价格差额；

P_0——根据合同约定，承包人应得到的已完成工作量的金额。此项金额不应包括价格调整、不计质量保证金的扣留和支付、预付款的支付和扣回。约定的变更及其他金额已按现行价格计价的，也不计在内；

A——定值权重（即不调部分的权重）；

B_1、B_2、$B_3 \cdots B_n$——各可调因子的变值权重（即可调部分的权重）；

F_{t1}、F_{t2}、$F_{t3} \cdots F_{tn}$——各可调因子的现行价格指数，指约定的付款证书相关周期最后一天的前42天的各可调因子的价格指数；

F_{01}、F_{02}、$F_{03} \cdots F_{0n}$——各可调因子的基本价格指数，指基准日期的各可调因子的价格指数。

1）工程总承包模式下指数法调整造价是必然选择。一是指数法是将调价因子的绝对价格差替换为相对指数，将其单价差与数量归一到签约合同价这个参数，按价格运动趋势算账的方法，能有效减少发承包双方结算的价格分歧，是差额法无可比拟的。二是工程总承包模式签约的合同价形成的基础非施工图，也无法计算出人工、材料的准确数量，故差额法无法适用。

2）市场价格变化价差调整范围的取舍：根据《房屋建筑和市政基础设施项目工程总承

包管理办法》的规定，建设单位承担的风险包括主要工程材料、设备、人工，应按此确定发包人主要承担的风险范围，并在合同中约定。

3）采用指数法权重的约定：

① A——定值权重。即不参与调整部分占 P_0 的比重，以整数"1"表示，范围一般在 0.15~0.35，根据不同的专业工程及结算资料确定。包括承包人的管理费、利润和不列入调整价差的项目。材料设备等应列入定值权重。

② B_1、B_2、$B_3 \cdots B_n$——各可调因子的变值权重。包含三大重点：一是可调因子的选取，应区分专业工程确定，材料应选择价值对造价影响较大的；二是可调因子的权重确定，一般在 0.65~0.85 之间为宜；三是可调因子的数量设置。可调因子数量控制在 3~6 个为佳，置信度可达 95%。可调因子数量过多会降低履约效率，过少会导致风险分配不合理。

③ 指数法可以一个单项工程约定，也可以根据里程碑节点使用材料情况，采用几个节点约定权重。

4）价格指数权重的形成方式：《总承包计价规范》在附录 B 中提出了两种方式以供选择。

① B.1 价格指数权重表（投标人填报，发包人确认）见表 5-22，适用于承包人在投标阶段填报价格指数的权重范围及权重建议，由发承包双方在合同签订阶段确认最终权重。

表 5-22　B.1 价格指数权重表

工程名称：

序号	名称	变值权重 B				基本价格指数		现行价格指数	
		代号	范围	建议	确认	代号	指数	代号	指数
	变值部分	B_1	-至-			F_{01}		F_{t1}	
		B_2	-至-			F_{02}		F_{t2}	
		B_3	-至-			F_{03}		F_{t3}	
		B_4	-至-			F_{04}		F_{t4}	
定值部分权重 A						—	—	—	—
合计		1				—	—	—	—

注：1. "名称""基本价格指数"栏由发包人填写，没有"价格指数"时，可采用价格代替。

2. "变值权重"由承包人根据该项目人工、主要材料等价值在投标总价中所占的比例填写范围，并提出建议权重，由发承包双方在合同签订阶段确认最终权重，1 减去变值权重为定值权重。

3. "现行价格指数"按约定的付款周期最后一天的前 42 天的各项价格指数填写，没有时，可采用价格代替计算。

② B.2 价格指数权重表（发包人提出，承包人确认）见表 5-23，适用于发包人在招标文件中提供价格指数权重，投标人应在投标报价中考虑价格指数的权重与实际价格指数权重的差异。

表 5-23　B.2 价格指数权重表

工程名称：

序号	名称	变值权重 B			基本价格指数		现行价格指数	
		代号	建议	确认	代号	指数	代号	指数
	变值部分	B_1			F_{01}		F_{t1}	
		B_2			F_{02}		F_{t2}	
		B_3			F_{03}		F_{t3}	
		B_4			F_{04}		F_{t4}	
定值部分权重 A					—	—	—	—
合计			1		—		—	

注：1. "名称""基本价格指数"栏由发包人填写，没有"价格指数"时，可采用价格计算。

2. "变值权重"由发包人根据该项目人工、主要材料等价值在预估总价中所占的比例提出建议权重填写，由发承包双方在合同签订阶段确认最终权重，1 减去变值权重为定值权重。

3. "现行价格指数"按约定的付款周期最后一天的前 42 天的各项价格指数填写，没有时，可采用价格代替计算。

5）采用工程总承包模式，但又未在合同中约定"价格指数权重表"的，可视为不因市场价格变化调整合同价款。

4. 不可抗力

根据《总承包计价规范》6.5.1 条规定，因不可抗力事件导致的人员伤亡、财产损失及其费用增加和（或）工期延误，发承包双方各自承担并调整合同价款和工期。

5. 工程签证

工程签证应按规定的格式、要求和程序办理，其签证是合同价款和（或）工期调整的依据。

工程总承包下的签证比施工总承包下的签证范围已大幅缩小，因为一些施工总承包下存在变化有可能引起签证的风险，已经转由承包人承担，所以发承包双方应按照合同约定和发包人要求厘清是否可以进行工程签证。

6. 索赔

《总承包计价规范》6.8.1 条"当合同一方向另一方提出索赔时，应有正当的索赔理由和有效证据，并应符合合同的相关约定"。索赔是指在合同履约过程中，对于并非自己的过错，而是应由对方承担责任的情况造成的实际损失，向对方提出经济补偿和（或）工期顺延的要求。它是合同履约阶段一种避免风险的方法，同时也是避免风险的最后手段。

《总承包计价规范》明确了索赔程序及索赔处理方法。

注意：1）当承包人就索赔事项同时提出费用索赔和工期索赔时，发包人认为二者具有关联性的，可以综合做出费用赔偿和工程延期的决定。

2）发承包双方在按合同约定办理了竣工结算后，承包人在提交的最终结清申请中，只限于提出竣工结算后的索赔，提出索赔的期限应自发承包双方最终结清时终止。

3）工程总承包与施工总承包索赔有着较大区别：以设计变更引起的索赔为例，原在施工合同中，施工图设计变更造成承包人工期延误、费用增加，承包人有权要求发包人顺延工期、增加费用；而在工程总承包合同中，承包人对合同约定范围内的设计变更应自行承担责任，甚至发包人会因此造成的损失或工期延误，向承包人索赔。

7. 工期提前、延误

发包人确需合同工程提前竣工的，应征得承包人同意后与承包人商定采取加快工程进度的措施，并调整合同工程进度计划，调增提前竣工的费用，其费用应列入竣工结算文件中，与结算款一并支付。

因承包人原因导致工程延误，承包人应赔偿发包人由此造成的损失，即误期赔偿费，其费用也列入竣工结算文件中，在结算款中扣除。

（二）注意事项

1. 工程签证与工程变更的关系

工程签证与工程变更既有联系也有区别，有的具有因果关系，但签证并不完全是因为变更引起的，因工程签证范围比工程变更大，也可以说在工程实施过程中无所不包，只要是与合同约定的条件出现不一致的，均可以用工程签证将这一事实记录下来。发承包双方对其是否涉及价款变化，也可根据工程签证与工程合同约定内容对比予以判断。

2. 工程签证与索赔的关系

工程签证与索赔也存在区别：一是工程签证是双方协商一致的结果，而索赔是单方面的主张；二是工程签证涉及的利益已经确定，而索赔的利益尚待确定；三是工程签证是结果，而索赔是过程。因此，发包人拒绝承包人根据合同约定提出工程签证的，承包人应在合同约定的期限内进入索赔程序，提出索赔通知。

3. 工程总承包的签证范围已大幅缩小

工程总承包的签证相比于施工总承包签证，其范围已大幅缩小。理由是工程总承包存在变化有可能引起签证的风险已经转向承包人承担，故此发承包人应按照合同约定和发包人要求厘清是否可以进行工程签证。而工程总承包设计施工一体化，其可变因素大幅减少，签证则越少。

4. 工程总承包与施工总承包索赔的区别

1）减少索赔是工程总承包的优点之一：施工总承包下可以提出索赔的因素，并不能完全适用于工程总承包索赔。以设计变更引起的索赔为例，在施工合同中，施工图设计变更造成承包人工期延误、费用增加，承包人有权要求发包人顺延工期、增加费用和合理利润；而在工程总承包合同中，施工图设计，甚至初步设计属于承包人承包范围，承包人对合同约定范围内的设计变更应自行承担责任。此时，承包人不仅难以向发包人索赔，反过来将面临被发包人索赔。

2）承包人提出索赔分析，可以考虑以下几个方面：一是合同约定和发包人要求是否发生变更，例如工作范围、功能、技术标准等；二是外部因素，例如不可抗力、不可预见的地下掩埋物等；三是发包人行为，例如发包人或委托的代理人发出的指令，通知出现合同以外工作的增加，延迟支付合同价款、延迟提供场地等。从发包人索赔分析，主要围绕承包人是否履约、有无违约行为进行，如质量是否合格、工期是否延误等。

五、工程结算

工程结算分为期中结算和竣工结算。

（一）期中结算

发承包双方应按照合同约定的时间、程序和方法，在合同履行过程中，根据完成进度计划的里程碑节点办理期中价款结算，并按照合同价款支付分解表支付进度款，进度款支付比例应不低于80%。发承包双方可在确保承包人提供质量保证金的前提下，在合同中约定进度款支付比例。

承包人应根据实际完成进度计划的里程碑节点到期后的7天内向发包人提出进度款支付申请，支付申请的内容应符合合同的约定。

发包人应在收到承包人进度款支付申请后的7天内，对申请内容予以核实，确认后应向承包人出具进度款支付证书，并在支付证书签发后7天内支付进度款。

（二）竣工结算

合同工程完工后，承包人可在提交工程竣工验收申请时向发包人提交竣工结算文件。

1. 竣工结算文件内容

竣工结算文件主要包括以下内容：

1）截至工程完工，按照合同约定完成的所有工作、工程的合同价款。

2）按照合同约定的工期，确认工期提前或延后的天数和增加或减少的金额。

3）按照合同约定，调整合同价款应增加或减少的金额。

4）按照合同约定，确认工程变更、工程签证、索赔等应增加或减少的金额。

5）实际已收到金额以及发包人还应支付的金额。

2. 竣工结算价款的计算

1）可调总价合同的竣工结算价款＝签约合同价－预备费±合同约定调整价款和索赔的金额。

2）固定总价合同的竣工结算价款＝签约合同价±索赔金额。

3）竣工结算尾款＝竣工结算价款－已支付期中结算价款合计。

3. 竣工结算注意事项

1）在合同工程实施过程中已经办理并确认的期中结算的价款应直接进入竣工结算。

2）发包人应在收到合同承包人提交的完整的竣工结算文件后的28天内审核完毕。如不审核又未提出审核意见的，应视为承包人提交的竣工结算文件已被发包人认可，竣工结算办理完毕。

3）承包人应依据办理的竣工结算文件，向发包人提交竣工结算价款支付申请。除合同另有约定外，发包人应在收到承包人提交的竣工结算价款支付申请后7天内予以核实，并向承包人支付结算款。

第六章

工程总承包设计管理

第一节　工程总承包设计管理的基本思路

一、工程总承包设计管理概述

（一）设计管理的定义

工程总承包模式下，由工程总承包单位负责完成设计工作，并提交设计工作成果文件，作为采购、施工、验收、结算的依据。工程总承包设计管理是指为满足工程总承包项目建设要求，实现项目品质、造价、工期等综合最优，对全过程设计工作进行的一切管理活动的总称。

从实施主体来看，工程总承包设计管理包括投资人（业主）设计管理、总承包商设计管理，工程总承包招标前以投资人（业主）为主，定标后以总承包商为主。本章后续设计管理内容描述从总承包视角展开。

（二）设计管理的内容

工程总承包设计管理主要工作内容可以从全过程、全职能两个维度展开，两个维度互为关联，互相支撑。工程总承包设计管理内容示意图如图6-1所示。

1）从全过程来看，设计管理内容包括以下几个方面：

① 启动与策划的设计管理。

② 方案设计的设计管理。

③ 初步设计的设计管理。

④ 施工图设计的设计管理。

⑤ 深化设计的设计管理。

⑥ 招标采购的设计管理。

⑦ 建造的设计管理。

⑧ 竣工交付的设计管理。

2）从全职能来看，设计管理内容包括以下几个方面：

① 项目定义文件管理。

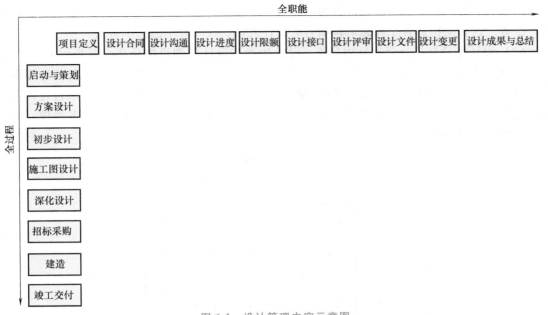

图 6-1　设计管理内容示意图

② 设计合同管理。

③ 设计沟通管理。

④ 设计进度管理。

⑤ 设计限额管理。

⑥ 设计接口管理。

⑦ 设计评审管理。

⑧ 设计文件管理。

⑨ 设计变更管理。

⑩ 设计成果与总结管理。

设计管理的具体内容与措施见本章第二节。

（三）设计管理的组织

1. 公司层面

公司层面常见的设计管理机构配置有以下 3 种形式。

（1）设计生产与设计管理机构并行　设计生产与设计管理机构合并设置如图 6-2 所示。

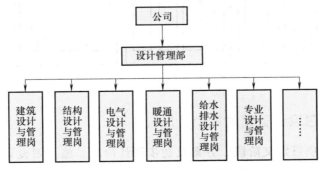

图 6-2　设计生产与设计管理机构并行

该组织架构、部门职责以项目设计管理指导与服务为主，同时根据情况承担少量自有的设计生产服务。这种架构适合工程总承包项目的设计人员、规模较小的总承包商。

（2）设计生产与设计管理机构分离　设计生产与设计管理机构分离设置如图6-3所示。该架构设计院职责包括组织设计生产、开拓设计市场、培育设计专业人才和储备设计资格人员，以维持设计资质的需要。设计管理部职责包括指导项目设计管理工作、对项目设计生产机构进行管理及审核、指导经营等业务工作的融合。这种架构适合具有一定业务规模、能够独立开展设计业务的总承包商。

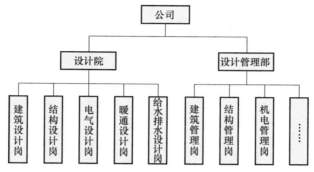

图6-3　设计生产与设计管理机构分离

（3）单设设计管理机构　不设置设计生产机构，仅设置设计管理机构。这种架构所设部门负责工程总承包设计管理工作，不承担设计生产业务。如果有设计生产业务时，则以外部联合、分包等方式进行。这种架构适合向工程总承包转型，但不开展设计业务的总承包商。

2. 项目层面

工程总承包项目一般在项目部设置专职的设计管理机构。根据各专业属性，可将部分相近专业合并管理，可以按建筑、结构、机电三大专业组进行设置，如图6-4所示。

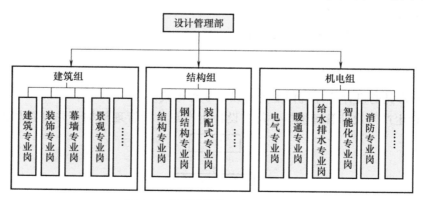

图6-4　项目设计管理部组织架构

二、工程总承包设计管理的四个阶段

设计管理可分为项目定义阶段、方案及初步设计阶段、施工图设计阶段、深化设计阶段。不同阶段，其设计管理的侧重点有所不同。总体上，设计阶段越靠前，越要关注设计的价值创造；越靠后，越要关注设计的可施工性。

（一）项目定义阶段

1. 项目定义文件的内容

项目定义文件是指影响项目最终交付状态的系列文件，包括对项目范围、内容、品质、标准、外观效果等进行描述定义的文件，以及项目管理流程中输入或输出的文件。

项目定义文件包括但不限于以下内容：

1）项目立项批复、规划设计条件、环境保护评估报告、交通评价报告等规划要求及条件。

2）勘测定界图、现状地形图等现场基础资料。

3）控制性详细规划、修建性详细规划、方案设计文件、勘察报告、初步设计文件、施工图设计文件等设计成果文件。

4）项目招标文件、招标投标答疑文件、中标通知书、工程总承包合同、补充协议书、变更指令通知单等合约商务文件。

5）建设用地规划许可证、建设工程规划许可证、施工图审查合格证、施工许可证等过程手续文件。

6）工程总承包实施条件中的项目需求、工作范围、建设标准等相关文件，如交付标准、工作界面、设计任务书、技术规格书、材料品牌清单等文件。

7）国家和地方的设计标准、规范、政策性文件等要求。

8）项目实施过程中各类形式的指令、要求文件等。

从内容上看，项目定义文件范围要大于工程总承包实施条件中的项目需求、工作范围、建设标准等。

2. 项目定义文件收集与完善

项目定位文件应从项目启动阶段开始收集，并随着项目进展持续维护和更新，直至最终竣工交付。项目部应安排设计管理人员专职从事这项工作，建立定义文件清单台账，收集并维护相关定义文件。

当项目定义文件存在缺失（如建设标准缺失或深度不足等），且对项目实施造成潜在影响时，应针对缺失的文件进行补充完善，并及时与业主及相关方确认，防止后期出现争议。

3. 项目定义文件分析与传递

项目部对于收集的定义文件，应及时做好分析和对比。对于不同定义文件要求不一致的，应及时通过正式途径向相关方确认；对于部分可能产生重大影响的定义文件，应及时提醒相关方重点关注。必要时，可根据原始定义文件总结梳理相关要求文件（如设计任务书等）。

项目相关方进场或工作启动时，应第一时间将相关定义文件要求通过正式途径传递至相关方，并对重点工作要求进行提醒，防止出现遗漏或偏差，定义文件出现重大调整时，也应及时传递至相关各方。

注意：项目定义文件传递时，应做到留痕管理，确保文件的收发传递都有迹可循。必要时，应组织项目定义文件交底会，提醒项目各方充分响应。

（二）方案及初步设计阶段

方案及初步设计是提升项目价值的关键阶段，应重点把握造价与功能需求的平衡，即满足项目定义要求的前提下，实现价值最大化。

方案及初步设计管理主体有投资人（业主）的，也有工程总承包商的，下面以工程总承包商作为设计管理主体介绍这个阶段管理流程和重点内容。

1. 设计准备

方案设计开始前，总承包商应组织设计单位进行现场踏勘，熟悉场地条件和周边环境。有些项目还要协调投资人（业主）到同类项目去实地调研，确定设计思路和意向。设计单位应按照方案设计要求，梳理必要的设计依据文件清单，交于总承包商，再经总承包商整理后提交投资人（业主）确认。

方案设计开始前，总承包商应组织设计单位召开方案设计启动会，以阶段性项目定义文件为依据对设计方进行交底，解答设计单位的疑问，制定并确认设计进度计划。

2. 设计实施

设计单位在设计过程中应结合项目需求、成本、工期等因素，针对重大技术选型开展多方案比选，经总承包商确认后继续进行后续设计。设计单位提交的方案设计成果，除包括满足项目所在地规定的设计审核和投资人（业主）相关要求的文件外，还应包括投资估算。

3. 设计评审

设计评审是控制设计成果质量的关键。方案设计初稿完成后，设计单位应通过正式途径向总承包商提交成果文件。总承包商在收到设计单位提交的方案设计成果后，应组织开展方案设计评审，并将设计成果同步发送至相关方审核，明确审核重点及时间要求。根据各方审核情况，总承包商应组织召开方案设计专题评审会，会上由设计单位介绍方案设计情况，各参会方提出评审意见，同时形成评审会议纪要，其中修改意见将由设计单位落实。设计单位在进行设计文件修改后，再由总承包商组织各方对修改后的设计成果进行二次评审，直至意见统一。完成内部评审后，方可进行外部送审。

对方案设计进行审核的要点如下：

1）是否充分满足项目定义文件要求。

2）方案设计投资估算是否完整，主要专业投资指标是否合理。

3）各专业设计重大选型是否最优，如建筑专业主要关注建筑外形、单体效果、平立剖、总体经济指标、功能布局等；结构专业主要关注结构体系、荷载取值、计算指标、基础形式、楼层布置等；设备专业重点关注工艺路径、系统选择、大型设备选型、参数规格选择等；景观专业重点关注现状地形的结合度、总体风格、平面布局、铺装比例、植物选配等。

4. 设计定稿

方案设计完成内部评审后，应按规定进行第三方审查。根据总承包合同约定，确定方案审查的第三方。总承包商应督促设计单位按第三方的审查要求，报送审查资料，同时落实第三方审查工作。第三方审查并提出修改意见，经总承包商确认后再组织修改。设计单位将修改后的设计成果，经总承包商和投资人（业主）等相关方确认后再发送至第三方审核。对于第三方审查提出的意见，如果与项目定义文件等出现冲突或矛盾，应由投资人（业主）正式确认处理原则。

方案设计定稿后，总承包商应将其整理并纳入项目定义文件台账，同时通过正式渠道发送至项目相关方存档。

初步设计的管理流程与要求同方案设计。

（三）施工图设计阶段

在方案设计（初步设计）基础上，进行施工图设计。施工图设计应重点保证设计内容完整、专业接口协调统一、设计经济性合理、具备较强的可建造性。

工程总承包模式下，施工图设计一般由总承包商负责，其管理流程与方案及初步设计阶段类似，在具体要求上有差异。

1. 设计准备

制定施工图设计计划时，应考虑现场要求分阶段出图，优先完成场地平整、土方、支护、基础等施工图设计，使现场按期开工。再利用土方和基础施工时间，做好后续施工图设计。

2. 设计实施

设计单位提交的施工图设计成果，除包括满足当地施工图报审和投资人相关要求的资料外，还应包括计算模型、计算书等配套资料。条件允许的，应采用 BIM 正向设计。

3. 设计评审

施工图设计评审时，应重点关注设计范围完整性、专业之间协调统一性、设计成果经济性和可建造性。主要包括：建筑空间与设备尺寸之间协调统一、结构与施工措施布置协调统一、幕墙埋件与结构之间等的协调统一；建筑细部布局、结构含钢量、材料和设备选型等合理性。

4. 设计定稿

施工图设计图纸经内部审查后，报第三方审查。按要求，还应送当地专门施工图审查机构进行审查。审查通过后，正式交付使用，并存档。

（四）深化设计阶段

深化设计是指在施工图设计基础上，对部分专业设计进行细化，用于指导现场施工、设备产品加工等，是我国设计体系下特有的设计阶段。深化设计的目标是保证现场施工、实现精细建造。

深化设计重点解决图纸细度和接口协调问题。图纸细度应达到与最终交付状态一致，一般采用 BIM 等技术，实现"所见即所得"。在接口管理方面，要重点协调不同专业的一致性，如机电综合管线排布精细化设计；机房、廊道、管井等机电管线密集区的管线综合排布；精装修的综合点位布置；顶棚、功能墙面等装饰面的点位美化布置等。

三、工程总承包设计融合管理

工程总承包项目设计管理需要与投资、功能、采购、商务、施工、运营进行充分融合，才能够最大限度地发挥工程总承包模式的优势。

1. 设计与投资融合

工程总承包项目最大特点就是固定总价。对于投资人来说，就是要严格控制投资，并让投资效益得到充分发挥。对于总承包商而言，还承担融资、投资风险，更需要通过设计严格控制投资。因此，设计与投资融合是双方的必然要求。

从限额来看，应在总体造价控制目标下，使用限额设计的方法，在各阶段设计启动前，结合投资目标及投资人需求，对主要专业限额进行合理划分，并对各阶段设计成果与相应的投资估算、设计概算、施工图预算进行严格复核、统一、协调，逐步细化并层层控制，从而实现投资限额目标。

从效率来看，在控制投资总额的同时，还应考虑投资的价值。在进行投资额分配时，应结合项目具体功能需求差异，开展价值工程分析，使投资效益最大化。

2. 设计与功能融合

项目功能是投资人最为关注的重点内容之一。对于总承包商，如何从投资人角度，提升项目功能，对于提高投资人满意度、实现多方共赢意义重大。

设计决定项目各项功能的实现。因此，在整个设计周期应充分识别投资人的使用需求，结合项目定位、业态、投资等需求开展项目功能性策划，识别并重点提升高敏感度功能。在各项条件允许的情况下，可结合项目情况对项目应具备的功能开展调研，对交房标准做出优化调整，针对缺失但必要的功能进行补充完善。

3. 设计与采购融合

对投资人来说，采购直接决定项目最终交付品质；对总承包商来说，采购决定项目能否按合同要求顺利交付，并实现总承包项目效益的目标。为保证整体目标的实现，必须将采购需求融入设计中，在满足建设标准的前提下，选择品质、功能、成本等综合最优的方案。

从材料设备选型来看，应提前对市场供应情况进行摸排，在满足规范及建设标准的前提下，选用成熟、主流的材料设备，降低采购成本，涉及的大型设备主要性能参数等，由设计院提出基本要求后，应经采购部门复核确定，将最终采用的实际参数反馈上图等。

4. 设计与商务融合

设计与商务融合主要目的是立足于总承包商，在满足项目需求的前提下，最终实现工程总承包整体收入和成本的计划目标。尽可能实现收入和价值最大化，严格控制成本，确保成本综合最优。

5. 设计与施工融合

设计与施工融合是工程总承包最直观的特征。与传统施工总承包发包不同，工程总承包项目在设计阶段，可充分收集建造阶段需求，如材料堆放、交通运输路线、结构荷载、施工电梯、塔式起重机基础等，将建造阶段需求传递至设计院，使其在设计阶段对合理性建造需求进行考虑。同时，在施工图定稿前，组织施工单位在设计评审阶段对施工图可建造性进行充分审核，以保证最终设计成果的可建造性、施工便捷性、经济性，有利于建造阶段减少拆改、缩短工期。

设计与施工融合的工作要点有以下几点：

1）从现场施工便捷性、施工部署及总体安排等角度将施工经验融入设计图，避免现场返工。

2）设计与施工进度合理有序衔接，保证现场实施并充分预留设计周期。

3）结合项目创优评奖等提前开展策划，将典型做法融入设计。

6. 设计与运营融合

对于项目的投资人及使用方，以及部分承担运营工作的工程总承包商，需要考虑项目交付后的运营需求，将运营需求融入设计，降低运营成本，提升运营效率，尤其是针对运营功能复杂的大型公共建筑、生产厂房、市政基础设施工程等。如预留后期运营阶段潜在的接口需求（如充电桩等）；增加运营收入，如提升运营占比、增加室外广告位等。

第二节　工程总承包设计管理与质量控制的内容

一、设计管理的内容

（一）项目定义管理

工程总承包项目定义管理是设计管理的基础工作。项目定义管理是指对项目定义文件进行收集、完善、传递等全过程管理维护工作，其目的在于准确、完整地梳理设计工作的依据，防止过程中出现偏差或争议，保证目标与结果的一致性。

工程总承包项目实施条件的定义是工程总承包活动的基础，也是充分发挥工程总承包模式价值的重要前提。工程总承包实施条件是项目定义的重要内容，也是项目整体运行的规则。工程总承包实施条件具体内容如图6-5所示。项目定义的其他内容与要求见本章第一节。

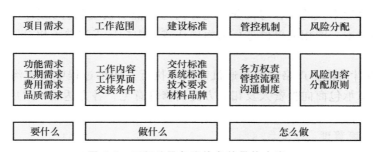

图6-5　工程总承包实施条件具体内容

（二）设计合同管理

设计合同是设计工作开展的直接依据。工程总承包设计合同管理主要是指对总承包商管理范围内的设计合同管理，包括对设计分包的合同管理，或对联合体中的设计单位的合同管理。设计合同管理的目的，是确保设计工作按工程总承包要求推进，保证设计管理顺利实施。

设计合同管理的重要条款包括以下内容：

1）设计范围要求。根据设计合约规划，对工程总承包主合同的设计工作进行合理分配，保证各设计分包间不重复、不漏项并有序衔接。

2）设计时间要求。包括：为满足现场施工需求的分阶段出图计划、设计出图及修改时限等。

3）设计付款要求。包括：设计费取费标准、支付比例、支付路径、支付流程，设计修改的费用补偿机制，设计优化的奖励机制，设计错误的处罚机制等。

4）设计修改义务。在满足相关要求的前提下，设计单位应根据总承包商合理要求配合修改等。

5）其他相关要求。如设计驻场服务、设计图审查、模型及计算书提交、新技术应用（BIM正向设计等）、限额设计要求等。

对于以联合体方式实施的工程总承包项目，联合体之间除投标阶段签订联合体协议外，在中标后应补充签订设计合同，对双方权责细节作进一步明确。

（三）设计沟通管理

设计沟通机制是指项目各参建方为实现总目标、开展合作而遵循的一套沟通准则，是对各参建方设计相关管理活动开展的约束，包括权责界面、流程、时限、会议制度等。设计沟通机制是工程总承包实施条件中管控机制的重要组成部分。工程总承包模式下投资人和总承包商的权责范围与传统的施工总承包相比发生了转移。在这种情况下，许多项目投资人存在对设计管理工作过度干预或完全放手的极端现象。加上部分总承包商缺少对设计单位及专业分包的管控经验，导致工程总承包模式实施效果较差，为避免工程总承包项目实施过程中的管控混乱，需建立有效的沟通机制。

设计沟通管理要点如下：

1）沟通机制应明确总承包商作为对外投资人和对内联合体或分包商之间沟通唯一节点的权威性。

2）在项目启动阶段，总承包商应主动梳理合同文件关于管控的内容，就合同文件中不合理、不完整、过度干预的内容与投资人充分沟通，说明权责利害关系。编制完整、合理、有效的沟通机制文本，同相关单位进行书面确认或在中标后工程总承包合同签订阶段，将其补充至合同内。

3）在各个设计阶段，严格按照沟通机制文本执行。如果过程中发现沟通机制文本内容存在缺陷，可由总承包商向投资人及相关方提出修订意见，各方达成一致后，以正式书面文件形式进行确认。

（四）设计进度管理

工程总承包项目设计进度管理是指对设计各项工作成果的时间节点完成情况进行管理，旨在满足投资人对项目整体周期及设计周期的要求，并且满足各业务板块协同工作的进展。工程总承包项目涉及的设计协同专业多，为有效控制设计进度，需要建立有效的设计计划体系进行保障，对设计进度计划进行严格审批，对设计进度计划执行情况进行监控及调整。

1. 设计计划体系的建立

设计计划需要根据项目总体进度计划、合同工期节点要求，结合当地政策和环境的影响，并考虑报批报建、合同签订、招标采购、施工的协同配合等，综合分析建立。

设计计划可按层级划分为总体设计进度计划、专项设计进度计划及设计需求计划。

1）总体设计进度计划是指根据项目总进度计划对项目整体设计内容设置里程碑节点。

2）专项设计进度计划可分为方案设计进度计划、初步设计进度计划、施工图设计进度计划、深化设计进度计划、材料报审进度计划，在专项设计进度计划中细化专业设计完成的时间、审核时间及频次、设计调整修改时间及该项目工作最终完成节点，最终节点应与里程碑节点匹配。

3）设计需求计划是指为顺利开展设计工作，实现设计管理目标，在设计工作开展过程中明确其他业务板块资料、信息、分包专业力量资源等需求。为及时满足设计板块需求，应建立设计需求计划，明确需求内容及要求、划分需提供配合的责任板块、明确需求时间，并说明提出需求的缘由，以便于板块之间的沟通配合更加有针对性。

2. 设计进度计划执行

工程总承包项目设计计划要做到准确执行，必须提前做好监控，及时纠偏。专业负责人应定期检查、填写进度监控记录表、召开设计周例会等，在执行过程中对设计计划进行监控，一旦发现实际设计进展偏离原定计划，应及时督促提醒。出现较大偏差时，应采取有效措施纠偏，可通过工作联系函、召开专题会、对滞后分包约谈等形式，并将相关记录形成书面材料存档。当项目条件发生较大变更，无法实现原计划时，需要对设计计划进行调整，并执行原审批流程进行审定。

（五）设计接口管理

工程总承包项目设计专业多，牵涉大量专业间信息传递、接口协调、提资传递等工作。设计接口管理是设计专业间信息一致、准确、高效协同的保障，是确保设计质量、设计进度的重要措施。

1. 专业接口识别

在项目启动阶段，设计板块应首先根据项目合同文件梳理项目整体合约界面，并根据项目的规模体量、专业要求、设计资质要求、主体设计能力等情况，酌情对项目非主体部分进行梳理划分。根据合约划分情况，对不同责任主体的接口进行识别。

设计阶段各专业设计需其他专业提供资料支撑，如施工图设计阶段机电专业管线布置及机房布置等需建筑、结构图；深化及专项设计阶段，精装单位出具点位图需要机电专业施工图等。完成设计进度计划后，应组织各专业设计单位结合项目设计资料对项目接口进行充分识别，建立接口识别清单，并组织各家设计单位进行综合评审，并进行书面确认。

某专业工程设计接口识别清单见表6-1。

表6-1 某专业工程设计接口识别清单

设计阶段	需求专业	需求描述	提供方	提供形式	提供时间	其他要求
方案设计	设计依据	工程设计有关的依据性文件、建设单位设计任务书、政府有关主管部门对项目设计提出的要求	建设单位提供，总承包商负责汇总	图纸、文件	方案设计启动前	
深化设计	幕墙	设计说明、平面图、立面图、剖面图	幕墙分包商	图纸	深化设计启动前	

2. 接口需求传递

接口识别清单建立后，应组织各家设计单位对接口需求进行明确，并结合项目各阶段设计进度计划，编制接口需求表，明确接口需求内容及要求，明确需求目的及需求时间、需求资料格式等。工程总承包单位应组织相关单位对各分包单位提供的需求计划的合理性进行评审，并与需求方进行沟通，确定合理的提资时间（即提供后续设计需要资料的时间），最终根据接口需求表编制提资计划表，明确提资责任主体、提资内容与要求、提资格式、提资时间等。提资计划确定后，同责任方进行书面确认，下发并执行。

某专业工程设计接口提资表见表6-2。

表6-2 某专业工程设计接口提资表

序号	提交的资料清单	提交方	用途	资料类型	提交资料的具体情况
1	通风空调管道位置	结构	结构预留	图纸	各室内通风空调管道的走向、位置及送出口位置
2	室内装饰灯具	装修	灯具安装	图纸及说明	室内顶棚灯具位置及做法、配线布置等

3. 提资文件传递

工程总承包单位应根据提资计划督促有关单位按要求及时提资到总承包单位，总承包单位应作为唯一的传递枢纽，在收到提资文件后，应组织有关分包单位进行审核，共同确定提资资料能够满足需求方设计要求后，正式传递下发执行。

（六）设计评审管理

设计评审管理是设计管理过程中把控设计成果质量的关键环节。工程总承包单位应在相关方管理机制及设计进度计划中明确设计评审的流程、原则、评审的时限及频次。

1. 设计评审的流程

工程项目设计一般要实行"四审"。工程总承包单位内部实行"二审"，一审后设计单位应按照计划时间对设计文件进行修改，修改完成后尽快反馈至工程总承包单位，工程总承包单位组织各审核方共同对设计评审意见修改落实情况进行二审复核，确保修改落实到位。在完成内部审定后，工程总承包单位将按要求提交投资人（业主）进行审核，投资人（业主）审核并完成修改后，提交当地图审公司进行审核（即四审）。工程总承包单位可提前同图审公司对接，沟通设计审核的要点和情况，以保证设计文件顺利通过图审公司的审核。图审公司审核通过后应出具施工图审核合格证。

2. 设计评审的要点

设计评审主要是对设计标准进行对比性审核、对规范性进行审核、对各专业匹配性进行审核、对设计成果经济性进行审核、对可建造性等施工措施类策划点落实情况进行审核。

设计审核过程应分清主次，重点对量大价高、满足交付性及策划点落实情况的部分，对照前期建立的设计审核提示清单进行审核。

（七）设计文件管理

设计文件管理是指在工程总承包项目实施管理过程中，执行投资人（业主）、工程总承包单位、专业分包单位约定的设计文件管理程序，包括设计文件收发、存档及移交、建立有效图纸清单目录、设置信息管理平台、建立各类信息数据库等工作。应建立信息传递平台，保证信息传递高效且能够留存凭证依据，并建立该平台传递的相关设计文件管理制度。

一要建立设计文件收发制度，保证设计文件传递过程中收发正常，及时更新维护；二要建立图纸清单制度，及时制定有效图纸清单目录，并定期发布；三要建立信息数据库，包括设计审核提示清单数据库、设计概算数据库、安全与可建造性设计风险数据库等，并做到及时更新维护；四要建立设计文件公开制度，所有设计文件必须经投资人（业主）审阅、批准认可才能公开。

设计文件是工程总承包单位管理传递文件及过程管控的依据，应在管理过程中予以充分重视，并注重依据留存、签发确认、时效明确等原则，实现项目设计文件全程受控，保证管理痕迹留存，确保设计文件来源的唯一性。

（八）材料设备报审管理

工程总承包项目涉及专业较多、材料设备种类也较多，可编制材料报审流程及有关制度，明确报审材料设备种类范围、报审资料要求、审核责任人、审核时限、流程及频次。

1. 建立材料设备报审、封样清单

根据工程总承包合同的约定，结合项目实际情况，编制材料设备报审清单。应组织意向的分包单位将涉及外观效果及品牌清单要求的主要材料设备纳入报审清单范围，同时针对材料设备进行封样，以规避后期交付风险。封样清单应根据材料设备种类确定封样形式，可进行实物封样、图片封样等，工程总承包单位内部确定后提交投资人（业主）审核确认，留存书面确认依据并下发分包单位执行。

2. 编制材料设备报审计划

根据项目总进度计划和设计进度计划，组织分包单位编制材料设备报审计划。计划应充分考虑报审时限及供应商进场准备时间，以满足现场施工进度要求及设计要求。材料设备报审通过后，设计可将选定的材料和设备的参数落实上图，避免因信息不准确造成拆改或设计冗余。

3. 材料设备审核

总承包商应按拟订材料设备报审、封样清单及报审计划，组织分包商按照材料设备报审表提交资料。按照拟定的审核流程，总承包商和投资人（业主）对报审及封样文件进行审核后签字确定。应设置专门材料设备封样间，收纳封样材料设备，以供材料设备进场及交付验收核对。

（九）设计变更管理

设计变更分为投资人（业主）变更和总承包商变更。

1）投资人（业主）变更是指由投资人（业主）在其权限范围内通过正式途径发出（含总承包商提出、投资人确认，或由投资人直接提出），对已正式确认的项目定义文件（包括合同等事先约定，或实施过程中正式确认）等进行调整，并可能产生工期、费用索赔的变更。

2）总承包商变更是指在总承包工作范围内，不涉及投资人（业主）相关要求调整的变更，无法向投资人（业主）进行费用、工期索赔。总承包商设计变更应作为设计管理质量评价的关键指标之一，尽可能减少、防止造成拆改等损失。

总承包商应根据项目合同等相关要求，梳理设计变更流程，并整合到项目管控机制文本中。

对于投资人（业主）变更，总承包商按照项目管控机制文本要求，完善变更程序及指令文件等，并及时存档；在收到投资人（业主）正式变更指令后，总承包商应督促相关方在合同规定的时间内通过正式流程统一反馈变更影响，并让投资人（业主）正式确认；设计变更完成后，项目部应按照设计文件传递程序将其发放至各相关方，并督促相关方在规定时间内正式反馈变更影响资料，配合办理后续事宜。

对于总承包商变更，应按合同等要求的程序进行提出，对投资人（业主）无影响的，应争取通过总承包商内部程序进行传递；总承包商应根据变更情况，督促相关分包商反馈变更影响，并确定变更责任归属，配合办理后续事宜。

二、工程总承包项目设计质量控制的内容

（一）项目设计质量的概念

项目设计质量就是在严格遵守技术标准、法规的基础上，正确处理和协调资金、资源、技术、环境条件的制约，使建设工程项目设计能更好地满足建设单位所需要的功能和使用价值，能充分发挥项目投资的经济效益。

（二）影响项目设计质量的因素

（1）人的质量控制　主要是指工程项目设计单位或总承包单位的各级领导、各专业技术人员的技术素质、业务能力和工程设计经验，以及设计单位的专业配置和人才结构等方面，是否有能力承担该工程项目设计的资质和资格。

（2）物的质量控制　一是对原材料、构配件、半成品和机械设备等物质要素的选择是否合理、先进和经济；二是指设计单位所配置的硬件设施是否能满足现代工程设计的需要。

（3）信息质量的控制　对设计信息质量控制主要有：设计数据资料真实性、可靠性和有效性的控制；对采用的工艺、技术、方法、标准、规范等能否保证设计产品的适用性、安全性、经济性、可靠性及与环境的协调性；总体设计方案和专业设计方案是否先进、合理及整体的最优性；设计成果，包括设计总说明及分部说明、设计计算书、设计图是否具有规范性、系统性、完整性，以满足设计深度及施工要求；设计过程中的各种指令（包括投资人、咨询工程师等）、各类批件及有关决策等是否具有适时性及有效性、权威性和可靠性。

（4）设计经济质量的控制　一是对设计成果的经济效果、财务效果、社会效果和生态环境效果等的估计是否能满足项目建设目标的要求和国家建设方针、政策、法律法规的要求；二是指设计单位内部建立的分配制度和激励机制是否能充分发挥设计人员的创造性和积极性。

（5）设计环境因素的质量控制　影响工程设计质量的环境因素繁多，其中包括市场环境、业主投资环境、建设资源的供给环境、技术发展趋势、工程对象的自然环境、规划布局及人文社会环境等因素，对工程设计质量都将产生直接或间接的影响。

（6）设计单位的质量体系　建立和健全设计单位的质量体系，是保证工程设计质量的重要环节。

（三）设计准备阶段的质量控制

（1）设计单位（或工程承包商）与设计人员资质、资格、能力的控制　一是对设计单位资质、能力的控制。根据国家法律法规的规定，设计单位的资质、能力的控制已在工程承包发包阶级，通过招标投标就得以确定。二是对于设计人员资格、能力的控制。在工程总承包项目发包时，通过招标投标已对设计的主要人员的资格、业绩做出规定，关键是实施前应严格把关核实。对项目设计的其他参与成员也要依据法律法规和行业的规定，结合招标投标的实际情况，予以核实，做到事前控制。

（2）设计输入的控制　设计输入是指设计的项目所期望的投资、质量、进度等要求和相关说明，是实施设计的依据，也是设计评审、验证和确认的依据。设计输入是设计的基础，好的输出来源于好的设计输入，因此对设计输入的控制必不可少。项目管理团队必须高度重视，严格执行。

设计输入的控制分为两个方面：一是外部，二是内部。

1）对来源于外部的设计输入的控制：主要包括法规类文件；项目立项及审批类文件，工程勘察报告等。

2）对来源于内部的设计输入的控制：主要包括设计任务书和设计合同。

（四）方案设计阶段的质量控制

设计方案的质量对项目设计起着决定性作用，为保证项目设计质量，务必要十分注重在方案设计各环节的质量控制，从而在设计初期，就为设计质量奠定基础。

1. 严谨优选方案

方案设计必须坚持多方案比选，从而开拓思路，获取好的设计方案。优选方案应做到以下几点：

1）必须充分重视科学组织与周密安排：通过方案设计竞赛或招标选取优秀方案。为此要精心组织、周密安排、严格评选。

2）保证设计方案评选人员的高素质要求：设计方案评选专家应选取与项目特征相关的、德才兼备的、设计经验丰富的规划、建筑、结构、设备、经济等专业资深专家担任。

3）采用科学合理的评选方法，包括记名投票法、排序法、百分制综合评估法。

4）确保评选专家审阅方案设计文件的时间。

5）方案设计评选标准应突出体现是否符合方案设计任务书的目标要求，应处理好质量、投资与进度的关系，使其达到对立的统一。

2. 优化设计方案

对于方案设计竞赛或招标而选取的中选方案也可能存在不足，而未选中的方案也有其优点。吸收未中选方案的优点，而修改中选方案的缺点，通过优化使中选方案变成理想的设计方案。

3. 方案设计阶段质量控制注意事项

1）审查方案设计文件编制的深度应符合《建筑工程设计文件编制深度的规定》（2016版）。

2）审查方案设计文件是否符合设计任务书（或方案设计任务书）的要求。

3）重视评选专家的意见。

4）加强与相关单位的沟通。如果工程总承包项目在方案设计后发包，则由投资人负责与委托的设计单位沟通，以及与相关单位交流。

（五）初步设计阶段的质量控制

初步设计是方案设计和施工图设计的一个中间阶段，其主要任务是根据项目设计要求，在投资人或政府有关政府部门确认的设计方案的基础上，深入细化设计方案，编制初步设计文件。工程总承包项目实行方案设计以后发包的，初步设计将由总承包商负责完成。

初步设计阶段成果标志应该是：各专业技术路线得到确定，并实现系统内外的总体统一。初步设计的质量控制应注重承前启后的过程要求特点和各设计专业的技术协调。

1. 补充资料

向设计单位（或总承包单位）提交对初步设计的补充要求（或初步设计任务书）与设计基础资料。内容主要包括：已获批准确认的设计方案及对该方案评审和批复文件中要求修改优化的意见；方案设计阶段的环评、消防、人防、绿化、道路交通、抗震、节能等部门专项审查和征询的资料文件；供电、供水、排水、电信、燃气等配套建设办理的资料；投资人对项目提出的新的设计要求等。

2. 对初步设计的审查

（1）审查的内容　审查初步设计文件是否符合已批准的设计方案，设计方案批复文件中的要求是否落实，环评、消防、人防等专项审查意见是否落实，供电、供水、排水等设计与配套建设的征询、审查意见是否相符；审查初步设计文件编制的内容与深度是否符合《建筑工程设计文件编制深度规定》（2016版）的要求，审查初步设计文件是否符合设计任务书的要求，特别是使用功能、建设标准、专业配套等是否符合设计任务书的要求，并寻求优化的空间；审查结构选型、结构布置是否安全、合理、经济，主要设备选型是否合理、先进、经济；审查采用的新技术、新设备、新材料是否适用、可靠、先进；审查各专业的技术路线是否确定，各专业的技术协调是否充分；审查设计概算是否完好、合理、准确。

（2）审查优化的方法　各专业技术人员负责组织本专业初步设计文件的审查，工程技术组负责人负责汇总审查意见，并组织评审形成评审意见，编制审查报告经项目经理审核后报投资人。

3. 对初步设计的审批

上级主管部门或建设行政主管部门对初步设计的审批：对于企业投资的项目由企业上级主管部门或企业决策层审批；政府投资的建设项目由建设行政主管部门牵头组织召开审查会。项目管理团队应做好审查的各项工作，并听取会议意见，寻求优化空间。

（六）施工图设计阶段的质量控制

施工图设计文件是项目设计的最终成果和项目后续阶段建设实施的直接依据。该文件要在一定投资限数（承包商要求在中标价以内）和进度下，满足设计质量目标要求，并经审图机构和政府相关主管部门的审查。

1. 施工图设计质量控制要点

1）施工图设计应根据批准的初步设计编制，不能违反初步设计的设计原则和方案。

2）审核施工图设计是否满足发包人的要求，即建设单位的功能、使用要求和质量标准等。

3）施工图设计深度是否符合《建筑工程设计文件编制深度规定》（2016版）的要求，应满足设备材料采购、非标设备制作和施工的需要。

4）施工图设计文件是项目施工的依据，必须保证它的可施工性。

5）施工图设计文件应满足总承包商确定成本、分包造价确定的需要。

2. 施工图设计阶段质量控制的方法

（1）跟踪设计，审核制度化　在各阶段设置审查点，包括：审核设计文件质量，如规范符合性、结构安全性、施工可行性等；中标价总额；设计进度完成情况；与相应标准和计划值进行分析比较。

（2）采用多种方案比较法　对设计人员所定的诸如建筑标准、结构方案、水、电、工艺等各种设计方案进行了解和分析，有条件时应进行两种或多种方案比较，判断确定最优方案。

（3）协调各相关单位关系　工程设计过程牵涉很多相关单位、相关政府部门等，应掌握组织协调方法，做好协调工作，以减少设计的差错。

第七章

工程总承包建造管理

第一节　工程总承包项目施工现场管理

一、施工现场管理概述

（一）施工现场管理的概念

1. 施工现场的概念

施工现场是指进行工业和民用项目的房屋建筑、土木工程、设备安装、管线敷设等施工活动，并经批准占用的施工场地。

2. 施工现场管理的概念

施工现场管理是指运用科学的管理思想、管理组织、管理方法和管理手段，对施工现场的各种生产要素，如人（操作者、管理者）、机（设备）、料（原材料）、法（工艺、检测）、环境、资金、能源、信息进行合理配置和优化组合，通过计划、组织、控制、协调、激励等管理职能，以保证施工现场制定的目标，实现优质、高效、低耗、按期及安全文明的生产。

（二）施工现场管理相关规定

1. 实行施工许可证制度

《建筑工程施工许可管理办法》（住建部令第 18 号，2021 年住建部令第 52 号第二次修订）第三条规定：应当申请领取施工许可证的建筑工程未取得施工许可证的，一律不得开工。

2. 实施项目经理责任制

根据住房和城乡建设部、国家发展改革委联合印发的《房屋建筑和市政基础设施项目工程总承包管理办法》第十九条规定，工程总承包单位应当设立项目管理机构，设置项目经理，配备相应管理人员，加强设计、采购与施工的协调，完善和优化设计，改进施工方案，实现对工程总承包项目的有效管理控制。

《建设项目工程总承包管理规范》（GB/T 50358—2017）第 3.1.1 条规定，工程总承包企业应建立与工程总承包项目相适应的项目管理组织，并行使项目管理职能，实行项目经理负责制。该规范第 3.6.1 条规定项目经理应履行下列职责：

1）执行工程总承包企业的管理制度，维护企业的合法权益。

2）代表企业组织实施工程总承包项目管理，对实现合同约定的项目目标负责。

3）完成项目管理目标责任书规定的任务。

4）在授权范围内负责与项目干系人的协调，解决项目实施中出现的问题。

5）对项目实施全过程进行策划、组织、协调和控制。

6）负责组织项目的管理收尾和合同收尾工作。

3. 实行项目总承包单位负责制度

《建设工程施工现场管理规定》第九条规定：建设工程实行总承包和分包的，由总承包单位负责施工现场的统一管理，监督检查分包单位的施工现场活动。分包单位应当在总承包单位的统一管理下，在其分包范围内建立施工现场管理责任制，并组织实施。

根据住房和城乡建设部、国家发展改革委联合印发的《房屋建筑和市政基础设施项目工程总承包管理办法》（建市规〔2019〕12 号）第十八条规定：工程总承包单位应当建立与工程总承包相适应的组织机构和管理制度，形成项目设计、采购、施工、试运行管理以及质量、安全、工期、造价、节约能源和生态环境保护管理等工程总承包综合管理能力。

第二十二条规定：工程总承包单位应当对其承包的全部建设工程质量负责，分包单位对其分包工程的质量负责，分包不免除工程总承包单位对其承包的全部建设工程所负的质量责任。

（三）施工现场管理的内容

施工现场管理是对施工过程中各个生产环节的全面管理，既包括对施工现场的外部管理，也包括施工企业的内部管理。

施工现场管理的主要内容为：施工现场平面布置；施工现场计划管理；施工安全管理；施工现场质量管理；施工成本控制；施工现场技术管理；施工现场机械管理；施工现场劳动管理；施工现场文明和环境管理；施工现场资料管理等。

（四）施工现场管理组织

1. 各参建方管理组织关系

发包人为发包项目正常实施建设，将成立投资人项目组织，从项目决策、计划、实施、确认与验收，到试运行，承担全部建设、协调与服务工作。

发包人委托的全过程工程咨询机构，为业主提供项目全过程工程咨询。总承包人为实施整个项目建设，除设计、采购等工作外，主要完成项目施工，而成立相应的施工现场管理组织。

各参建方主体及管理组织关系如图 7-1 所示。

2. 总承包商施工项目部架构

在项目施工现场总承包商施工项目部承担了绝大多数工作，其组织架构是否合理直接关系项目建设的好坏。根据项目总承包的特点和工程实际情况，一般情况下，总承包商按图 7-2 的架构设置施工项目部。

（1）计划管理部 负责计划管理、总平面布置管理、公共资源管理、劳务管理、调试及试运行管理。

（2）工程技术部 负责图纸管理、深化设计、施工方案管理、测量管理、样品、首件样

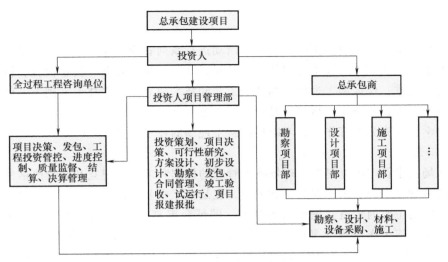

图 7-1　各参建方主体及管理组织关系

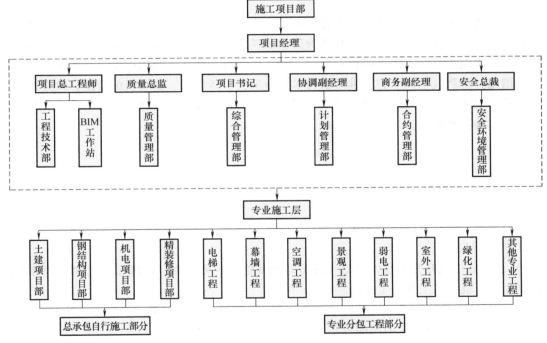

图 7-2　总承包商施工项目部架构

板、BIM 应用管理、工程试验、检验及验收管理、文档资料管理、专业协调。

（3）质量管理部　负责创优管理、验收及移交管理、成品保护管理。

（4）合约管理部　负责材料设备管理、合同管理、商务及资金管理。

（5）安全环境管理部　负责安全教育、巡查、验收安全措施、审批各类危险作业、开展安全大检查。

（6）综合管理部　负责协调会议、信息化管理、工程来访及观摩管理、公共关系协调等。

二、施工现场技术管理

施工现场技术管理是对施工中一切技术活动进行系列管理工作的总称。技术管理是施工现场管理的重要组成部分。技术管理的任务是对设计图、技术方案、技术检验和技术革新等因素进行合理安排；保证施工过程中的各项工艺和技术建立在先进技术基础上，使施工过程符合技术规定要求；充分利用材料，发挥机械设备的潜力，完美组织，提高生产率，降低成本；保证科学技术充分发挥作用，不断提高施工现场的技术水平。

（一）施工现场技术管理制度

施工现场技术管理制度是施工现场技术管理的依据和准则，建立和健全严格的技术管理制度，是技术管理中的一项重要的基础工作，也是施工企业实现施工目标的主要保证。施工现场技术制度的主要内容有：图纸自审制度；图纸会审制度；施工组织设计（方案）的编制与管理制度；施工作业指导书的编制与管理制度；技术交底制度；单位工程施工记录制度；技术复核制度；隐蔽工程验收制度；科技开发和推广应用管理制度；施工技术总结；技术标准管理制度；工程技术档案制度等。

（二）施工现场技术管理组织措施

施工现场技术管理组织措施是指在施工中，为了提高工程质量，节约原材料，降低工程成本，加快进度，提高劳动生产率和改善劳动条件，而在技术组织上采取一系列的措施。

施工技术组织措施有以下内容：缩短工期、加快施工进度方面的措施；提高和保证工程质量的措施；革新技术和工艺，推广新技术、新工艺、新结构、新材料的措施；改进施工机械设备的组织和管理，提高设备完好率、利用率的措施；保证安全文明施工的措施；各种经济技术指标的控制措施。

三、施工现场机械设备和料具管理

（一）施工现场机械设备管理

1. 选择机械设备应考虑的因素

施工现场机械设备选择应考虑如下因素：施工方法，工程量，工期，效益。

2. 创造机械运行的条件

1）设计好机械开行路线，清除一切妨碍机械施工的障碍物，合理布置材料、构件等的堆放位置，为机械施工创造工作面。

2）根据施工方法和机械设备特点，合理安排施工顺序，并给机械设备留出维修时间。

3）夜间施工要有充足的照明设备。

3. 合理使用机械的要求

1）实行"三定"制度（定机、定人、定岗）。

2）实行"上岗证"制度。

3）实行"交接班制度"。

4）遵守磨合期使用规定。

5）实行安全交底制度。

（二）施工现场料具管理

项目施工现场料具管理是对现场施工中一切材料和机具进行组织管理工作的总称。

1. 项目施工现场材料质量管理

项目施工现场材料质量管理是指在现场验收中有凭证，在保管中不变质，在发料时附质量证明。

2. 项目施工现场材料数量管理

材料进场的验收、堆放、保管和发放实行定额管理。

3. 施工现场工具管理方法

1）为加强班组工具保管，现场要给班组提供存放工具的地方。

2）班组要有兼职工具员，负责保管工具，督促组内人员爱护工具和记载保管手册。

3）零星工具可由班组交给个人保管，丢件赔偿。

4）对工具要精心爱护使用，每日收工时由使用人员做好清理洗刷工作，由工具员检查数量和保洁情况后妥善保管。

四、施工现场劳动管理

项目施工现场劳动管理就是按施工现场的要求，合理配备和使用劳动力，并按工程实际的需要不断地调整，使人力资源得到充分利用，降低工程成本，同时确保现场生产计划顺利完成。

（一）施工现场劳动力的资源与配置

1. 劳动力资源的落实

劳动力的资源通常有两种：企业内部固定工和工程劳务市场招聘的合同制工人。随着企业改革的深入，企业固定工人已逐渐减少，合同制工人逐渐增加。合同制工人的来源主要是劳务市场。就一个施工项目而言，当任务需要时，可以按劳动计划向企业外部劳务市场招募所需作业工人，并签订合同，任务完成后解除合同，劳动力返还劳务市场。项目经理有权依法辞退劳务人员和解除劳动合同。

2. 劳动力的配置方法

1）尽量做到优化配置。

2）技工与普工比例要适当。

3）尽量使劳动组合相对稳定。

4）尽量使劳动力配置均衡，使资源强度适当，有利于现场管理，同时可以减少临时设施的费用，以达到节约的目的。

（二）施工现场劳动力的管理

1）岗前培训。

2）现场劳动要奖惩分明。

3）施工现场劳动力的动态管理。

4）做好现场劳动保护和安全卫生管理。

五、现场文明施工与环境管理

（一）现场文明施工管理

1. 项目施工现场场容管理

1）设置简朴规整的大门，门旁设立明显的标牌。

2）项目施工现场设置排水措施。出入口设置车辆冲洗台。道路坚实畅通，主要通道路面应采用硬化处理。

3）建立文明施工责任制，划分区域，明确管理负责人，实行挂牌制，做到现场清洁。

4）项目施工现场的临时设施要严格按施工组织设计确定的施工平面图布置、搭设或埋设齐整。

5）砂浆、混凝土在搅拌、运输、使用过程中，尽量做到不洒、不漏、不剩，使用地点盛放砂浆、混凝土必须有容器或垫板，如有洒、漏要及时清理。

6）施工现场不准乱堆垃圾及余物。

7）做好围护和遮挡，项目现场整体外观整洁。

2. 项目施工现场办公室管理

1）办公室的卫生由办公室全体人员轮流值班负责打扫，排出值班表。

2）值班人员负责打扫卫生、打水、做好来访记录、整理文具。

3）冬季取暖炉用的炕火，落地炉灰及时清扫，炉灰按指定地点堆放，定期清理外运，防止发生火灾。

3. 项目施工现场食堂管理

1）食堂在选址和设计时符合卫生要求。

2）项目施工现场食堂制作间应分为主食间、副食间、烧水间，有条件的可开设择菜间、炒菜间、冷荤间、面点间。

3）食品加工机械、用具、炊具、容器应有防蝇、防尘设备。

4）食堂应有相应的更衣、消毒、盥洗、采光，照明、通风和防蝇、防尘设备，以及通畅的上下水管道。

5）餐厅设有洗碗池、残渣桶和洗手设备。公用餐具应有专用洗刷、消毒和存放设备。

（二）施工现场环境管理

1. 水污染防治

项目施工现场防治水污染主要有以下措施：

1）搅拌机废水排放控制。

2）现制水磨石作业污水的排放控制。

3）乙炔发生罐污水排放控制。

4）食堂污水的排放控制。

5）油漆油料库的防渗控制。

6）禁止将有毒有害废弃物作土方回填。

2. 防大气污染

项目施工现场防大气污染主要包括：扬尘、生产和生活的烟尘排放。其措施有：

1）防止或减少细颗粒散体材料飞扬。

2）施工现场垃圾及时清理。

3）车辆开出工地前做好清理和覆盖工作，减少环境污染。

4）禁止在现场不加处理地燃烧易产生有毒、有害气体的物质。

3. 项目施工现场的噪声控制

项目施工现场噪声控制措施：

1）声源控制。从声源上降低噪声，这是防止噪声的最根本的措施。

2）传播途径的控制。

4. 施工现场固体废物的处理

（1）施工现场常见的固体废物

1）建筑渣土：包括砖瓦、碎石、渣土、混凝土碎块、碎玻璃、废屑、废弃装饰材料等。

2）废弃的散装建筑材料包括散装水泥、石灰等。

3）生活垃圾：包括炊厨废物、丢弃食品、废纸、生活用具、玻璃、陶瓷碎片、废电池、废旧日用品、废塑料制品、煤灰渣、废交通工具等。

4）设备、材料等的废弃包装材料。

（2）施工现场固体废物的处理　回收利用；减量化处理；焚烧技术；稳定和固化技术；填埋。

第二节　工程总承包质量安全管理

一、工程质量管理

工程总承包建设项目的质量管理一般包括设计质量和施工质量两个方面。

（一）建立工程质量目标体系

1. 项目设计质量目标

项目的质量目标与水平是通过设计使其具体化，设计质量的优劣直接影响项目的功能、使用价值和综合效益。

设计质量目标可以分为直接效用质量目标和间接效用质量目标。

（1）直接效用质量目标表现形式　符合规划要求，满足业主功能要求，符合建设主管部门相关规定，达到规定设计深度，具有施工和安装的可建造性等方面特性。

（2）间接效用质量目标表现形式　建筑新颖、使用合理、功能齐全，结构可靠、经济合理、环境协调、使用安全等。

直接效用质量目标和间接效用质量目标及其表现形式共同构成项目设计质量目标体系。

项目设计质量目标应根据决策阶段取得的成果和资料，提出项目设计质量目标，并对其切块分析、调整优化，建立项目设计质量目标体系，将其体现在设计任务书中。

2. 项目施工质量目标

项目施工质量目标的基本目标是合格，即符合设计与施工质量验收规范的要求。此外，还应满足投资人对建设项目的特殊要求，如果投资人就是项目的使用者，或投资人为了满足使用者的要求，项目施工质量要达到或部分达到（应明确哪些部位）精品的标准，这就需确定特定的验收标准，或明确达到工程等奖项的质量标准。在对项目施工质量目标进行定义时，要考虑与施工阶段的进度、造价等目标协调一致。

3. 项目功能质量目标

项目功能质量与项目设计和施工有关，其质量目标有以下要求：

（1）专业功能目标的细化　项目开工时，施工图应已基本完成，但有些项目，特别是大型公共建筑项目，尚有许多专业需深化设计，如建筑内部装修、幕墙工程、空调、智能建筑等。在施工阶段，还需对专业的功能目标进行细化与深化。

（2）部分功能目标需进一步明确　功能目标包含空间的使用、建筑功能（声、光、热、通风等）、生产与生活的使用功能、建筑物内外色彩与造型等，这些功能虽应在设计阶段基本确定，但在施工阶段还需通过材料、设备的选用及细部处理等环节来确保达到原项目策划的效果，这就需要对施工图中未解决和不满意的部分进一步明确功能质量目标。

（3）对部分功能目标的调整　施工过程中某些部位施工完毕后，投资人可能会对施工结果不满意，或投资人的建设意图发生变化，这将需对部分功能目标（如空间使用、建设标准、装饰装修效果等）进行调整。

（二）建立项目质量管理体系

项目质量管理体系是指在项目管理过程中，通过制定一系列的管理方法和标准，以确保项目交付的成果符合预期要求的一套质量管理体系。这个体系包括项目质量方针、质量目标、质量管理组织、质量计划、质量保证、质量控制等各种要素。

项目质量管理体系的建立对于一个项目的成功至关重要。一个完善的项目质量管理体系可以确保项目在规定的时间、成本、质量、范围等方面得以交付，有效降低项目风险，提高项目成功的可能性，增强项目和组织的声誉。

1. 质量方针

质量方针是项目组织对质量的基本要求和期望的陈述，通常由组织的最高管理者正式发布的该组织总的质量宗旨和方向。

质量方针的内容需满足：

1）与组织的宗旨相适应。

2）对满足要求和持续改进的质量管理体系有效性的承诺。

3）提供制定和评审质量总目标的框架。

2. 质量目标

质量目标是具体的可衡量的目标，以指导项目的质量管理活动。项目质量目标内容见本节前述。

3. 质量管理组织

项目质量管理组织广义地说，是指项目建设的各参建方，以及政府主管部门和有关单位。狭义地说，应为工程总承包单位的具体承担项目建设的项目部，对于大型复杂的项目，应成立专门的质量管理部门，统一管理和协调项目的质量活动。

项目质量管理组织架构是分配质量责任的基础，应该根据项目规模和特点来设计。一般而言，质量管理组织架构应包括项目质量管理委员会、项目质量经理、项目质量监督人等角色。每个角色有其明确的质量管理职责。项目质量经理负责项目质量管理体系的建立和执行，项目质量监督人员负责监督和评估质量管理活动的执行情况，项目质量管理委员会负责质量管理相关事宜的决策。

4. 质量计划

项目质量管理体系需要制定详细的质量计划。质量计划是指在项目启动阶段，通过制定计划书、流程图、工作指导书等形式，明确项目质量管理的要求和流程。质量计划应包括项目质量的目标、策划和控制活动、质量文件的编制与控制、关键工作环节的质量控制等内容。通过制定质量计划，可以有效组织和指导项目的质量管理活动。

（1）质量计划的内容　质量计划是指在项目实施过程中，为保证项目按照预定的质量要求完成的一个详细的计划，其内容包括以下部分：

1）质量目标：明确项目的质量目标，包括质量水平、质量要求、质量标准等。

2）质量管理组织：包括质量管理人员、质量管理组织的职责、质量管理体系等。

3）质量控制：确定项目质量控制的方法、过程和要求，包括检查、测试、审查、验证等。

4）质量保证：确定项目质量保证的方法、过程和要求，包括质量计划的审查、验证、确认等。

5）质量检查：确定项目质量检查的方法、过程和要求，包括检查规程、检查时间、检查程序等。

6）质量改进：确定质量改进的方法、过程和要求，包括对不良质量的分析、改进措施的制定、实施等。

7）质量培训：确定质量培训的方法、过程和要求，包括培训计划、培训内容、培训方式等。

8）质量保证文件：确定质量保证文件的内容、格式和管理要求，包括质量计划书、检查记录、审查记录等。

9）质量度量：确定项目质量度量的方法、过程和要求，包括质量评估、质量指标等。

10）质量风险管理：确定质量风险的识别、评估、管理和监控要求。

（2）质量计划的编制依据

1）工程总承包合同、投标书及设计图和相关文件。

2）企业的质量管理体系文件及其对项目部的管理要求。

3）国家和地方相关的法律法规、技术标准、规范及有关规程。

4）项目管理实施规划或施工组织设计、专项施工方案。

5. 质量保证

项目质量管理体系需要建立质量保证机制。质量保证是通过组织和技术手段来保证项目质量达到预期要求的过程。质量保证的核心是建立一套质量管理体系，包括质量文件的编写和审核、质量指标的制定和监控、质量培训和人员评价等环节。通过质量保证机制，可以不断改进项目的质量水平，提高项目的交付能力和创新能力。

6. 质量控制

质量控制是指项目实施过程中，通过各种技术手段和方法，检查和验证项目的质量状态，及时发现和解决质量问题的过程。质量控制的核心是建立一套质量控制计划，包括质量检查和测试的方法与标准、质量数据的收集与分析、质量问题的处理与纠正等环节。通过质量控制机制，可以确保项目交付的成果符合标准和要求，实现预防和控制质量问题。

（1）质量控制的依据　主要包括：项目质量计划，项目质量工作说明，项目质量控制标准与要求，项目质量的实际效果。

（2）质量控制的方法主要有以下几种：

1）核检清单法：核检清单法是项目质量控制中的一种独特的结构化质量控制方法。

2）质量检验法：用于保证工作结果与质量要求相一致的质量控制方法，是指那些测量、检验和测试等。

3）控制图法：控制图是用于开展项目质量控制的一种图示方法。控制图法是建立在统计质量管理方法基础之上的，它利用有效数据建立控制界限，如果项目过程不受异常原因的影响，从项目运行中观察得到的数据将会超出这一界线。

4）统计样本法：选择一定数量的样本进行检验，从而推断总体的质量情况，以获得质量信息和开展质量控制的方法。

5）流程图法：针对有关项目质量问题，分析在项目流程的哪个环节和造成这些质量问题的原因，以及这些质量问题发展的过程。

6）趋势分析法：使用各种预测分析技术来预测项目质量未来发展趋势和结果的一种质量控制方法。

（3）质量控制的六大步骤　一是明确质量目标；二是制定质量计划；三是执行质量控制；四是记录和报告质量情况；五是持续改进质量控制；六是进行培训和知识管理。

（三）施工质量控制

1. 施工质量控制的原则

工程施工是使工程设计意图最终实现并形成工程实体的阶段，是最终形成工程产品质量和工程项目使用价值的重要阶段。在进行工程项目施工质量控制的过程中，应遵循以下原则：

（1）坚持质量第一原则　建筑产品作为一种特殊的商品，使用年限长，是"百年大计"，直接关系到人民生命财产的安全。所以，应自始至终地把"质量第一"作为对工程项目质量控制的基本原则。

（2）坚持以人为控制核心　人是质量的创造者，质量控制必须"以人为核心"，把人作为质量控制的动力，发挥人的积极性、创造性，处理好业主、监理与承包单位各方面的关系，增强人的责任感，树立"质量第一"的思想，从而保证工序质量、保证工程质量。

（3）坚持以预防为主　预防为主是指要重点做好质量的事前控制、事中控制，同时严格对工作质量、工序质量和中间产品质量的检查。这是确保工程质量的有效措施。

（4）坚持质量标准　质量标准是评价产品质量的尺度，数据是质量控制的基础。产品质量是否符合合同规定的质量标准，必须通过严格检查，以数据为依据。

（5）贯彻科学、公正、守法的职业规范　在控制过程中，应尊重客观事实，尊重科学，客观、公正、不持偏见，遵纪守法，坚持原则，严格要求。

2. 施工质量控制的依据

施工质量控制的依据主要是指那些适用于工程项目施工阶段与质量控制有关的、通用的、具有普遍指导意义和必须遵守的基本文件。如国家法律法规以及合同、设计文件、有关质量管理方面的法律和质量检验与控制的技术法规等。

3. 施工质量控制系统的过程

由于施工阶段是使工程设计最终实现并形成工程实体的阶段，是最终形成工程实体质量的过程，所以施工阶段的质量控制是一个由对投入的资源和条件的质量控制，进而对生产过程及各环节质量进行控制，直到对所完成的工程产出品的质量检验与控制为止的全过程的系统控制过程。这个过程根据三阶段控制原理划分为事前控制、事中控制、事后控制三个环节。

4. 施工准备阶段的质量控制

施工准备是整个工程施工过程的开始，只有认真做好施工准备工作，才能顺利地组织施工，并为保证和提高工程质量、加速施工进度、缩短建设工期、降低工程成本提供可靠的条件。

施工准备阶段质量控制工作的基本任务是：掌握施工项目工程的特点；了解对施工总进度的要求；摸清施工条件；编制施工组织设计；全面规划和安排施工力量；制定合理的施工方案；组织物资供应；做好现场"三通一平"和平面布置；兴建施工临时设施，为现场施工做好准备工作。准备工作有以下内容：

（1）技术准备

1）研究和会审图纸及技术交底。通过研究和会审图纸，可以广泛听取使用人员、施工人员的正确意见，弥补设计上的不足，提高设计质量；可以使施工人员了解设计意图、技术要求、施工难点，为保证工程质量打好基础。

2）施工组织设计和施工方案编制阶段。施工组织设计或施工方案是指导施工的全面性技术经济文件，保证工程质量的各项技术措施是其中的重要内容。总承包商应依据国家相关法律法规、投资人的发包要求，结合工程设计图和实际情况，编制科学合理的施工组织设计和施工方案。

（2）物质准备

1）材料质量控制的要求：掌握材料信息，优选供货厂家；合理组织材料供应，确保施工正常进行；合理地组织材料使用，减少材料的损失。

2）加强材料检查验收，严把材料质量关：对用于工程的主要材料，进场时必须具备正式的出厂合格证的材质化验单；工程中所有各种构件必须具有厂家批号和出厂合格证；凡标志不清或认为质量有问题的材料，对质量保证资料有怀疑或与合同规定不符的材料进行抽检或批检；在现场配制的材料，如混凝土、砂浆、防水材料、防腐材料、绝缘材料、保温材料等的配合比，应先提出试配要求，经试配检验合格后才能使用。

3）要重视材料的使用认证，以防错用或使用不合格的材料。

4）材料的选择和使用。材料的选择和使用不当，均会严重影响工程质量或造成质量事故。为此，必须针对工程特点，根据材料的性能、质量标准、适用范围和对施工要求等方面进行综合考虑，慎重地来选择和使用材料。

5）施工机械设备的选用。施工机械设备是实现施工机械化的重要物质基础，是现代施工中必不可少的设备，对施工项目的质量有直接的影响。为此，施工机械设备的选用，必须综合考虑施工场地的条件、建筑结构形式、机械设备性能、施工工艺和方法、施工组织与管理、建筑经济等各种因素，进行多方案比较，使之合理装备、配套使用、有机联系，以充分发挥机械设备的效能，力求获得较好的综合经济效益。

（3）组织准备　包括建立项目组织机构集结施工队伍、对施工队伍进行入场教育等。

（4）施工现场准备　包括：控制网、水准点、标桩的测量；"五通一平"；生产、生活临时设施等的准备；组织机具、材料进场；拟定有关试验、试制和技术进步项目计划；编制季节性施工措施；制定施工现场管理制度等。

（5）择优选择分包商并对其进行分配分包培训　项目部对分包公司、分包班组长及主要施工人员，按不同专业进行技术、工艺、质量综合培训，未经培训或培训不合格的分包队伍不允许进场施工。项目部要责成分包公司建立责任制，并将项目的质量保证体系贯彻落实到各自施工质量管理中，督促其对各项工作的落实。

5. 施工工序的质量控制

施工工序质量控制的概念：工程项目的施工过程是由一系列相互关联、相互制约的工序所构成的。工序质量是基础，直接影响工程项目的整体质量。要控制工程项目施工过程的质量，首先必须控制工序的质量。工序质量是指施工中人、材料、机械、工艺方法和环境等对产品综合起作用的过程的质量，又称过程质量，它体现为产品质量。工序质量的控制，就是对工序活动条件的质量管理和工序活动效果的质量管理，据此来达到整个施工过程的质量管理。在进行工序质量管理时要着重于以下几方面的工作：

1）确定工序质量控制工作计划。

2）主动控制工序活动条件的质量。

3）及时检验工序活动效果的质量。

4）设置工序质量控制点（工序管理点），实行重点控制。

6. 施工质量验收管理

施工质量验收是保证工程质量的重要手段，通过对工程建设中间产品和最终产品的质量验收，确保工程质量达到标准规范及合同要求。

验收是指建设工程质量在施工单位自行检查合格的基础上，由工程质量验收责任方组织，工程建设相关参建方参加，对检验批、分项、分部、单位工程（简称"一、二、三、四级验收"）及其隐蔽工程的质量进行抽样检验，对技术文件进行审核，并根据设计文件和相关标准以书面形式对工程质量是否达到合格做出确认。

（1）验收的条件　施工单位自行检查合格。

（2）验收的方法　验收方法为抽样检验，对技术文件进行审核，包括对工程实体进行抽样检验，对施工过程中形成的技术文件、资料进行审核。如在检验批验收中应对工程实体的主控项目、一般项目进行抽样检验，对施工操作依据、质量验收记录等进行审核。

（3）验收的依据　主要为设计文件和相关标准。

（4）验收的内容　见表7-1。

表7-1　项目全过程验收内容

序号	验收内容	序号	验收内容
1	材料进场验收	8	竣工预验收
2	样品、样板验收	9	竣工验收
3	工序的过程验收	10	规划验收
4	检验批验收	11	环保验收
5	分项工程验收	12	消防验收
6	分部、子分部工程验收	13	防雷验收
7	隐蔽工程验收	14	人防验收等

（5）验收的程序和组织

1）检验批验收：应由专业监理工程师组织施工单位项目专业质量检查员、专业工长等进行验收。由专业质量检查员进行检查，符合要求后，认真填写检验批验收表，提交监理或投资人验收，同时应提交涉及本检验批的质量控制资料。没有实行监理的项目，由投资人项目专业技术负责人签字；实行监理的项目，则由专业监理工程师签字即可。

2）分项工程验收：分项工程应由专业监理工程师组织施工单位项目专业技术负责人等进行验收。由施工单位项目技术负责人对所有检验批验收记录进行汇总，核查无误后报专业监理工程师审查，确认符合要求后，由项目专业技术负责人在分项工程质量验收记录中签字，然后由专业监理工程师签字通过验收。注意：在分项工程验收中如果对检验批验收结论有怀疑或异议时，应进行相应的现场检查落实。

3）分部工程验收：分部工程应由总监理工程师组织施工单位项目负责人和项目技术、质量负责人等进行验收。其中地基与基础部分工程验收需由勘察、设计单位项目负责人和施工单位技术、质量部门负责人参加；主体结构、节能工程验收需由设计单位项目负责人和施工单位技术、质量部门负责人参加。

分部工程的验收由施工单位的质量、技术部门负责人先组织检查验收，自检合格后填写验收记录，并将本分部工程所涉及的相关质量控制资料提交监理单位、投资人申请验收，其质量控制资料应包括各子分部、分项、检验批中所含的资料。投资人或监理单位在收到施工单位的验收申请后，由总监理工程师或投资人项目负责人组织相关人员进行验收，所有参加验收的各方人员都必须具有相应的验收资格。验收组应对施工单位所报的质量控制资料进行检查，检查安全和功能检验（检测）报告是否符合有关规范的要求，并对观感质量进行检查，全部内容符合要求后，对分部（子分部）工程做出综合验收结论。

4）竣工预验收：单位工程完成后，施工单位应根据验收标准和规范、设计图等组织有关人员进行自检，对检查发现的问题进行必要的整改。监理单位应根据验收标准规范和《建设工程监理规范》（GB/T 50319—2013）的要求对工程进行竣工预验收。符合规定后由施工单位向建设单位（投资人）提交工程竣工报告和完整的质量控制资料，申请建设单位（投资人）组织竣工验收。

工程竣工预验收由总监理工程师组织，各专业监理工程师参加，施工单位则由项目经理、项目技术负责人等参加，其他单位方可不参加。工程预验收除参加人员与竣工验收不同外，其方法、程序、要求等均应与工程竣工验收相同。

5）竣工验收：建设单位（投资人）收到工程竣工报告后，应由建设单位项目负责人组织监理、施工、设计（总承包商的不同部门）、勘察等单位项目负责人进行单位工程验收。单位工程竣工验收是依据国家有关法律、法规及标准、规范的规定，全面考核建设工程工作成果，检查工程质量是否符合设计文件和合同约定的质量标准。竣工验收通过后，工程将投入使用，发挥其投资效益。

工程竣工验收由建设单位（投资人）制定验收方案，一般将成立专门的工程竣工验收组，再结合工程特点，划分为若干个专业小组。验收组审阅工程档案资料，实地查验工程实体是否符合设计文件和质量标准要求，是否有影响结构安全和使用功能的质量问题，并对观感质量进行评估等，综合工程勘察、设计、施工质量和各管理环节等方面的评价，形成验收组人员签署的工程竣工验收意见。

二、工程安全管理

（一）工程安全管理的概念及重要性

1. 工程安全管理的概念

工程安全管理是指对工程项目建设及运营过程中的安全问题进行全方位管理的一种有计划、有方法、有组织的管理方式，它覆盖了从工程项目设计、施工、管理、运营等各个环节。工程安全管理的主要任务是保证工程的安全、稳定、高效运行，确保工程所涉及的人员、设备、财产、环境等各方面的安全问题得到有效解决，从而保障社会的整体稳定和人民群众的生命财产安全。

2. 工程安全管理的重要性

（1）保障人员安全　工程项目建设过程中，尤其在施工阶段，若没有有效的安全管理措施，易出现人员伤亡、工人缺乏培训、工作时间过长等问题，安全状况难以得到及时发现和处理，给施工现场带来极大的危险和隐患。因此，工程安全管理对人员安全保障至关重要，只有做好工程安全管理工作，才能保障人员安全。

（2）保障环境安全　在工程建设和运营过程中，安全管理的重点不仅在于人员的安全，还包括对环境的保护。建设工地施工中所产生的废水、废气、噪声等污染物和有害物质，如果不经过有效处理，而直接排放到环境中，就会给周围的居民带来很大的危害。因此，保障环境安全是工程安全管理的重要任务之一。

（3）保障设施安全　工程安全管理还需要保障设施安全。在工程项目建设和运营过程中，很多设施在工作时可能存在各种问题，如短路、漏电、绝缘失效等，这些问题如果不能及时发现和处理，就可能导致设施故障发生，进而引发重大安全事故。因此，保障设施安全是工程安全管理不可忽视的一项任务。

（二）工程安全管理的依据

1）《中华人民共和国建筑法》《中华人民共和国安全生产法》《中华人民共和国职业病防治法》等法律。

2）《建设工程安全生产管理条例》（国务院令第 393 号）、《建设工程质量管理条例》（国务院令第 279 号）（2017 年修订）、《安全生产许可证条例》（国务院令第 397 号）（2014 年修订）以及有关法规。

3）《实施工程建设强制性标准监督规定》（住建部令第 52 号）、《建筑施工企业安全生产许可证管理规定》（建设部令第 128 号）等部门规章。

4）各省市建筑管理条例等。

5）《危险性较大的分部分项工程安全管理办法》（建质〔2009〕87 号）等规范性文件。

6）《建筑工程质量验收统一标准》（GB 50300—2013）、《职业健康安全管理体系 要求及使用指南》（GB/T 45001—2020），《建设施工安全检查标准》（JGJ 59—2011）等标准规范。

7）其他相关规定和建设项目有关资料。

（三）安全管理内容

项目的安全管理内容见表 7-2。

表 7-2 项目的安全管理内容

序号	管理项目	管理内容
1	进场前管理	各专业分包单位在进场前必须到总承包单位的相关部门办理相应的手续
2	入场教育管理	各专业单位人员入场教育管理
3	人员管理	对外来参观、学习、送货等人员及项目部管理人员必须严格入场管理
4	早班会管理	涉及专业分包单位多、上班时间不一致的情况,要求未能按照早班会制度开展早班会的单位或者班组,必须开展班前会
5	日巡查管理	总承包单位项目部与投资人、监理人制定每日巡查制度,使得每天的安全隐患能得到有效的排除
6	专项检查管理	针对消防安全、机械设备、临时用电、临边洞口防护、高处坠落等的专项检查
7	月度教育管理	由总承包单位组织在每个月底召开项目安全教育大会
8	培训教育管理	针对本项目的缺点及实际情况,为实现达到人员管理安全、全员管理安全,项目部制定一系列的安全教育培训计划,内容包括《建筑施工安全检查标准》(JGJ 59—2011)、建筑施工安全小常识、用电安全知识、应急救援、特殊作业人员的上岗培训等
9	安全验收管理	项目部所有的分部、分项工程及安全设备、设施必须严格执行安全验收制度
10	危险作业管理	施工现场危险作业必须进行作业许可审批,并且要求现场配备消防器材、专人进行监督及施工作业后的隐患消除工作
11	机械设备、临时用电管理	项目部要求所有进场的机械设备、临时用电材料等进场必须进行申请审批手续
12	专业分包的管理	总承包单位将与分包人员签订安全管理协议,明确专业承包单位的安全责任、义务、权力以及工作界面的划定等方面的内容。分包单位需要对承包范围内的安全生产监督检查和统一管理,并对承包范围的安全施工负直接责任

(四) 工程安全管理的要点

1. 安全生产责任制

安全生产责任制是根据我国的安全生产方针"安全第一,预防为主,综合治理"和安全生产法规建立的各级领导、职能部门、工程技术人员、岗位操作人员在劳动生产过程中,对安全生产层层负责的制度。在工程建设项目中,工程项目部应建立以项目经理为第一责任人的各级管理人员安全生产责任制。

2. 施工组织设计及专项施工方案

工程项目部在施工前应编制施工组织设计,针对工程特点、施工工艺制定安全技术措施;危险性较大的分部分项工程应按规定编制安全专项施工方案,专项施工方案应有针对性,并按有关规定进行设计计算;超过一定规模危险性较大的分部分项工程,施工单位应组织专家对其进行论证;施工组织设计、安全专项施工方案,应由有关部门审核,施工单位技术负责人、监理单位项目总监批准;工程项目部应按施工组织设计、专项施工方案组织实施。

3. 安全技术交底

施工单位施工负责人在分派生产任务时,应对相关管理人员、施工作业人员进行书面安全技术交底;安全技术交底应按施工顺序、施工部位、施工栋号分部分项进行;安全技术交底应结合施工作业场所状况、特点、工序,对危险因素、施工方案、标准规范、操作规程和应急措施进行交底;安全技术交底应由交底人、被交底人、专业安全员进行签字确认。

4. 安全检查

工程项目部应建立安全检查制度;安全检查应由项目负责人组织,专职安全员及相关专业人员参加，定期进行并填写检查记录；对检查中发现的事故隐患应下达隐患整改通知单，定人、定时间、定措施进行整改。重大事故隐患整改后，应由相关部门组织复查。

5. 安全教育

工程项目部应建立安全教育培训制度；当施工人员入场时，工程项目部应组织进行以国家安全法律法规、企业安全制度、施工安全管理规定及各工种安全技术操作规程作为主要内容的三级安全教育培训和考核；当施工人员变换工种或采用新技术、新工艺、新设备、新材料施工时，应进行安全教育培训；施工管理人员、专职安全员每年度应进行安全教育培训和考核。

6. 应急救援

工程项目部应针对工程特点，进行重大危险源的辨识。应制定防触电、防坍塌、防高处坠落、防起重及机械伤害、防火灾、防物体打击等主要内容的专项应急救援预案，并对施工现场易发生重大安全事故的部位、环节进行监控；施工现场应建立应急救援组织，培训、配备应急救援人员，定期组织员工进行应急救援演练；按应急救援预案要求，应配备应急救援器材和设备。

第三节　项目信息化管理

一、项目信息化管理平台

由于工程总承包项目各参与方之间相对独立，使得项目信息化管理存在诸如信息共享度不高、"信息孤岛"和"信息不对称"现象，从而降低工程项目系统中的信息传输效率，直接影响项目管理水平与工作准确性。

（一）工程总承包项目信息化管理平台的技术支撑

建设工程项目信息化管理是依托现代信息技术，在对传统管理方式进行创新的基础上，实现对工程信息的获取、传递、处理、再生和利用的过程。如图 7-3 所示，BIM 技术、物联网技术、普适计算和四维可视化技术（简称 4D）的有效利用形成了工程总承包项目信息化管理的完整闭合回路。

BIM 技术能够将集成后的各类工程信息以 BIM 模型的形式在不同软件及各参建方之间交流与传递，实现信息管理的自动化，减少各阶段的信息损耗，为实现工程项目信息集成和各参建方之间的协同决策奠定基础。物联网技术则能够实现项目全过程各类信息的高度互联，为各参建方之间的协同决策提供技术支撑。普适计算可以为工程总承包项目提供全方位、全过程的管理，并且通过普适计算能够实现对工程设计和施工过程中所产生的非同源、异构类信息的综合处理与融合，消除因信息不一致所导致的信息歧义并还原项目施工现场的实际状况，确保工程总承包项目信息化管理的准确性与处理精度。四维可视技术则可通过构建动态的四维仿真模型，实现对工程总承包项目的动态集成管理与实时现场监控，并进行辅助决策。以上 4 种技术的融合与集成，能够为工程总承包（EPC）项目信息化管理平台的构建提供技术支撑与资源保障。

（二）工程总承包项目信息集成

完善的信息数据库是构建信息化管理平台的基础。引入信息集成理论，结合工程总承包项目的特点，对项目各参建方信息、项目全过程信息及项目各管理职能信息进行整合，为建

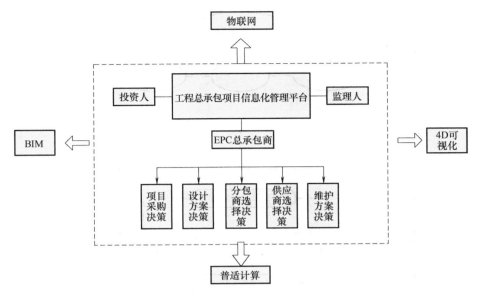

图 7-3 工程总承包项目信息化管理平台技术支撑体系

立完善的信息数据库提供数据来源，如图 7-4 所示。

1. 项目各参建方的信息集成

由于工程总承包项目各参与方之间相对独立，信息传递与信息共享存在障碍，因此对项目各参建方间的信息集成至关重要。它能够为项目各参建方提供信息交流与共享的路径，并及时获取所需要的信息，以期达到辅助项目参建方协同管理的目的。

2. 项目全过程信息的集成

由于不同参建方参与项目的阶段不同，对信息的需求也不同，因此需要对工程总承包项目全过程各阶段信息进行处理与融合，实现项目各阶段信息的交互与共享。

3. 项目管理职能信息的集成

将项目资源管理信息、主要设备和物资供应情况信息、项目财务管理及费用支付信息等进行集成，以期实现项目职能一体化管理。这三类信息的整合与集成，为构建工程总承包项目信息化管理平台奠定基础。

在信息集成的基础上，运用相关技术对信息化管理平台理论系统进行设计。结合信息的静态与动态特性，引入参数化建模与信息集成应用方法以期实现对各类信息标准规范的统一，并进一步完成对规范信息的收集、传递、交换、表达与处理过程。在此基础上，综合利用 BIM、物联网、普适计算和 4D 可视化技术的应用与集成，完成对工程总承包项目信息化管理平台的构建；对断联、无序的工程信息的处理与整合可以引入离散事件动态系统 DEDS（Discrete Event Dynamic System）提取出各参建方需求的信息。

（三）工程总承包项目信息化平台的功能

1. 平台协同招标投标管理

由投资人在平台上发布各种招标信息，审核通过的各监理人与总承包商可查看目前正在招标的项目与投资人相关信息，并通过平台上传投标相关文件。投资人在平台上可查看各投标单位资质信息及其方案，确定中标单位，并通过平台向中标单位发出中标通知。

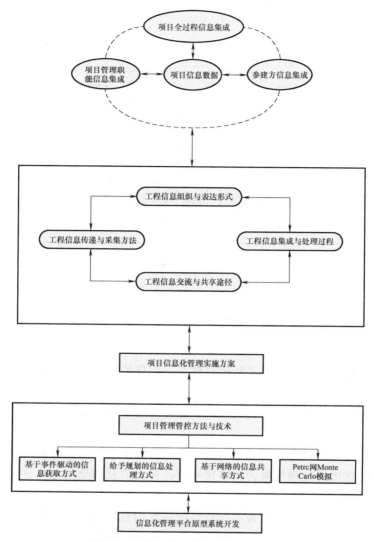

图 7-4　工程总承包项目信息集成平台

2. 平台协同工程进度控制

投资人的进度控制页面可总览项目进度全局，查看总承包商的施工进度情况，并可提交各种进度报告的审查意见。监理人通过该平台的进度模块不仅可以对自己进度进行管理，还能够查看总承包商的设计、施工进度报告，并提交对设计、施工进度的审查意见。总承包商则需要向该平台提交进度报告与查看进度审查意见。

3. 平台协同工程质量控制

投资人在质量控制页面能够查看设计方案、施工质量报告及监理人的审查意见，并提交设计变更要求及相关质量审查意见。监理人则需要通过该平台查看投资人对质量报告的审查意见、设计图、施工质量报告等，并能提交对设计变更、设计方案、施工质量报告等的审查意见。总承包商作为工程总承包项目的建设核心，需要提交各种设计方案、材料供应商资料、材料规格及各子工程质量报告，并查看设计审查意见、设计变更通知与质量报告审查意见。

4. 平台协同工程成本控制

投资人需通过该平台进行成本的计划安排，并查看实际成本的使用情况，当实际与计划出现较大的偏差时，可及时做出相应整改措施，以对成本使用进行控制。工程总承包商的成本控制管理界面则需要有合同造价明细、申领进度款、工程量申报及费用计划等管理功能。监理人的任务主要是通过该模块对成本计划、合同造价明细、材料设备采购清单等进行管理。

5. 平台协同工程风险管理

影响工程项目目标实现的风险源众多，在工程总承包项目中，重要的风险源主要有：技术风险（设计、勘察、施工、设备工艺等）、管理与执行风险、人员素质风险、合同风险、工期风险、质量风险、环境风险以及各方资信风险等，因此，应根据项目的不同目标建立相应的风险处理系统。在平台协同工程风险管理中，风险管理系统主要包含风险数据库和专家系统两部分。项目各参建方都拥有属于自己的一套风险管理子系统，每种子系统所建立的风险数据库都源于平台中央风险数据库，并为中央数据库服务。各子系统会根据项目各方面临的工程具体情况实时更新中央数据的风险数据。该平台中的风险管理系统应包括：风险识别体系、风险评估指标体系以及常用的风险处理方法，此外还应建立风险预警系统，对项目的潜在风险进行评估和预警，以期能够防患于未然。

二、BIM 应用管理

（一）工程总承包项目 BIM 管理的内容

1. BIM 的定义

BIM 是 Building Information Model 的缩写，中文含义是"建筑信息模型"，是以三维数字技术为基础，利用计算机三维软件工具创建包含各种详细工程信息的建筑工程数据模型，可以为建筑工程中的设计、施工和运营等过程提供协调的、内部保持一致并可进行运算的信息。其中，"B"即 Building，可以理解为从前期的规划决策到设计、施工及项目维护等建设项目的全过程；"I"即信息、数据，可以理解为在项目建设全过程中出现的大量信息和数据；"M"即模型，可以理解为建造一个模型，将项目所有相关信息都在模型中表现出来，这是 BIM 的核心工作。

2. BIM 的主要特征

BIM 的主要特征可以理解为可视化、协调性、模拟性、优化性、可出图性、信息完备性、信息关联性、信息一致性，可以将以往只在建造过程中出现的错误在多维数字化模型中提早发现并及早解决。

（1）可视化　可视化就是"所见即所得"，建筑行业中的施工图主要是以线条绘制的方式来表达建筑项目各个构件的详细信息，但构件真正的构造形式需要建筑业从业人员自行想象。施工人员拿到的施工图只是用线条表达构件信息的二维平面图、立面图、剖面图，需要施工人员自行想象构件的三维实体形式并进行施工。对于构造简单的构件来说，施工人员可以根据以往的施工经验进行想象，但是如今工程建设项目的规模、形态越来越复杂，造型复杂的构件越来越多，用人脑来想象构件的真实形式不符合现实。

在应用 BIM 技术后，人们可以用线条绘制三维立体实物图形，呈现直观的立体模型。虽然建筑业也有设计方面的效果图，但是这种效果图缺少对构件的大小、具体位置、颜色等信息的表达，各个构件中无反馈性与互动性。BIM 可以呈现出各个构件中的互动性与反馈性关系，并实现整个设计过程的可视化，可视化的结果可以通过效果图或报表等方式呈现，使建筑工程设计中的沟通、交流和决策均基于可视化环境进行开展，提高设计效率。

（2）协调性　施工单位、投资人及设计单位之间的协调是建筑活动中的重点内容。由于现代建筑工程的规模一般都比较大，通常情况下会将整个建筑分为多个部分分别进行设计，最后进行整合。如果项目在实施过程中遇到了问题，各参建方的有关人员需参与或组织协调，找出施工问题出现的原因并给出解决方法，然后通过变更做出相应补救措施等来解决问题。在传统建筑设计中，很容易忽视各部门及各专业之间的协调沟通，也容易产生各专业设计师之间因沟通不到位而出现各种专业之间的碰撞问题，从而大大降低工作效率。例如，暖通等专业中的管道在进行布置时，由于施工图分别绘制，在施工过程中，可能存在布置管线时某处有结构设计的梁等构件阻碍此管线的情况，像这样的碰撞问题会经常在施工过程中出现，且只能在问题出现后进行解决。

将 BIM 技术应用于建筑工程设计过程中，可以在建筑物建造前期对各专业的碰撞问题进行协调，生成协调数据，并提取出来。

（3）模拟性　BIM 不仅能模拟设计出建筑物模型，还能模拟不能够在真实世界中进行操作的事物。具体体现如下：

1）在设计阶段，BIM 可以对设计上需要进行模拟的东西进行试验，如节能模拟、紧急疏散模拟、日照模拟、热能传导模拟等。

2）在招标投标和施工阶段可以进行四维模拟（三维模型加项目的发展时间），也就是根据施工组织设计模拟实际施工，从而确定合理的施工方案来指导施工。同时，还可以进行五维模拟（基于四维模型加造价控制），从而实现成本控制。

3）在运营阶段可以模拟日常紧急情况的处理方式，如地震人员逃生模拟及消防人员疏散模拟等。

（4）优化性　从本质上看，建筑业的整个设计、施工、运营过程是一个不断优化的过程。通过 BIM 技术的应用，可以做到更好的优化。但优化会受到信息、复杂程度和时间的制约。若信息不准确，做出来的优化结果容易不合理。在 BIM 模型建立过程中不仅要输入建筑物的几何信息、物理信息、规则信息等实际存在的信息，还要输入建筑物建成以后的实际存在信息，并提供建筑物变化以后的实际存在信息。复杂程度较高时，参与人员必须借助一定的科学技术和设备的帮助，才能掌握所有的信息。如今，高度复杂化的工程建设项目越来越多，超过参与人员本身的能力极限。BIM 及与其配套的各种优化工具可以帮助参与人员对复杂项目进行优化。

（5）可出图性　应用 BIM 技术，不仅可以对建筑设计图和各构件加工图进行绘制，还可以通过对建筑物进行可视化展示、协调、模拟、优化等操作，形成各个专业图和深化图，例如经过碰撞检查和设计修改并消除了相应错误的综合管线图、综合结构留洞图，以及碰撞检查、侦错报告和建议改进方案。

（6）信息完备性　BIM 除对建筑工程对象的三维几何信息和拓扑关系进行描述外，还涵盖了完整的工程信息描述，如设计信息（对象名称、建筑材料、结构类型等）、施工信息（施工工序、施工进度、施工成本等）、维护信息（工程安全性能、材料耐久性能等）、对象之间的施工逻辑联系等。

（二）BIM 软件及相关工作

1. BIM 软件

BIM 体系覆盖了建设工程项目全过程的各个阶段，包括设计阶段、施工阶段、竣工阶段、运营阶段，各个阶段由不同专业人员参与，不同阶段的不同专业都有对应软件。主要 BIM 软件介绍如下。

（1）Autodesk Revit　Autodesk Revit 系列软件是由 Autodesk 公司专门为 BIM 打造的用于构建建筑信息模型的软件，主要针对工业建筑与民用建筑。它基于 BIM 技术，可进行自由形状建模和参数化设计，并且能够对早期设计进行分析。通过 Autodesk Revit 系列软件可以自由绘制草图，快速创建三维形状并交互地处理各个形状。

（2）AutoCAD Civil 3D　AutoCAD Civil 3D 软件是由 Autodesk 公司推出的、针对土木工程设计的软件。它的设计理念与 Autodesk Revit 系列软件十分相似，是基于三维动态的土木工程模型，能够帮助从事交通运输、土地开发和水利项目的土木工程专业人员快速完成道路工程、雨水/污水排放系统及场地规划设计。所有曲面、横断面、纵断面、标注等均以动态方式链接，可更快、更轻松地评估多种设计方案、做出更明智的决策并生成最新的图纸。

（3）Autodesk Green Building Studio　Autodesk Green Building Studio 通过 Web Service 的方式为建筑师提供服务。用户可以将 Revit 系列软件设计的模型导成一个 gbXML 数据文件，然后上传到这个网站，就能对整个建筑的能耗、用水和二氧化碳排放量进行分析，从而帮助建筑师评估不同的设计方案对建筑整体能量的影响。

（4）Autodesk Robobat　Autodesk Robobat 是由 Robobat 公司推出的一款功能非常强大的有限元理论结构分析软件，主要用于建筑行业，很多大型建筑都会使用它，如上海地铁、上海海洋水族馆、中国交通银行大厦、深圳城市广场等。

（5）Autodesk Navisworks　Autodesk Navisworks 是一个协同的校审工具，它的出现使设计人员对于三维工具的运用不仅局限于设计阶段，使用人员也不再仅局限于设计人员。Autodesk Navisworks 软件的功能特性和使用方式，使得施工、运营、总承包等各个项目的参与方都能有效地利用三维模型，并参与到整个模型的创建和审核过程中，从而使设计人员在项目设计、投标、建造等各个阶段和环节都能有效地发挥三维模型所带来的优势和能量。

2. BIM 相关工作

在建设工程项目全过程管理中，根据不同的需求可以将 BIM 相关工作划分为 BIM 模型创建、BIM 模型共享和 BIM 模型管理三个不同的应用层面。BIM 模型创建是利用 BIM 创建包含完成信息的三维数字模型；BIM 模型共享是指将所创建的 BIM 模型集中存储在云服务器上，利用 Onepoint、Autodesk Vault 等云数据管理工具来管理模型的版本、人员的访问权限等，以方便团队中不同角色的人对数字工程模型进行浏览；BIM 模型管理是在 BIM 数字模型基础上整合并运用 BIM 模型中的信息，完成施工模拟、材料统计、进度管理、造价管理等。由于专业的复杂性，不同的阶段需要不同的 BIM 工具。

（三）工程总承包项目参建主体的职能

1. BIM 总咨询单位

首先，BIM 总咨询单位需具备编制、推行 BIM 应用总体规划的能力，并具备实践经验丰富的管理队伍和 BIM 项目实际应用业绩，保证能针对实际项目特征和既定的项目 BIM 应用目标，参照国家及地方相关法规标准编制具备可操作性的《BIM 应用实施管理规划》，从而落实建筑单位授权范围内的统筹管理工作，以及监督指导项目各参建方开展 BIM 应用。

其次，BIM 总咨询单位需具备根据项目实际情况合理制定项目 BIM 应用软件标准、信息数据标准、文件交付标准等各项标准，保证最终交付成果能满足运维单位的各项要求，为此还要承担起各阶段的组织协调工作，审核、验收、整理及归档 BIM 应用过程性文件和交付成果。

再次，BIM 总咨询单位还需承担 BIM 协同平台的维护工作，监督、管理及推动项目各参建方的 BIM 应用工作，并给予项目各参建方相应的技术支持，保证协同平台能够最大限度地发挥功能。

最后，BIM 总咨询单位对于最终的交付成果承担相应责任，负责运维模型的创建、整合及调整工作，并将相应成果一并移交运维单位。

2. 投资人委托的设计单位

首先，投资人委托的设计单位需具备利用 BIM 开展设计工作的能力，具有相应的工程项目操作经验，配备的 BIM 设计人员经验丰富，能够保证根据项目实际情况、设计合同条款、以及《BIM 应用实施管理规划》，编制适用于实际项目的《设计 BIM 应用实施细则》，保证其职责内容保质保量完成。

其次，投资人委托的设计单位所提交的方案设计或初步设计成果须满足数据信息格式、数据互用标准、数据互用协议等要求，为提交信息和交付模型的准确性、完整性负责，及时将相关成果移交投资人。

再次，投资人委托的设计单位应积极配合项目各参建方开展 BIM 应用，完成相关协同管理工作，参与设计模型会审和设计交底，解答属于其职责范围的由其他单位提出的相关设计问题，配合 BIM 总咨询单位审查工程总承包商提交的初步设计或施工图设计模型、施工过程模型、竣工模型，以及相应的设计变更，完成服务范围内归档设计成果文件的工作，保证 BIM 应用效果。

最后，投资人委托的设计单位接受 BIM 总咨询单位的管理并负责开展相关 BIM 应用实施工作。

3. 造价咨询单位

首先，造价咨询单位需具备利用 BIM 开展造价咨询工作的能力，具有相应的工程项目操作经验，配备的 BIM 造价咨询人员能够熟练处理模型数据与造价数据，能够保证根据项目实际情况、造价咨询合同条款以及《BIM 应用实施管理规划》，编制适用于实际项目的《造价咨询 BIM 应用实施细则》，保证其职责内容保质保量完成。

其次，造价咨询单位依据客观实际情况、投资控制目标、设计模型数据编制工程项目的投资估算、设计概算、工程总承包发包的招标控制价、不同阶段不同项目范围的投资计划，开展工程项目全过程的投资计划动态控制，审核计量支付、经济签证、竣工结算等。

再次，造价咨询单位配合工程项目各参建方开展 BIM 应用协同平台的维护工作，配合 BIM 总咨询单位审核工程总承包商所提交的施工图设计模型、施工过程模型和竣工模型等。

最后，造价咨询单位应接受 BIM 总咨询单位的管理并负责开展 BIM 相关应用实施工作。

4. 工程监理单位

首先，工程监理单位需具备利用 BIM 开展工程监理工作的能力，具有相应的工程项目操作经验，配备的工作人员具有丰富的 BIM 应用项目监理工作经验，能够保证根据项目实际情况、工程监理合同条款以及《BIM 应用实施管理规划》，编制适用于实际项目的《监理 BIM 应用实施细则》，保证其职责内容保质保量完成。

其次，工程监理单位基于 BIM 应用协同平台依据工程总承包商提交的施工质量管理、施工进度管理、施工成本管理、施工安全管理、施工合同管理、施工信息管理的实施方案及相应计划开展监督工作，完成对工程总承包商提交的 BIM 施工应用成果的审查工作，并收集、整理、归档交付监理 BIM 应用的成果性文件。

再次，工程监理单位配合工程项目各参建方开展 BIM 应用协同平台的维护工作，协助 BIM 总咨询单位组织模型会审以及配合审核总承包商提交的施工图设计及深化设计模型、施工过程模型和竣工模型等。

最后，工程监理单位接受 BIM 总咨询单位的管理并负责开展 BIM 应用实施工作。

5. 工程总承包商

首先，工程总承包商需具备利用 BIM 开展设计和施工工作的能力，具有相应的工程项目操作经验，配备的工作人员具有丰富的 BIM 应用项目实施管理工作经验，能够保证根据项目实际情况、工程总承包合同条款以及《BIM 应用实施管理规划》，编制适用于实际项目的《工程总承包 BIM 应用实施细则》，保证其职责范围内设计和施工工作能够保质保量地完成。

其次，工程总承包商在其职责范围内开展设计和施工工作，创建并提交初步设计或施工图设计模型、施工过程模型、竣工模型，编制实施过程中的质量管理、进度管理、成本管理、安全管理、合同管理、信息管理的实施方案，将其集成到 BIM 应用平台，以此开展项目管控工作，并在其中明确应用标准、人员及设备、工作内容及计划安排等内容，归档对 BIM 应用交付成果文件。

再次，工程总承包商作为工程项目设计和施工的主体单位，负责统筹管理专业分包单位的 BIM 应用实施，负责审核及整合专业分包单位完成的模型，并对专业分包单位 BIM 应用相关工作承担连带责任。

最后，工程总承包商接受 BIM 总咨询单位的管理并负责开展相关 BIM 应用实施工作。

(四) 工程总承包项目 BIM 管理的流程

1. 整体管理流程设计

基于工程总承包模式的 BIM 应用组织结构发生变化，相应的需要重塑其管理流程。在重塑整体管理流程过程中，首先须明确工程项目建设全过程各参建方开展工作需要的工作信息内容和技术支持，以及其需要提交的工作信息内容。

从投资人角度分析，投资人或投资人委托的第三方应将项目概况、提交报告审核意见、项目重要信息等内容及时分享给项目参建方；同时，其也需要及时获取项目投资进度、质量、安全等相关信息，主导并控制工程项目的整体进展。

从工程总承包商角度分析，其需求信息和提交信息可分为设计和施工两个层面：在设计阶段须获得项目可行性分析报告、项目方案设计或项目初步设计等信息来指导开展其自身承担的设计任务，同时需提交相应的设计成果供投资人审查；在施工阶段需依靠投资人指令、各项批准文件、项目管控信息等来开展持续的项目实施工作，并将施工方案、建议信息以及成本、进度、质量等相关信息进行提交，使其他参建主体及时掌握项目动态，合理布置安排工作。

此外，工程监理单位、造价咨询单位等单位同样需要其他参建方工作信息的支持以及为其他参建方提供必要的工作信息；且政府有关部门也需及时了解项目相关情况来监管项目，如规划和消防安全部门需了解相关设计信息，以防公众事件的发生；与项目有关的公众也需了解项目相关的动态信息。故须合理安排基于工程总承包模式的 BIM 应用的整体管理工作流程，如图 7-5 所示，此图按初步设计后发包，如采用可行性研究或方案设计后发包，则确定工程总承包商、工程监理单位的工作做相应前移。

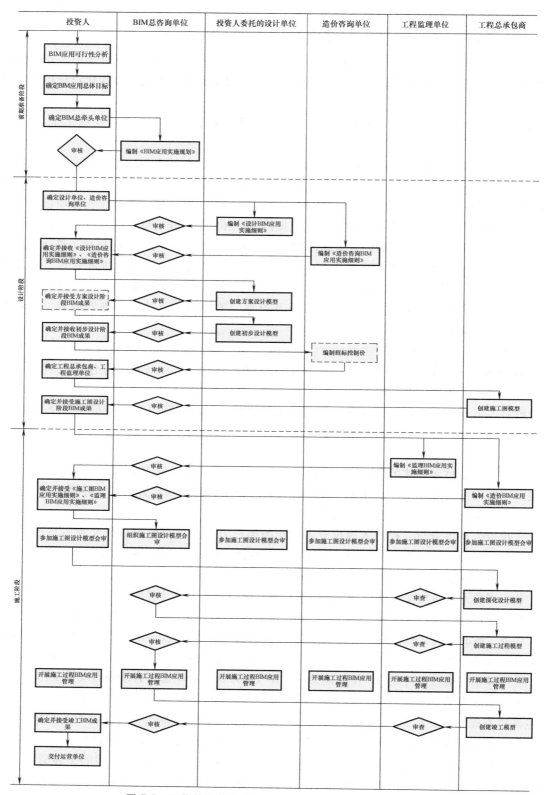

图 7-5 工程总承包模式 BIM 应用的整体管理工作流程

2. 专项管理流程设计

（1）设计管理流程设计 基于工程总承包模式的 BIM 应用在设计阶段，相较于传统模式能够实现三维立体化建模。投资人完成方案设计或初步设计后，可借助相应 BIM 模型开展工程总承包项目的招标工作；工程总承包单位以此为依据开展施工图设计，并进行施工图的设计交底工作。设计阶段的管理流程如图 7-6 所示。（注意：如从方案设计后发包，其管理流程向前移）

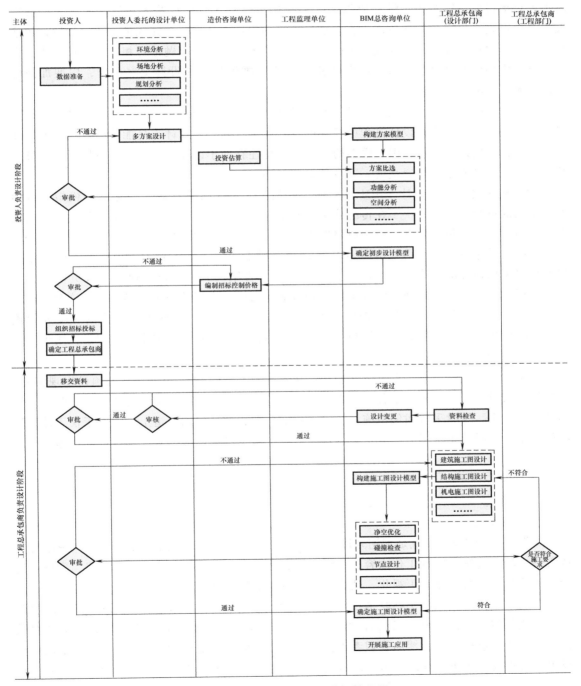

图 7-6 设计阶段的 BIM 管理流程图

投资人委托相应设计单位开展方案设计和初步设计，要求最终提交的不再单纯是二维设计图，而是将 BIM 三维模型作为重要设计成果提交投资人，投资人依据最终的初步设计的 BIM 单位模型开展工程总承包商的招标工作，并将投资人委托的设计单位的 BIM 成果移交工程总承包商。

工程总承包商在中标后，依据获得项目资料在初步设计的基础上开展施工图设计。此前由工程总承包单位针对初步设计成果文件进行检查核验，就存在的各项设计问题呈报投资人，由投资人给出回复。此后由工程总承包商承担设计责任。在其完成施工图设计后，包括相应的局部深化设计工作，开展施工图设计会审，并就存在的问题进行相应的设计优化。设计人员完成相应的修改工作后，可直接利用 BIM 三维模型开展设计交底工作，以便加深施工作业人员对项目设计的理解。

在设计阶段，借助 BIM 应用软件能够准确地标注存在的设计问题，生成相应检测报告，实现更准确、全面地排查设计过程中存在的设计问题；同时，设计人员能够高效地完成设计修改工作，加快设计进度；BIM 模型的三维立体特性有助于设计人员与工程项目管理人员以及施工作业人员的之间沟通交流，减少信息错误率。

（2）施工管理流程设计　BIM 具有强大的模拟功能，可实现施工实施前的模拟，科学安排施工的每个环节，解决了在传统施工技术下仅能凭借经验制定施工方案的问题，极大地提高了施工方案质量，降低了施工风险发生概率。施工阶段的管理流程如图 7-7 所示。

工程总承包单位可借助施工图 BIM 三维模型编制施工方案。目前，BIM 施工软件已可以实现根据构建好的三维模型自动匹配合适的施工方案，只需经过专业施工人员检验无误后，就可继续开展相应的施工模拟工作，并将相应的施工模拟结果呈现出来。在这个阶段工程管理人员最重要的工作就是根据施工模拟辨识风险问题点，从而做好相应的风险处置预案。并将优化好的施工方案以三维视图、重要节点详注等多种方式输出施工方案，用于实际施工作业的指导。

在实际施工过程中，受多方因素影响可能会导致实际情况与施工方案的预设出现偏差，需要管理人员及时将实际施工各项数据及时上传，并就实际与计划值进行比对。对落后于计划情况的发生，及时采取纠偏措施，尽可能将实际扭转到计划的轨道上来；对于快于计划情况的发生，及时调整施工方案计划，合理安排好下步工作的衔接，确保项目顺利实施。

三、智慧工地管理

（一）智慧工地的概念及实施的必要性

1. 智慧工地概念

所谓"智慧工地"，就是利用先进的科技手段，对管理工地中的软件与硬件应用进行集成管理，转变传统的管理工作内容，为项目的各参与方提供全新的信息交互方式，实现工地管理的信息化、智能化和可视化，从而彻底改变工地的管理模式。

智慧工地的建设依托于物联网技术、互联网、移动网络、BIM 技术、云计算、大数据、人工智能等技术，让工地现场具备"感知"功能，及时准确地进行数据采集，智能地对数据进行分析并进行预测，辅助管理者进行决策，让工地管理变得"智慧化"，智慧工地的建设可为各参建方提供完整的工地管理方案，使工地所有办公的业务流程在线化，通过对工地各类信息数据的收集整理形成施工企业的信息资源财富，智慧工地的建设将达到提升工地管

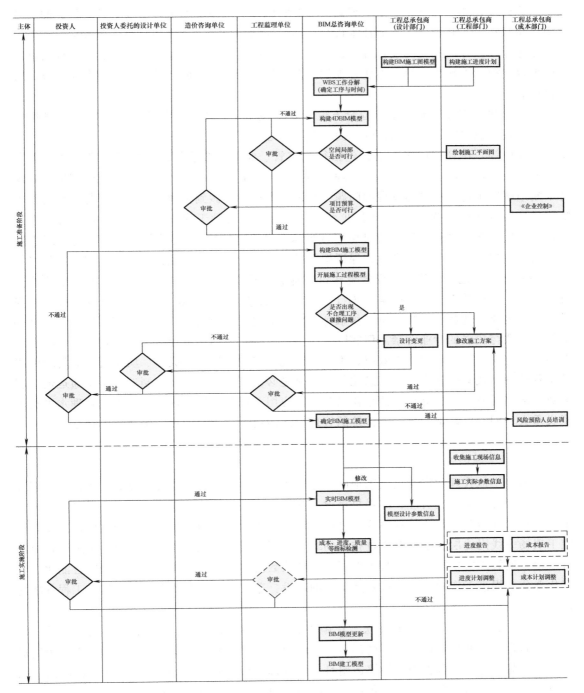

图 7-7 施工阶段的管理流程图

理效率、实现绿色建造、提高工地安全与环保管理、保证工程质量等各项目标的目的。

2. 智慧工地实施的必要性

（1）对建筑工地高效综合管理具有推动作用　建筑工程施工中，工程参建方多，管理机构多，管理目标多，工地的管理主体需要协调各方资源，相互配合完成工程建设任务，因此工地管理内容复杂且效率低下。智慧工地的实施可实现对工地生产活动中各类信息的实时收集存储管理,并利用人工智能技术进行预测、控制。通过一个管理平台整合共享,将工地信息互通互联,并以此提高项目各参建方的交流效率。智慧工地是项目各参建方管理信息的沟通平台,智慧工地为项目各参建方提供信息入口,通过信息的自动收集,各参建方成员对项目进展一目了然。

(2)有助于对建筑施工全过程全方位监管 施工工地大多占地面积较大,施工场地需要合理布置,在空间管理方面,管理内容包括办公区、生活区、材料加工区、材料码放区、施工作业面等。在管理层级方面,包括行政监管、业主、企业管理、项目管理、各劳务分包、各专业分包、监理、工人等。管理内容涵盖了所有工地的生产要素。传统管理中,管理者不断地解决工地管理过程发现的问题,对工地管理很难做到全面且具体。智慧工地管理可随时随地通过计算机 Web 网页与手机 APP 进行操作,有助于管理者从信息管理的方式全过程地对工地全要素进行监管。通过施工现场这种"智慧"的管理手段,可使工地管理在线化,信息收集及时、准确且全面,保证生产目标下达清晰、风险预警及时、纠偏措施得当。

(3)智慧工地的实施可转变传统建筑工地管理模式 传统管理模式下的施工工地管理难度较大,工作效率低。一是需要对工地现场施工过程的每个细节、每处场地进行统筹安排;二是需要协调各个参建单位、接触每个专业的施工作业人员;三是管理人员要具备良好的综合素质与较强的专业背景。但实际工作中,由于人为的因素导致施工过程中存在诸多问题与矛盾有待解决,影响管理效率,不利于对现场安全、进度、成本、质量管理。传统的建筑工程管理模式必须转变,而信息化与智能化是必由之路,在工业、制造业、交通运输、服务业等诸多行业中,智能化与信息化已被广泛应用。智慧工地不仅对建筑工地管理水平提升意义重大,同时可以推动建筑业传统的管理模式向信息化、智能化、可视化的转变。

(二)建筑工程智慧工地整体规划

1. 智慧工地构建目标

目前,工地管理中需要集成工地碎片化应用,强化施工现场监管,改进工程物资管理方式,加强劳务作业人员管理,加强机械设备管理,提升工地信息化管理。为满足以上管理需求,工地管理需转变传统管理模式,打造工地智慧化管理。因此智慧工地的建设目标要聚焦施工现场一线岗位层,通过对先进技术的综合应用,对施工现场和各种生产要素进行智能监管。使工地管理实现全面感知与工地管理中各项数据实时互联;使工地管理趋向智能化、数字化办公,提高工作效率;通过智慧工地的建设打造工地的资源整合平台,确保工程各项建设目标顺利实现。

(1)全面感知与数据实时互联 在施工过程中,建筑工地的状况不是一成不变的,工程实体的施工进展与工程客观环境都是在不断变化的,工地管理中的人为干预因素难免造成疏忽与纰漏,这就要求管理者能够运用科学的管理手段,对工地中各种变化因素进行预测,从而实现事前控制,保证工地中各项生产活动顺利开展,实现项目各项管理目标。

(2)智能化管理与数字化办公 在当今数字时代,建筑业将更加重视先进科学技术在管理中的应用,所以工地管理中应加强对信息资源的管理,现阶段多数施工企业在信息资源管理方面与其他行业存在较大差距。因此工地管理中必须加强对现代技术的应用,确保信息的准确性与真实性,并对信息进行有效的整理分析。工地管理可建立以云平台为基础、以数据为核心、集成物联网智能终端的管理工具,全面替代旧有的施工现场管理模式,采用人工智能技术对各类数据进行智能分析，以在线化、可视化的决策分析为表现，实现施工工地的智能化管理、数字化办公。

（3）打造工地的资源整合平台　在工地管理中，各业务系统采用不同的软硬件系统开展业务工作，但项目决策获取的信息多数通过汇报得来，由于人为的因素，在信息传递过程中难免产生偏差。为实现信息管理的系统化、排除局部因素干扰，就必须通过整合工地各业务系统软硬件应用，使其形成有机的整体，从整体角度来识别问题，以系统的分析方法来指导工地管理的各关键要素，确保管理决策的全面性与准确性。

2. 智慧工地的具体功能

（1）信息采集与传输　智慧工地的建设可利用物联网技术进行数据收集。通过网络技术对信息进行传输，使管理者能够随时了解工地中施工人员的劳动力人数、工种种类、工作状态等信息。掌握工地中施工机械维修保养情况、设备运行状态；掌握工地物资进出场验收、库存等状况；掌握工地安全、施工进度、施工质量、成本控制情况等。

（2）信息存储功能　智慧工地利用具有存储功能的服务器对信息进行存储。信息资源同劳动力、机械设备、资金以及施工环境这些有形资源相比，同样是工地施工的重要资源。工地生产活动产生的信息是施工企业非常宝贵的资源，管理者的决策需要客观地对内外部情况充分了解，因此信息是管理决策的基础。在管理控制中，要充分利用信息资源，不断对原有计划进行反馈、纠偏，提高管理效率。

（3）智能控制功能　智慧工地需具备控制功能。管理控制无论是着眼于适应环境的变化，还是纠正执行中的偏差，都是以确保完成各项既定目标或标准进行，这种管理就是一个对目标的控制过程，具有目的性、整体性和动态性。传统的工地管理模式下，这种控制活动均是由管理人员发出指令，或者到工地一线进行现场指导。而智慧工地具备的这种控制功能能够通过系统的判断，自动发生控制指令，相比传统管理模式，这种系统控制功能将更加准确且高效，这也正是工地管理"智慧"的象征。比如通过对工地环境信息收集与分析过程后，系统识别出工地中扬尘超标，智慧工地系统将自动对扬尘控制系统发出指令，发出警报并启动工地降尘设备，有效控制施工环境。同样，对工地其他要素及目标管理同样适用，但被控制的主体可能不同。

（4）信息反馈辅助决策　通过生产活动的成果信息对系统的活动进行调整，使系统能够完成既定目标。反馈功能能够对智慧工地管理过程中收集的控制效果信息与计划目标相比较，根据历史的情况去调整未来的控制行为。工地管理中，随着施工的进展，各管理要素不断变化，这是工程动态控制的体现。对于管理者而言，面对管理对象的信息并不是一成不变的，管理者能够始终做出正确的决策并非易事。智慧工地中，管理的各类问题可通过人工智能技术，利用大数据对历史信息与现有信息进行对比分析得出结果，管理者便可根据此结果更好地进行决策。因此智慧工地可通过对信息的智能分析，实现辅助管理者决策的功能。如当施工进度加快时，施工物资采购如何匹配，劳动力具体需求量如何，施工机械设备额定的工作量能否满足要求，进度加快如何影响施工安全与质量管理等。

（三）建筑工程智慧工地设计

1. 智慧工地总体设计思想

（1）智慧工地设计思路　智慧工地的构建主要针对工地管理现状以及存在问题进行，并提供全新的解决方案与管理模式。通过建立管理平台集成工地现场各业务系统软件与硬件应用，使之成为一个整体。对于智慧工地的构建，不是将工地中各个子系统应用进行简单堆砌，而是在各子系统应用运行的基础上，寻求各子系统之间相互关系，同时还要做到与外部其他智能化系统之间的完美结合。智慧工地可自动实现对施工现场相关信息的采集，其对数据的分析结果可为决策者进行劳动力管理、设备和物资监管以及项目全方位的管理提供决策依据，改变了传统的工地中现场监管易受人为影响导致效率低下的情况，由传统的被动监督转变为"智慧化"监管，确保工程各项建设目标的顺利实现。

（2）智慧工地设计原则

1）数据的安全性：智慧工地整体系统中，具备工地管理中完整的信息管理流程，其中涉及多个层级的数据处理环节，因此要严格地限定各级使用者的访问权限和操作权限，数据的存储环节应具备良好抗冲击的能力以及数据恢复能力，保证系统的正常运行。智慧工地的构建要考虑整体的信息安全措施，通过严格考察，采用成熟的技术体系与稳定的硬件产品，保证智慧工地实施过程中的信息安全可靠。

2）实用性：智慧工地的设计要充分考虑解决工地管理的突出问题，避免出现华而不实的冗余功能。管理平台的界面设计要逻辑清晰，同时要符合工程管理人员操作习惯。智慧工地的整体设计要适应工地实际应用环境，保证工地在作业过程中稳定运行。

3）可扩展性：智慧工地的设计应具备良好的可扩展性，以确保工地动态管理可能出现新的需求。智慧工地中各项技术指标应符合国家标准、行业标准的要求。功能的设置应符合建筑业相关的技术规范。

4）良好的兼容性：智慧工地需具备良好的兼容性，智慧工地的各子系统采用标准数据接口，能够对接内外部硬件设备和编程软件应用，打通数据传输通道，对数据进行传输与共享。智慧工地需要支持多种软件数据格式。

2. 智慧工地构建的主要技术基础

（1）基于物联网的全面感知

1）物联网技术概述：从技术角度理解，物联网是指物体通过智能感应装置，经过传输网络，到达指定的信息处理中心，最终实现物与物、人与人之间的自动化信息交互与处理的智能网络。物联网能够使物资设备与互联网相连，其主要目的是实现互相通信和协调工作。其数据信息可通过计算机进行交换、分析、智能识别等，并进行相应任务的处理。

2）物联网技术在智慧工地中的应用：将物联网技术运用到工地管理中，通过各类传感器获取信息，通过网络将信息传送至管理平台。物联网在工地中的应用打破了传统建筑工程管理模式中的人工监控方法，可通过物联网技术更快地找出施工现场潜藏的安全风险，能够帮助管理人员掌握工地管理中的重点和难点问题。物联网可在工地管理中运用信息化网络技术和传感器技术，实时监控工地中的各项管理要素，如施工人员、工地物资、机械设备等。

（2）基于云平台技术的数据处理

1）云平台技术概述：云平台中的云指的就是互联网、网络，大数据技术应用是云平台的基础，其依托信息与网络技术，在数据处理的过程中具有强大的数据模拟和计算能力，这种强大的计算能力就使其能够完成对市场发展趋势的预测。

2）云平台技术在智慧工地中的应用：智慧工地平台可以架设在阿里云等云平台，可实现智慧工地管理平台在网页 Web 端与移动终端进行应用，利用云服务器的优越性与云计算强大的计算能力构建智慧工地管理平台，管理人员可随时随地利用一台计算机或者一部手机登录管理平台对工地信息进行实时掌握。为管理者提供项目整体状态信息呈现，监控项目关键目标执行情况及预期情况，通过对大量数据的分析实现对工地管理的预测功能。

（3）人工智能技术体系

1）人工智能技术概述：人工智能概括而言就是机器通过学习与数据分析，能够对人类的意识和思维进行模拟。人工智能技术可用于符号计算、模式识别、机器翻译、问题求解、机器学习、逻辑推理与定理证明、自然语言处理、计算机视觉等领域。

2）人工智能技术在智慧工地中的应用：智慧工地中可利用人工智能的计算智能、感知智能、认知智能，通过图像识别技术自动识别工地管理中人员的不规范行为与工地安全隐患。另一方面利用大数据与自我学习能力协助管理者解决复杂的数据分析问题，辅助管理者进行管理决策。人工智能技术的应用将大幅度降低劳动成本。

3. 智慧工地方案设计

（1）智慧工地总体概述　智慧工地旨在转变传统的工地管理模式，重点解决管理中存在的突出问题，智慧工地建设以工地现场应用为基础，能够横向实现各业务系统的协同管理，纵向实现各个管理层级、应用层级的信息互通。智慧工地为企业管理人员提供全天候的管理和监控服务，内容包括人员管理、设备管理、物资管理、各个施工目标监管等。通过工地现场的各类传感器与视频监控设备的信息采集，管理人员可全面地了解工地实时情况，通过对信息的集成管理，建立各业务系统的协同监管体系。通过对信息的有效管理，对施工过程的各项数据进行分析，智慧工地系统可实现远程监控，动态预警等功能，提升管理效率。在工地的全过程管理中，实现管理人员数字化办公，形成企业数据资产。

（2）智慧工地整体架构体系设计　智慧工地的建设分为四个层级，包括数据采集、业务系统应用、管理平台以及集成应用端。管理者可通过 PC 端 Web 网页、移动端 APP 应用、现场 LED 显示大屏查询数据，随时随地掌握工地动态。智慧工地的建设将实现对工地的信息化、智能化和可视化管理，如图 7-8 所示。

（3）智慧工地实施技术路径　智慧工地的构建主要依托于物联网技术、云计算技术与人工智能技术以及其他相关硬件设施。通过物联网技术实现对工地中人员实时状态、机械设备与物资使用情况等信息采集；通过视频监控技术获取工地影像资料；利用互联网、局域网进行数据传输；采用云平台技术进行管理平台搭建，实现对数据的存储与分析功能；利用人工智能的学习能力获取思考判断能力，进行工地智能控制。

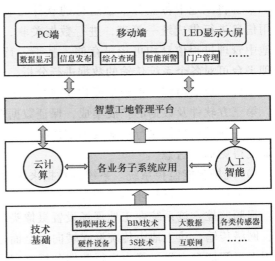

图 7-8　智慧工地架构体系

（4）智慧工地主要内容　随着当代科技的飞速发展，集成管理与传统的管理相比，能够更好地满足现代管理的需要。在工地的管理活动中，集成管理通过先进技术将工地施工生产中的各关键要素的信息关联起来，形成系统的有机整体。将集成管理理论运用到建筑工程工地中，同时结合工地管理的功能需求，分析智慧工地组织的主要内容。通过前文分析，智慧工地的管理需求包括集成工地碎片化应用、强化施工现场监管、改进工程物资管理方式、加强劳务作业人员管理、加强机械设备管理与提升工地信息化管理六方面内容。为解决集成问题，首先需要建立统一的管理平台，平台可接入第三方应用，保证其可拓展性。基于集成管理的模糊界面理念，平台下设智能监控系统、人员管理子系统、机械管理子系统、物资管理子系统、现场监控子系统以及目标管理子系统，各系统之间形成联动，满足工地的管理需求。

1）构建智慧工地管理平台。集成管理下，管理者的主要任务就是将既有的资源在项目设定的目标下组成一体化的系统，并且需要在管理过程中力求各部分资源之间的动态平衡，以适应工地情况的变化，达到预期的管理目标，因此需要创建智慧工地信息管理平台。智慧工地管理架构在云平台，选用存储与计算相结合的方式。

集成内容：智慧工地管理平台可实现对众多子系统的统一管理和控制，通过集成管理平台建设后实现统一数据库、统一管理界面、统一管理业务流程等。智慧工地管理平台集成的主要内容如图 7-9 所示。

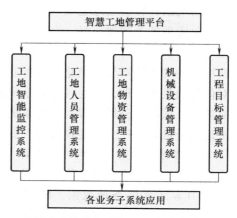

图 7-9　智慧工地管理平台集成内容

平台业务方面内容：在智慧工地管理平台中，系统管理员可对用户进行权限设置，不同层级的用户对应其相应的管理功能，使智慧工地适用于不同层级的管理人员。利用平台可在各业务系统进行信息共享，为各层级管理人员建立高效的沟通渠道。平台可进行界面调整以适应工地不同阶段的管理需要。平台将工地中各业务单独运行的软件与硬件的应用信息进行集成统一管理，进行数据关联，使得工地中管理过程信息均可记录存储。基于云计算的管理平台可对各个系统传输的数据进行分析，通过联动子系统应用实现控制功能。

平台集成的内容：平台集成物联网技术平台、BIM 技术平台，支持各类硬件设备、传感器、第三方软件及数据的扩展集成，保证数据在线、及时准确并自下而上地采集，监控工地管理中各项关键目标执行情况及预期情况，实现工地全面数字化、智能化与可视化管理，让工地变得更加"智慧"。

2）现场智能监控系统。系统的数据来源主要由工地中各类硬件设备，实现对工地的人员、机械设备、物资及环境等情况进行监控。

视频监控：该系统在工地现场设置摄像头监控，通过该系统进行现场图像采集、录像存储、网络传输。让工地由传统形式转向更全面透彻的感知，让工地管理更全面的互联互通。利用人工智能自主学习能力进行数据分析，识别工地中的安全风险与人员违规操作行为，实现报警接收和发送功能。通过现场智能监控系统，管理者可以随时了解到工地的施工进展情况和工人的操作情况，也可以远程监控现场物资材料的安全与机械设备的使用安全，实现项目的远程监管。

环保监测：对工地现场的温度、湿度、PM2.5、PM10、风力、风向、噪声等环境信息进行实时监测并将数据传输至云平台存储分析，可通过 PC 端、移动终端 APP 应用进行实时查看。当工地噪声超出预警值时自动报警。本系统可通过智慧工地管理平台集成雾炮机、喷淋等设备控制联动，当PM2.5超过设定的预警值时，自动启动喷淋降尘系统，可及时有效地降低工地的粉尘浓度，改善施工现场环境。

工地人员管理系统：本系统基于物联网技术，集成了人脸识别、无线通信、设备标识、数据采集、人员活动状态检测等模块，通过网络将数据传输至智慧工地管理平台。该系统通过PC端及移动终端均可运行，具体内容如下：

① 人员信息管理：进场施工前，对工人进行信息采集，实名制录入系统，并发放一卡通与佩戴具有自己身份标识的智能安全帽。工人可持一卡通在工地进行餐饮、沐浴、购物、洗衣等各类消费，既方便快捷，更便于管理。工地施工人员信息实时显示，如施工现场各工种人数、进出场时间等，通过本系统可快速掌握施工现场工人相关信息。

② 人员教育管理：系统提供安全教育学习平台，工人进入工地现场前必须通过安全教育学习平台，内容包括工地特点、安全技术操作规程、劳动纪律、安全技术措施等安全知识内容，工人通过入场教育并考核合格后方可进入现场施工。与此同时，平台根据工地进展情况实时更新学习内容，通过在线学习的形式全员参与学习，提高工人的安全意识与安全知识储备。

③ 实时监测：工人进入施工现场必须佩戴专属安全帽并通过人脸识别技术检测，方可通过工地进出场闸机口进入施工作业面。系统关联BIM技术实现工地位置可视化，通过智能安全帽中植入的智能芯片，可实时掌握工人所在区域位置与活动轨迹。系统数据实时对接至智慧工地管理平台，与工地视频监控系统联动，实时监控工人的操作行为，掌握现场的人员分布、工人的工作状态等。

④ 考勤管理：施工作业人员进入施工现场与走出施工现场形成一次完整的打卡记录，系统详细记录工人的进出场时间与工作时长，自动生成工人的考勤记录，并可通过植入芯片查阅工人在工地的历史活动轨迹，避免劳资纠纷争议。

⑤ 用工分析：系统根据工地劳动力统计情况，结合大数据技术分析劳动力分布热点，合理安排各工种用工数量，减少窝工损失，提高生产组织能力，达到科学判断用工峰值、确保施工进度管控的目的。

3）工程物资管理系统。与视频监控系统进行联动，运用物联网技术，通过软硬件结合、互联网手段实现现场物料全方位管控。

物资采购管理：系统与BIM平台进行联动，根据施工进度计划导入模型，自动生成物资需求量清单。物资管理人员可根据不同物资加工进货的周期详细制定物资采购计划，做到物资进场及时、物资采购量精准。通过线上平台向供应商提供订单，供应商确认无误后进行供货，通过电子标识可实时掌握物资运输物流状态。

物资验收管理：对于称重物资，系统可实现车牌自动识别，提升过磅效率。即时拍照留存原始单据、质量证明等材料。非称重物资通过移动APP进行收料，收料类型支持采购、调入、直入直出等，可解决入库材料及直发到现场材料的验收。通过移动APP对于现场材料的快速盘点，解决了管理人员手动盘点易出错、统计台账耗时耗力等问题。

物资现场管理：系统与视频监控进行联动，实时对工地物资存放管理进行监控。物资存放严格按照施工平面布置执行。材料码放区设置电子显示标识牌，对材料信息进行实时更新。通过物资材料各环节数据的实时反馈，进行统计分析和成本核算。通过智慧工地管理平台与视频监控系统联动，发生异常状况或抽检时，可实时调动相应位置的实时监控视频，全方位、多角度监控目标。

4）机械设备管理系统。机械设备监控：本系统基于物联网技术，通过摄像头、各类传感器等进行数据采集，系统综合微电子技术、无线通信技术、厘米级高精度定位等技术于一体，实时监测设备运行，并将数据同步至智慧工地管理平台，对机械设备状态进行实时监控。机械设备安全是工地安全管理的重要部分，因此本系统信息与监控系统信息共享，为机械设备操控人员及安全管理人员提供实时数据，全程连续可视化跟踪运动过程，提供及时精确定位的工作信息。管理者可随时随地通过智慧工地管理平台获取机械设备管理信息。

机械设备信息管理：通过对系统进行配置，可显示施工现场的机械设备种类与数量、机械设备规格型号、操作人员信息、机械设备维修保养状况以及机械设备实时运转情况等信息。系统信息接入智慧工地管理平台。

施工电梯管理：采用人脸识别技术对操作人员进行验证，施工电梯内配置高清显示屏，操作人员可实时掌握施工电梯运行情况，系统对施工升降机实时监控，当司机违章操作时系统进行预警、报警，并且经停止相应违规操作的命令，保证施工电梯的使用安全。系统信息接入智慧工地管理平台。

施工塔式起重机管理：采用人脸识别技术对操作人员进行验证，系统实时监控塔式起重机的运行状况，包括起重量、起重力矩、起升高度、幅度、回转角度、风速、倍率等信息。群塔作业时，各塔式起重机之间距离较近，塔式起重机大臂存在碰撞风险，通过系统配置可实现群塔作业防碰撞。塔式起重机吊钩通过配置高清摄像头，塔式起重机司机可清晰地掌握吊运范围，避免盲吊引发事故。当风速过大、吊装重量超过限额时，向司机发出报警。系统信息实时接入智慧工地管理平台。

5）工程目标管理系统。计划管理：建立 BIM 模型，在模型中整合施工中的材料、时间、成本等数据信息。利用 BIM 软件进行施工模拟，通过对模拟数据进行分析，便于科学地进行施工平面布置，优化施工资源配置，合理制定施工计划，采用正确的施工方案。在确定工程的四大目标后，科学合理的施工计划是实现目标的基础保证。

执行监控：联动视频监控系统，对工地管理执行情况进行全方位的监控。对整个工程的安全、进度、质量、成本目标进行统一管理和控制，以达到保证安全、缩短工期、降低成本、提高质量的目的。

目标统筹管理：本系统基于智慧工地管理平台运行。利用大数据、人工智能技术对历史数据以及现有信息进行分析。集成管理强调协调性，工程项目涉及内容繁多，其中目标管理是工程项目在各阶段的主要工作内容，也是工程建设各方主体工作的中心任务，建设工程的四大目标——安全管理、进度管理、质量管理、成本管理，它们之间相互影响和制约，控制其一，可能牵引其他。通过本系统对各目标的对立统一关系进行权衡，通过智慧工地管理平台集成四大目标管理的应用系统，利用 BIM 模拟施工、大数据、人工智能技术协助管理者做出系统统筹考虑，优化资源配置，在进行费用与安全管理的同时要确保项目质量、进度达到工程合同要求，实现良好的经济效益和社会效益。

参 考 文 献

[1] 唐际宇. 建设工程施工总承包管理实务 [M]. 北京：中国建筑工业出版社，2019.

[2] 潘自强，赵家新. 建设工程项目管理咨询服务指南 [M]. 北京：中国建筑工业出版社，2017.

[3] 黄锐锋. 建设工程全过程管理实用手册 [M]. 北京：中国建筑工业出版社，2017.

[4] 《建设工程专业技术人员继续教育教材》编写组. 建设工程专业技术人员继续教育教材 [M]. 合肥：安徽科学技术出版社，2020.

[5] 周和生，尹贻林. 工程造价咨询手册 [M]. 天津：天津大学出版社，2012.

[6] 杨唐金. 专家解读"工程总承包管理办法"重点条文 [J]. 中国勘察设计，2019，31（3）：15-18.

[7] 中国建设工程造价管理协会. 建设项目工程总承包计价规范：T/CCEAS 001—2022 [S]. 北京：中国计划出版社，2023.

[8] 中国建设工程造价管理协会. 房屋工程总承包工程量计算规范：T/CCEAS 002—2022 [S]. 北京：中国计划出版社，2023.

[9] 宋蕊. 工程总承包管理理论与实务 [M]. 北京：中国电力出版社，2020.

[10] 樊宋义. 工程项目招投标与合同管理 [M]. 北京：中国水利水电出版社，2017.

[11] 陆参. 建设工程项目质量管理 [M]. 北京：中国计划出版社，2011.

[12] 李立增. 工程项目施工组织与管理 [M]. 成都：西南交通大学出版社，2006.

[13] 李世蓉. 工程建设项目管理 [M]. 2 版. 武汉：武汉理工大学出版社，2009.

[14] 苑辉. 施工现场管理小全书 [M]. 哈尔滨：哈尔滨工程大学出版社，2009.

[15] 上海市工程建设监督研究会. 施工现场安全生产保证体系的建立和实施 [M]. 北京：中国建筑工业出版社，1999.

[16] 侯学良，李彦青，刘凯. 基于战略联盟的电力工程 EPC 项目信息化管理平台 [J]. 电网与清洁能源，2016，32（7）：11-16，22.

[17] 武黎明，王子健. BIM 技术应用 [M]. 北京：北京理工大学出版社，2021.

[18] 姚辉彬. 基于工程总承包模式的 BIM 应用研究 [D]. 济南：山东建筑大学，2019.

[19] 李林. 基于 BIM 的智慧工地管理体系应用研究 [J]. 住宅与房地产，2021（19）：153-154.

[20] 鹿焕然. 建筑工程智慧工地的构建研究 [D]. 北京：北京交通大学，2019.

[21] 蓝昭明. 房屋施工创优工程质量管理研究 [D]. 郑州：郑州大学，2017.